21世纪本科院校土木建筑类创新型应用人才培养规划教材

土木工程地质

主　编　陈文昭　陈振富　胡　萍

内容简介

本书是在教育部最新颁布的高等学校土木工程专业本科教育培养目标和培养方案及课程教学大纲要求的基础上，结合全国注册土木工程师(岩土)的基础考试大纲及专业考试大纲的要求，参照最新颁布的有关国家标准、规范等编写而成的工程地质教材。

考虑到我国注册岩土工程师制度的实施及大土木专业教育改革的需要，本书内容兼顾了教学大纲、注册土木工程师(岩土)考试大纲及大土木专业不同专业方向后续课程的差异等相关因素；相对于传统的工程地质教材，本书增加了岩体的地质特征及质量评价、地质灾害评估等内容。全书共分为8章，主要内容包括绪论、岩石的成因类型及其工程地质性质、地层与地质构造、岩体的地质特征及质量评价、土的成因类型及特殊土、地下水及其工程影响、不良地质现象及其防治、岩土工程勘察。本书在编写方式上进行了一定的创新，每章开始均以图表的方式列出了本章的教学要点；以关键词形式列出了本章的基本概念；提供了以重大工程为背景的引例。文中涉及标准、规范的知识点均以最新的标准、规范条文为依据进行编写。本书旨在帮助学生掌握工程地质学的基本理论知识，提高学生的实践技能及创新能力。

本书可作为高等学校土木工程、水利工程、港口工程、道路工程、桥梁工程等的专业基础教材，也可作为广大注册土木工程师(岩土)资格考试的复习教材，同时也可供工程地质、水文地质、岩土工程和土建工程专业人员及科研人员参考。

图书在版编目(CIP)数据

土木工程地质/陈文昭，陈振富，胡萍主编. —北京：北京大学出版社，2013.8

(21世纪本科院校土木建筑类创新型应用人才培养规划教材)

ISBN 978-7-301-23039-8

Ⅰ. ①土… Ⅱ. ①陈…②陈…③胡… Ⅲ. ①土木工程—工程地质—高等学校—教材 Ⅳ. ①P642

中国版本图书馆CIP数据核字(2013)第190861号

书　　名 土木工程地质
著作责任者 陈文昭　陈振富　胡　萍　主编
策 划 编 辑 卢　东　吴　迪
责 任 编 辑 伍大维
标 准 书 号 ISBN 978-7-301-23039-8/TU·0357
出 版 发 行 北京大学出版社
地　　址 北京市海淀区成府路205号　100871
网　　址 http://www.pup.cn　新浪官方微博：@北京大学出版社
电 子 信 箱 编辑部：pup6@pup.cn　总编室：zpup@pup.cn
电　　话 邮购部010-62752015　发行部010-62750672　编辑部010-62750667
印 刷 者 北京虎彩文化传播有限公司
经 销 者 新华书店
787毫米×1092毫米　16开本　16.25印张　378千字
2013年8月第1版　2024年7月第6次印刷
定　　价 32.00元

前　　言

“工程地质”是土木工程专业的专业基础课程。本书系统地阐述了工程地质理论、问题及防治措施。

学习本课程的目的在于使学生了解土木工程建设中的工程地质现象和问题，以及这些现象和问题对土木工程设计、施工和使用各阶段的影响；能正确处理各种工程地质问题，并能合理利用自然地质条件；了解各种工程地质勘察要求和方法，布置勘察任务，合理利用勘察成果解决设计和施工中的问题。

本书在编写过程中，充分考虑了教育部最新颁布的高等学校土木工程专业本科教育培养目标和培养方案，以及课程教学大纲要求；同时，结合全国注册土木工程师(岩土)的基础考试大纲及专业考试大纲的要求，增补了地质灾害评估等内容；涉及标准、规范的知识点均采用最新的标准、规范条文进行编写；考虑到大土木专业培养的要求及不同专业方向后续课程的差异，增加了岩体的地质特征及质量评价等内容。

全书共分为8章，主要内容包括绪论、岩石的成因类型及其工程地质性质、地层与地质构造、岩体的地质特征及质量评价、土的成因类型及特殊土、地下水及其工程影响、不良地质现象及其防治、岩土工程勘察等。本书在编写方式上进行了一定的创新，每章开始均以图表的方式列出了本章的教学要点；以关键词形式列出了本章的基本概念；提供了以重大工程为背景的引例。

本书由陈文昭(南华大学)、陈振富(南华大学)和胡萍(南华大学)编写。具体编写分工为：第1、3、6、7、8章由陈文昭编写，第2章由陈振富编写，第5章由胡萍编写，第4章由陈振富和胡萍编写。全书由陈文昭统稿。

本书在编写过程中主要参考了“工程地质”课程教学大纲、《工程地质手册》(第四版)、《岩土工程勘察规范(2009年版)》(GB 50021—2001)、《建筑地基基础设计规范》(GB 50007—2011)、注册岩土工程师考试大纲等，同时也参考了相关普通地质学、工程地质学与岩土工程方面的专业书籍(详见参考文献)。

由于编者水平和能力所限，书中疏漏及不妥之处在所难免，恳请广大读者批评和指正。

编　者

2013年5月

目　　录

第1章 绪　论

教学要点

知识要点	掌握程度	相关知识
地质学及工程地质学的概念	(1) 掌握地质学的概念 (2) 掌握工程地质学的概念	(1) 地质学的研究内容 (2) 工程地质学的研究目的
工程地质条件和工程地质问题	(1) 掌握工程地质条件的概念 (2) 掌握工程地质问题的概念	(1) 工程地质条件的组成因素 (2) 常见的工程地质问题
土木工程与工程地质的关系	了解土木工程与工程地质的关系	(1) 土木工程的概念 (2) 工程地质在土木工程建设中的作用
工程地质学的研究内容及研究方法	(1) 了解工程地质学的研究内容 (2) 了解工程地质学的研究方法	(1) 工程地质学的研究内容 (2) 工程地质学的研究方法
工程地质学的特点及学习要求	(1) 了解工程地质学的特点 (2) 了解工程地质学的学习要求	(1) 工程地质学的特点 (2) 工程地质学的学习要求

基本概念

地质、工程地质、工程地质条件、工程地质问题。

引例

瓦依昂水库是意大利北部阿尔卑斯山修建的抽蓄发电站系列水库之一，总库容约1.7亿m^3。瓦依昂水库大坝采用混凝土双曲拱坝，坝高约267m，为当时世界上最高的超薄双曲拱坝。大坝于1960年竣工。1960年2月开始蓄水，1960年9月完成蓄水任务，此时坝前水深约130m，水库最大水深232m。1963年10月9日晚22时39分从大坝上游峡谷区左岸山体突然滑下体积为2.7亿m^3的山体，滑坡体向北滑动了500m，以大于30m/s的速度滑入峡谷并推至右岸。滑坡体下滑时掀起的库浪高出坝顶125m，约2500万m^3的库水越过坝顶冲向下游，摧毁了下游3km处的隆加罗市及其下游数个村镇，造成约2500人丧生。尽管事故后混凝土拱大坝安

然无恙，但由于岩土体滑入水库，坝前约1.5km长的库段被填满而成为“石库”，因而整个水库失效报废。

1.1 地质学及工程地质学的概念

人类的生产、生活既取决于地质环境条件，同时也对地质环境条件产生影响。地球是人类赖以生存和活动的星球，是人类各种矿产资源和建筑材料的主要产地。目前世界上95%的能源和75%～80%的工业原料主要取自矿产资源；地质环境的变化直接影响生物及人类的生长及生存，也影响到国民经济和社会的发展。人类的生产、生活对地质环境产生的影响有：如修建房屋引起地基土的压密沉降，桥梁使局部河段冲刷淤积发生变化，在城市过量抽吸地下水导致大规模的地面沉降等。由于不合理的开发利用，我国局部地区环境污染严重、地下水资源大量流失、边坡泥石流等地质灾害事故频繁发生。我国由于滑坡、泥石流、地面塌陷、崩塌等造成的突发性地质灾害每年损失达数十亿元，并引起大量人员伤亡。保护地质环境、防治地质灾害已成为当前刻不容缓的紧迫任务。

要对地球进行合理开发、科学利用，就要认识和了解地球；要认识和了解地球，就必须研究地球。

地质学就是人类在实践的基础上形成和发展起来的研究地球的科学。地球的半径有6300多千米，人类目前还只能直接观察地球表面，现在世界上最深的钻井(苏联的科拉SG3超深钻井)仅仅12262m，这与地球半径相比是微不足道的。地下深处的情况只能靠间接资料推测。所以，地质学就目前来讲，它研究的对象主要是地球的固体表层，主要有以下几方面内容。

(1) 研究组成地球的物质。由矿物学、岩石学、地球化学等分支学科承担这方面的研究。

(2) 阐明地壳及地球的构造特征。即研究岩石或岩石组合的空间分布，这方面的分支学科有构造地质学、区域地质学、地球物理学等。

(3) 研究地球的历史，以及栖居在地质时期的生物及其演变。研究这方面问题的有古生物学、地史学、岩相古地理学等。

(4) 研究地质学的研究方法与手段。如同位素地质学、数学地质学及遥感地质学等。

(5) 研究应用地质学以解决资源探寻、环境地质分析和工程防灾问题。从应用方面来说，地质学对人类社会担负着重大使命，主要有两方面：一是以地质学理论和方法指导人们寻找各种矿产资源，这也是矿床学、煤田地质学、石油地质学、铀矿地质学等研究的主要内容；二是运用地质学理论和方法研究工程地质环境，查明地质灾害的规律和防治对策，以确保工程建设安全、经济、正常运行，这就是工程地质学研究的主要内容。

工程地质学是地质学的重要分支学科，是把地质学原理应用于工程实际的一门学问。工程地质学是研究与工程建筑活动有关的地质问题的学科，研究在工程建筑设计、施工和运营实践过程中合理地处理，正确地使用自然地质条件和改造不良地质条件等地质问题，其中防灾减灾是工程地质学的主要任务之一。

1.2 工程地质在土木工程中的作用

土木工程是建造各类工程设施的科学技术的总称，它既指工程建设的对象，即建在地上、地下、水中的各种工程设施，也指所应用的材料、设备和所进行的勘测设计、施工、保养、维修等技术。

土木工程包括工业与民用建筑工程、铁路和公路工程、桥梁工程、隧道工程、机场工程、地下工程、水运工程、水利水电工程、矿山工程、海港工程、近海石油开采工程以及国防工程等。

工程建设一般要经过勘察、设计和施工三个阶段。《岩土工程勘察规范》规定：各项建设工程在设计和施工之前，必须按基本建设程序进行岩土工程勘察。岩土工程勘察应按工程建设各勘察阶段的要求，正确反映工程地质条件，查明不良地质作用和地质灾害，精心勘察、精心分析，提出资料完整、评价正确的勘察报告。

1）建筑场地的概念

建筑场地是指工程建设所直接占有并直接使用的有限面积的土地，大体相当于厂区、居民点和自然村的区域范围的建筑物所在地。从工程勘察角度分析，场地的概念不仅代表着所划定的土地范围，还应涉及建筑物所处的工程地质环境与岩土体的稳定问题。在地震区，建筑场地还应具有相近的反应谱特性。

2）建筑物地基的概念

任何建筑物都建造在土层或岩石上。土层受到建筑物的荷载作用就产生压缩变形。为了减少建筑物的下沉，保证其稳定性，必须将墙或柱与土层接触部分的断面尺寸适当扩大，以减小建筑物与土接触部分的压力。建筑物地面以下扩大的这一下部分结构称为基础。由于承受由基础传来的建筑物荷载，而使土层或岩层一定范围内的原有应力状态发生改变的土层或岩层称为地基。地基一般包括持力层和下卧层。直接与基础接触的土层叫持力层，持力层下部的土层叫下卧层。如下卧层承载力小于持力层承载力的称为软弱下卧层。地基在静、动荷载作用下要发生变形，变形过大会危害建筑物的安全，当荷载超过地基承载力时，地基强度便会遭到破坏而丧失稳定性，致使建筑物不能正常使用。因此，地基与工程建筑物的关系更为直接、更为具体。为了建筑物的安全，必须根据荷载的大小和性质为基础选择可靠的持力层。当上层土的承载力大于下卧层时，一般取上层土作为持力层，以减小基础的埋深。当上层土的承载力低于下层土时，如取下层土为持力层，则所需的基础底面积较小，但埋深较大；若取上层土为持力层，情况则相反。选取哪一种方案，需要综合分析、比较后，才能够做出决定。

3）天然地基、软弱地基和人工地基

未经加固处理、直接支承基础的地基称为天然地基。若地基土层主要由淤泥、淤泥质土、松散的砂土、冲填土、杂填土或其他高压缩性土层所构成，则称这种地基为软弱地基。由于软弱地基土层压缩模量很小，所以在荷载作用下产生的变形很大。因此，必须确定合理的建筑措施和地基处理方法。

若地基土层较软弱，建筑物的荷重又较大，地基承载力和变形都不能满足设计要求时，需对地基进行人工加固处理，这种地基称为人工地基。

地基是否具有支承建筑物的能力，常用地基承载力来表达。地基承载力是指地基所能承受的由建筑物基础传递来的荷载的能力。要确保建筑物地基稳定和满足建筑物使用要求，地基与基础设计必须满足两个基本条件：①要求作用于地基的荷载不超过地基的承载能力，保证地基具有足够的防止整体破坏的安全储备；②控制基础沉降使之不超过地基的变形容许值，保证建筑物不因地基变形而损坏或影响其正常使用。良好的地基一般具有较高的强度和较低的压缩性。

任何工程建筑物都是营造在一定的场地与地基之上，所有工程的建设方式、规模和类型都受建筑场地的工程地质条件的制约。地基的好坏不仅直接影响到建筑物的经济和安危，而且一旦出事故，处理也比较困难。因此，在设计每一个建筑物之前，必须进行场地与地基的岩土工程勘察，充分了解建筑场地与地基的工程地质条件，论证和评价场地和地基的稳定性和适宜性、不良地质现象、软弱地基处理与加固等岩土工程的技术决策和实施方案。实践经验证明，岩土工程勘察工作做得好，设计、施工就能顺利进行，工程建筑的安全运营就有保证。相反，忽视建筑场地与地基的岩土工程勘察，则会给工程带来不同程度的影响，轻则修改设计方案、增加投资、延误工期，重则使建筑物完全不能使用，甚至突然破坏，酿成灾害。当前国际国内都存在这样一个问题：重大工程建设中出现的灾害性事故，与工程地质有关的比例越来越大，除与工程地质勘察工作深度不够和质量不高有关外，还与设计、施工对工程地质勘察资料认识不足，设计方案、施工措施与地质条件针对性不强有关。

大量的国内外工程实践证明，在工程设计和施工阶段进行详细周密的工程地质勘察工作，设计、施工就能顺利进行，运营阶段工程建筑的安全就有保证。相反，对工程地质工作重视不够或工程地质工作不详细，则会致使一些严重的工程地质问题未被发现或发现了治理工程不适宜，都会给工程带来不同程度的隐患，轻者不得不修改原设计方案，增加投资、延误工期；重者造成灾害，使工程建筑物完全破坏，甚至造成人员伤亡。

引例中的意大利瓦依昂水库由于水库蓄水引起滑动面上空隙水压力加大，从而导致整个山体下滑，而山体下滑不仅引起坝前约 1.5km 长的库段被填满而成为“石库”，致使整个工程失效报废，也造成巨大的人员伤亡和财产损失。

1.3 工程地质条件与工程地质问题

人类的工程活动都是在一定的工程地质环境中进行的，二者之间有密切的关系，并且是相互影响、相互制约的。工程地质环境对工程活动的制约是多方面的。它既可以影响工程建筑的工程造价与施工安全，也可以影响工程建筑的稳定和正常使用。如在开挖高边坡时，忽视工程地质条件，可能引起大规模的崩塌或滑坡，不仅会增加工程量，延长工期、提高造价，甚至还会危及施工和使用安全。又如，在岩溶地区修建水库时，如不查明岩溶情况并采取适当措施，轻则会使蓄水大量漏失，重则会导致水库完全不能蓄水而不能正常使用。

工程地质条件也称工程地质环境，是指工程建筑物所在地区地质环境各项因素的综合，这些因素包括以下几方面。

(1) 地层的岩性。是最基本的工程地质因素，包括它们的成因、时代、岩性、产状、成岩作用特点、变质程度、风化特征、软弱夹层和接触带及物理力学性质等。

(2) 地质构造。也是工程地质工作研究的基本对象，包括褶皱、断层、节理构造的分布和特征。地质构造，特别是形成时代新、规模大的优势断裂，对地震等灾害具有控制作用，因而对建筑物的安全稳定、沉降变形等具有重要意义。

(3) 水文地质条件。是重要的工程地质因素，包括地下水的成因、埋藏、分布、动态和化学成分等。

(4) 地表地质作用。是现代地表地质作用的反映，与建筑区地形、气候、岩性、构造、地下水和地表水作用密切相关，主要包括滑坡、崩塌、岩溶、泥石流、风沙移动、河流冲刷与沉积等，对评价建筑物的稳定性和预测工程地质条件的变化意义重大。

(5) 地形地貌。地形是指地表的高低起伏状况、山坡的陡缓程度与沟谷的宽窄及形态特征等；地貌则说明地形形成的原因、过程和时代。平原区、丘陵区和山岳地区的地形起伏、土层厚薄和基岩出露情况、地下水埋藏特征和地表地质作用现象都具有不同的特征，这些因素都直接影响到建筑场地和路线的选择。

工程地质问题是指已有的工程地质条件在工程建筑和运行期间会产生一些新的变化和发展，构成威胁影响工程建筑安全的地质问题。由于工程地质条件复杂多变，不同类型的工程对工程地质条件的要求又不尽相同，所以工程地质问题是多种多样的。工程地质工作的基本任务在于对人类工程活动可能遇到或引起的各种工程地质问题作出预测和确切评价，从地质方面保证工程建设的技术可行性、经济合理性和安全可靠性。就土木工程而言，主要的工程地质问题包括以下几方面。

(1) 地基稳定性问题。是工业与民用建筑工程常遇到的主要工程地质问题，它包括强度和变形两个方面，如地基承载力不足，沉降和不均匀沉降，砂土液化，深基坑边坡稳定，场地水、土的腐蚀性及特殊性土的问题等。此外岩溶、土洞等不良地质作用和现象都会影响地基稳定。铁路、公路等工程建筑则会遇到路基稳定性问题。

(2) 斜坡稳定性问题。自然界的天然斜坡是经受长期地表地质作用达到相对协调平衡的产物，人类工程活动尤其是道路工程需开挖和填筑人工边坡(路堑、路堤、堤坝、基坑等)，斜坡稳定对防止地质灾害发生及保证地基稳定十分重要。斜坡地层岩性、地质构造特征是影响其稳定性的物质基础，风化作用、地应力、地震、地表水、和地下水等对斜坡软弱结构面作用往往破坏斜坡稳定，而地形地貌和气候条件是影响其稳定的重要因素。

(3) 洞室围岩稳定性问题。地下洞室被包围于岩土体介质(围岩)中，在洞室开挖和建设过程中破坏了地下岩体原始平衡条件，便会出现一系列不稳定现象，常遇到围岩塌方、地下水上涌等。一般在工程建设规划和选址时要进行区域稳定性评价，研究地质体在地质历史中的受力状况和变形过程，做好山体稳定性评价，研究岩体结构特性，预测岩体变形破坏规律，进行岩体稳定性评价，以及考虑建筑物和岩体结构的相互作用。这些都是防止工程失误和事故，保证洞室围岩稳定所必需的工作。

(4) 区域稳定性问题。地震、震陷、液化及活断层对工程稳定性的影响，自 1976 年唐山地震后越来越引起土木工程界的注意。对于大型水电工程、地下工程及建筑群密布的城市地区，区域稳定性问题应该是需要首先论证的问题。

研究人类工程活动与工程地质环境之间的相互制约关系，以便做到既能使工程建筑安全、经济、稳定，又能合理开发和保护工程地质环境，这是工程地质学的基本任务之一。而在大规模改造自然环境的工程中，如何按地质规律办事，有效地改造工程地质环境，则是工程地质学需要面临的重要任务。

1.4 土木工程地质学的研究内容及研究任务

工程地质学是地质学的一个分支，是研究与工程建筑活动有关的地质问题的学科。工程地质学的研究目的在于查明建设地区、建筑场地的工程地质条件，分析、预测和评价可能存在和发生的工程地质问题及其对建筑环境的影响和危害，提出防治不良地质现象的措施，为工程建设的规划、设计、施工和运营提供可靠的地质依据。

工程地质学的主要任务如下。

(1) 评价工程地质条件，阐明地上和地下建筑工程兴建和运行的有利和不利因素，选定建筑场地和适宜的建筑形式，保证规划、设计、施工、使用、维修顺利进行。

(2) 从地质条件与工程建筑相互作用的角度出发，论证和预测有关工程地质问题发生的可能性、发生的规模和发展趋势。

(3) 提出及建议改善、防治或利用有关工程地质条件的措施、加固岩土体和防治地下水的方案。

(4) 研究岩体、土体分类和分区及区域性特点。

(5) 研究人类工程活动与地质环境之间的相互作用与影响。

工程地质学的主要研究内容包括以下几方面。

(1) 岩土体的分布规律及其工程地质性质的研究。在进行工程建设时人们最关心的是建筑地区和建筑场地的工程地质条件，特别是岩体、土体的空间分布及其工程地质性质，以及在工程作用下这些性质的变化趋势。

(2) 不良地质现象及其防治的研究。分析、预测在建筑地区和场地可能发生的各种不良地质现象和问题，例如崩塌、滑坡、泥石流、地面沉降、地表塌陷、地震等的形成条件、发展过程、规模和机制，评价它们对工程建筑物和环境的危害，研究防治不良地质现象的有效措施。

(3) 工程地质勘察技术的研究。为了查清各种不同类型的建筑地区和场地的工程地质条件，分析、预测不良地质作用，评价工程地质问题，为建筑物的设计、施工、运营提供可靠的地质资料，就需要进行工程地质勘察，选择勘察方法，研究勘察理论，并对新的技术方法进行研究。特别是随着国民经济的发展，大型、特大型工程越来越多，如跨流域的南水北调工程、大型水电站、深部采矿、超高层建筑、海峡隧道、海洋工程等，都需要对勘察技术进行研究。

(4) 区域工程地质研究。研究工程地质条件的区域分布和规律，为工程规划设计提供地质依据。

1.5 本课程的任务与学习要求

我国地域辽阔，自然条件复杂，在各种工程建设中常常遇到各种各样的自然条件和工程地质问题，如青藏铁路、青藏公路、天山公路等长大干线，都以工程地质条件复杂著称于世，秦山核电站、三峡大坝、超高层建筑上海金茂大厦、上海洋山港等，均涉及各种各样的工程地质问题，因此，作为土木工程师，必须具有一定的工程地质的科学知识，才能正确处理工程建设与工程地质条件之间的相互关系，才能胜任自己的工作。

教育部教学大纲对工程地质学的教学基本要求：掌握工程地质的基本理论及概念，了解各类地质现象和问题对建筑物和建筑场地的影响；了解工程地质勘察的基本内容、方法和程序，熟悉各种原位测试方法的适用性，能根据具体的工程情况正确提出工程地质勘察任务和要求；能够分析、应用工程地质勘察报告，了解各类工程地质参数的来源、作用和应用条件；能根据勘察成果，对工程地质问题进行分析，对不良地质现象采取正确处理措施，合理根据地质资料进行设计和施工。

本科阶段土木工程专业的同学本课程学习要求如下。

(1) 系统地掌握工程地质的基本理论和知识，能正确运用工程地质勘察资料进行土木工程的设计和施工。

(2) 了解不良地质现象的形成条件和机制，根据勘察数据和资料，能有效地进行防治设计。

(3) 了解土木工程的工程地质问题，能在工程设计、施工、运营中解决实际的工程地质问题。

(4) 了解工程地质勘察的内容、方法和过程；了解各个工程地质数据的来源、作用及应用条件，能对中小型土木工程开展工程地质勘察工作。

本章小结

本章主要介绍土木工程地质的定义、研究内容及研究任务，介绍工程地质条件的概念及其组成因素、常见的土木工程地质问题，最后简单介绍了本课程的学习任务和学习要求。

通过本章的学习，可以加深对工程地质基本知识体系的了解，促进对工程地质研究内容在土木工程建设中的作用与影响的理解，从而明确本课程学习的任务及要求。

土木工程建设离不开工程地质，只有在充分了解场地工程地质情况，合理利用已有的工程地质条件，并科学处理已存在的及由于工程建设而引发的工程地质问题，才可能取得工程建设的成功。

习 题

1. 试述土木工程地质学的研究内容及研究任务。
2. 简述工程地质条件及其组成因素。
3. 简述工程地质在土木工程建设中的作用与影响。

第2章 岩石的成因类型及其工程地质性质

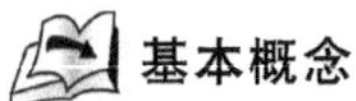

知识要点	掌握程度	相关知识
常见矿物及其物理力学性质	(1) 掌握矿物的概念及矿物的基本物理性质；了解矿物的其他性质 (2) 掌握矿物鉴定的基本方法；了解常见矿物的基本特征	矿物分类、命名方法
岩石的地质特征	(1) 掌握岩浆岩、沉积岩、变质岩的主要地质特征 (2) 了解三大类岩石的分类和代表性岩石的特征	(1) 岩石的分类、命名 (2) 岩石的鉴定
岩石的工程性质	掌握岩石的物理性质、水理性质和力学性质	岩石工程性质的确定方法

矿物、岩石、结构、构造、水理性质、力学性质。

引例

三峡永久船闸位于长江左岸坛子岭北侧约200m的山体中，为双线5级连续梯级船闸，包括上、下游引航道和闸室段，全长6442m，其中，闸室段轴线方向111°，长1607m。整个闸室段均在花岗岩山体中开挖修建，最大开挖深度174.5m。开挖后形成南、北两侧高边坡，南坡最大坡高170.28m，北坡最大坡高137.8m；两线船闸之间保留宽54～57m的岩体中隔墩，闸墙部位，即中隔墩顶面以下为直立坡，呈双槽状四面直立坡。直立坡高度一般在50m左右，最大高度为67.6m。形成人工开挖岩质边坡长达4200多米，其中，有近800m长的坡段，边坡高度大于120m。

船闸区出露基岩为前震旦系闪云斜长花岗岩，新鲜岩石坚硬完整。岩体内有捕虏体及岩脉发育，岩脉主要是细粒花岗岩脉和辉绿岩脉，岩脉本身质地坚硬，但岩脉内及其周边围岩中裂隙一般较发育。闪云斜长花岗岩自上而下分为全、强、弱、微4个风化带。全强风化带厚度一般在20m左右，弱风化带上部厚度一般为5～10m，弱风化带下部与微风化带岩体风化程度轻微，与新鲜岩体强度相差不大。边坡上部主要为全、强风化岩体；闸室直立墙及中隔墩大部分为弱风化

下带和微新岩体。闪云斜长花岗岩微新岩体湿抗压强度为90～110MPa，变形模型试验值达50～60GPa。硬性平直稍粗面f值为0.70，c值为0.3MPa左右。

同国内外其他长大高陡开挖边坡相比，三峡永久船闸高边坡具有开挖时间短(约5年时间)、开挖方量大(约$2345\times10^4m^3$)、开挖边坡高陡、对坡体变形和稳定要求高(闸首部位直立墙边坡的时效变形量5年内不能大于5mm)、运行工况复杂等特点。船闸高边坡的变形与稳定性问题是整个枢纽的重大工程地质问题之一，对工程的修建及将来的运营产生重大影响，并直接影响着三峡工程的航运效益。

工程采用锚固措施进行加固，施工预应力锚索4376根，其中对穿锚索1986根，锚索长度30～57m，最大长度69.4m，施加的张拉应力为1000kN和3000kN；施工各类锚杆10万余根。监测结果表明，目前三线船闸高边坡各项指标均在原设计的范围内，总体效果良好。

岩石是在各种地质作用下，按一定方式结合而成的矿物集合体，它是构成地壳及地幔的主要物质。地壳中的岩石是多种多样的。在大陆中，地壳以硅铝层为主，也称花岗岩质层，平均密度约为$2.7g/cm^3$；在海洋中地壳以硅镁层为主，也称玄武岩质层，平均密度约为$2.9g/cm^3$。岩石是由一种或多种矿物组成的，不同的矿物和矿物组成形成了不同的岩石。岩石记录了过去发生的地质事件，对于探讨地球的发展历史和规律，岩石是最重要的客观依据；同时岩石既是地质作用的产物，又是地质作用的对象，所以岩石也是研究各种地质构造和地貌的物质基础；岩石中含有各种矿产资源，有些岩石本身就是重要矿产，一定的矿产都与一定的岩石相联系。由此可见，研究岩石具有重要的理论和实际意义。

人类的工程建筑活动是在地表或在地壳浅部的一定地质环境中进行的，任何工程建筑都是修建在岩土体之上(地上建筑物，如房屋、水坝、道路、桥梁等)或岩土体之中(地下建筑物，如隧道、地下厂房、地下道路等)的，前者将岩土体作为地基，后者将岩土体作为修建环境。因此，研究岩石和土的工程地质性质是工程地质学的一个重要任务。

根据其成因可分为岩浆岩(火成岩)、沉积岩和变质岩3大类。本章重点介绍矿物的形态和特性、三大类岩石(岩浆岩、沉积岩、变质岩)各自的形成及特点、常见的三大类岩石、岩石的物理力学性质及岩石的工程性状等内容。

2.1 常见造岩矿物及其物理力学性质

2.1.1 矿物的概念

存在于地壳中的具有一定化学成分和物理性质的自然元素和化合物，称为矿物。由一种元素组成的矿物称为单质矿物，如自然金(Au)、自然铜(Cu)、金刚石(C)等；大多数矿物是由两种或两种以上的元素组成的化合物，如岩盐(NaCl)、方解石($CaCO_3$)、石膏($CaSO_4\cdot2H_2O$)等。矿物绝大多数是无机固态，也有少数呈液体状态(如水、自然汞)和气态(如水蒸气、氡)及有机物。固体矿物按其内部构造分为结晶质矿物和非结晶质矿物。结晶质矿物是指矿物不仅具有一定的化学成分，而且组成矿物的质点(原子或离子)按一定方式作规则排列，并可反映出固定的几何外形。具有一定的结晶构造和一定几何形状的固体称为晶体。非结晶质矿物是指组成矿物的质点不作规则排列，因而没有固定形状，如蛋白石($SiO_2 \cdot nH_2O$)。自然界中的绝大多数矿物是结晶质。非结晶质随时间增长可自发转变为结晶质。

自然界中的矿物虽然外形奇异、色彩缤纷，但由于矿物具有一定的化学成分和结晶构造，就决定了它们具有一定的形态特征和物理化学性质，人们常常用形态特征和物理化学性质来识别矿物。如上述自然金，它具有粒状或块状等不规则外形、金黄色、不透明、硬度小、重度大、化学性质稳定、延展性强；而岩盐呈立方体或粒状集合体，纯净者无色透明、有咸味、重度小、易溶于水等。

矿物是组成地壳的基本物质，由矿物组成岩石或矿石。

构成岩石的矿物也称造岩矿物，其绝大部分是结晶质。目前已发现的矿物有3000多种，常见的造岩矿物仅30多种。矿物在地壳中大部分为固态(如石英、长石)，少数为液态(如汞、石油、水)和气态(如天然气、硫化氢等)。

由于国防、半导体、电子工业及空间技术的飞速发展，某些天然矿物，尤其是晶体的产量已经远远不能满足需求。20世纪60年代以来，人工合成矿物(晶体)的研究与生产迅猛发展。人工方法获得的某些与天然矿物相同或类同的单质或化合物，称为"合成矿物"或"人造矿物"，如人造金刚石、人造水晶、人造云母、人造宝石等。此外，地球上还有少量来自其他天体的天然单质或化合物，称为"宇宙矿物"。

2.1.2 矿物的物理性质

矿物的物理性质，取决于矿物的化学成分和内部构造。由于不同矿物的化学成分或内部构造不同，因而反映出不同的物理性质。矿物的物理性质有形态、颜色、硬度、解理、光泽、断口、条痕、透明度和重度等。矿物的物理性质特征是鉴别矿物的重要依据。

1. *矿物的形态*

形态是矿物的重要外表特征，它与矿物的化学成分和内部结构及生长环境有关，是鉴定矿物和研究矿物成因的重要依据之一。

绝大部分矿物都是晶质体。所谓晶质体，就是化学元素的离子、离子团或原子按一定规则重复排列而成的固体。矿物的结晶过程实质上就是在一定介质、一定温度、一定压力等条件下，物质质点有规律排列的过程。在适当的环境里，例如有使晶质体生长的足够空间，则晶质体往往表现为一定的几何外形，即具有平整的面，称为晶面；晶面相交称为晶棱。这种具有良好几何外形的晶质体，通称为晶体。但是，大多数晶质体矿物由于缺少生长空间，许多个晶体在同时生长，结果互相干扰，不能形成良好的几何外形。实际上，晶质体和晶体除了外表形态有区别外，内部结构并无任何区别，所以二者概念基本相同。

有少数矿物呈非晶质体结构。凡内部质点呈不规则排列的物体都是非晶质体，如天然沥青、火山玻璃等。这样矿物在任何条件下都不能表现为规则的几何外形。

虽然每种矿物都有它自己的结晶形态，但由于晶体内部构造不同，结晶环境和形成条件不同，以致晶体在空间三个相互垂直方向上发育的程度也不相同。在相同条件下形成的同种晶体经常所具有的形态，称为结晶习性，大体可以分为以下三种类型。

一向延伸型：即晶体沿一个方向特别发育，如石棉、石膏等常形成柱状、针状、纤维状。

二向延伸型：即晶体沿两个方向特别发育，如云母、石墨、辉钼矿等常形成板状、片状、鳞片状。

三向延伸型：即晶体沿三个方向特别发育，如黄铁矿、石榴子石等常形成粒状、近似球状。

常见矿物晶体形态如图 2.1 所示。

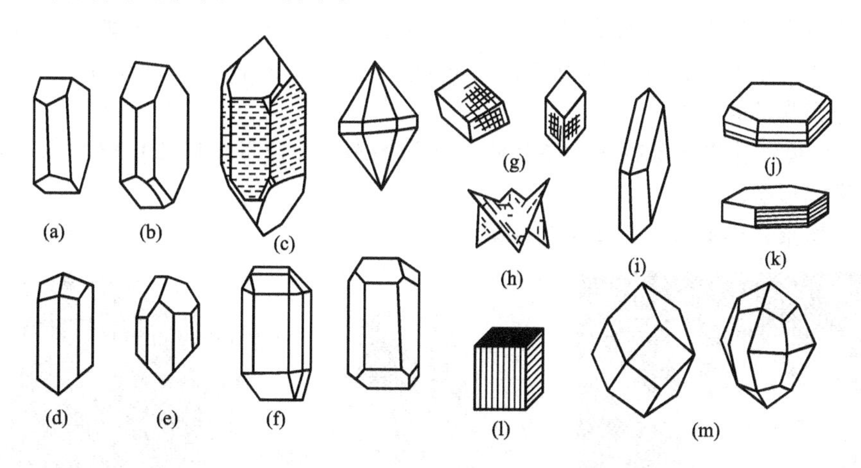

图 2.1 常见矿物晶体形态

(a) 正长石；(b) 斜长石；(c) 石英；(d) 角闪石；(e) 辉石；(f) 橄榄石；(g) 方解石；(h) 白云石；(i) 石膏；(j) 绿泥石；(k) 云母；(l) 黄铁矿；(m) 石榴子石

自然界矿物可呈单独晶体出现，但大多数是以矿物晶体、晶粒的集合体或胶体形式出现的。集合体形态往往具有鉴定特征的意义，有时候还反映矿物的形成环境。现将主要的集合体形态分述如下。

(1) 粒状集合体。由粒状矿物所组成的集合体，如雪花石膏是由许多石膏晶粒组成的集合体，花岗岩是由石英、长石、云母等晶粒组成的集合体。

粒状集合体多半是从溶液或岩浆中结晶而成的，当溶液达到过饱和或岩浆逐渐冷却时，其中即发生许多“结晶中心”，晶体围绕结晶中心自由发展，乃至进一步发展受到周围阻碍，便开始争夺剩余空间，结果形成外形不规则的粒状集合体。

(2) 片状、鳞片状、针状、纤维状、放射状集合体：如石墨、云母等常形成片状、鳞片状集合体，石棉、石膏等常形成纤维状集合体，还有些矿物常形成针状、柱状、放射状集合体。

(3) 致密块状体。由极细粒矿物或隐晶矿物所成的集合体，表面致密均匀，肉眼不能分辨晶粒彼此界限。

(4) 晶簇。生长在岩石裂隙或空洞中的许多单晶体所组成的簇状集合体叫做晶簇。它们一端固着于共同的基底上，另一端自由发育而形成良好的晶形。常见的有石英晶簇、方解石晶簇等，生长晶簇的空洞叫晶洞。许多良好晶体和宝石是在晶洞中发育而成的。

(5) 杏仁体和晶腺。矿物溶液或胶体溶液通过岩石气孔或空洞时，常从洞壁向中心层层沉淀，最后把孔洞填充起来，其小于 2cm 者通称杏仁体；大于 2cm 者可称晶腺。如玛瑙往往以此形态产出。

(6) 结核和鲕状体。矿物溶液或胶体溶液常围绕着细小岩屑、生物碎屑、气泡等由中心向外层层沉淀而形成球状、透镜状、姜状等集合体，称为结核。常见的有黄铁矿、赤铁矿、磷灰石等结核，在黄土中常有石灰(方解石)结核。其大小可由数厘米到数十厘米甚至更大。如果结核小于 2mm，形同鱼子状，具同心层状构造，叫鲕状体。鲕状体常彼此胶结在一起，如鲕状赤铁矿、鲕状铝土矿等。

(7) 钟乳状、葡萄状、乳房状集合体。这些形态大多数是某些胶体矿物所具有的特点。胶体溶液因蒸发失水逐渐凝聚，因而在矿物表面围绕凝聚中心形成许多圆形的、葡萄状的、乳房状的小突起。如石灰洞中由 $CaCO_3$ 形成的钟乳石、石笋及褐铁矿、软锰矿、孔雀石等表面常具此形态。

(8) 土状体。疏松粉末状矿物集合体，一般无光泽。许多由风化作用产生的矿物如高岭土等常呈此形态。

常见矿物集合体形态如图 2.2 所示。

(a) (b) (c) (d) (e) (f) (g) (h)

图 2.2 常见矿物集合体形态

(a) 晶簇状石英；(b) 粒状黄铁矿；(c) 鳞片状云母；(d) 纤维状石膏；(e) 鲕状赤铁矿；(f) 肾状孔雀石；(g) 土状高岭石；(h) 块状蛋白石

此外，我们在岩石裂缝中还常发现一种黑色的树枝状物质，酷似植物化石，但缺少植物应有的结构(如叶脉等)，称为假化石。这是由氧化锰等溶液沿着裂缝渗透沉淀而成的。

2. 矿物的颜色和条痕

(1) 矿物的颜色。是矿物对入射可见光中不同波长光线选择吸收后，透射和反射的各种波长光线的混合色。矿物的颜色按成色原因，可分为自色、他色、假色3种。

① 自色。由矿物的化学成分和晶体结构所形成的矿物本身的固有颜色，如黄金的金黄色、黄铜矿的赤黄色(图2.3)、孔雀石的翠绿色(图2.4)等。

图2.3 黄铜矿

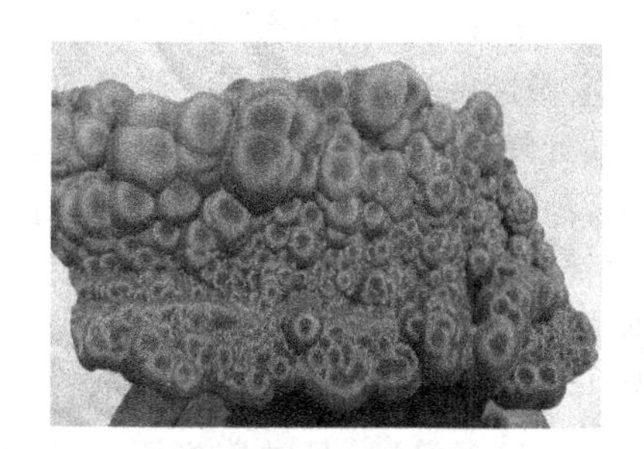

图2.4 孔雀石

对造岩矿物来说，由于成分复杂，颜色变化很大，一般来说，含铁、锰多的矿物，如黑云母、普通角闪石、普通辉石等，颜色较深，多呈灰绿、褐绿、黑绿以至黑色；含硅、铝、钙等成分多的矿物，如石英、长石、方解石等，颜色较浅，多呈白、灰白、淡红、淡黄等各种浅色。

② 他色。是矿物混入某些杂质所引起的颜色，与矿物的本身性质无关。

如纯净的石英是无色透明的，但含碳的微粒时呈烟灰色(即烟水晶或墨晶，如图2.5所示)，含锰就呈紫色(即紫水晶，如图2.6所示)，含氧化铁则呈玫瑰色(即玫瑰石英)。

由于他色不固定，对鉴定矿物没有很大意义。

图2.5 烟水晶

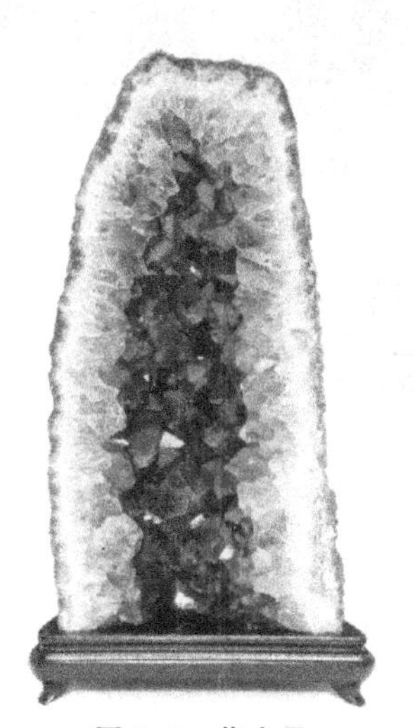

图2.6 紫水晶

③ 假色。由矿物内部的裂隙或表面的氧化薄膜对光的折射、散射所引起的颜色，如方解石解理面上常出现虹彩、斑铜矿表面常出现斑驳的蓝色和紫色。

(2) 矿物的条痕。矿物粉末的颜色，通常将矿物在无釉瓷板上刻划后进行观察，它对于某些金属矿物具有重要的鉴定意义。例如，赤铁矿可呈赤红、铁黑或钢灰等色，而其条痕则恒为樱红色；金的条痕为金黄色；而黄铜矿的条痕为绿黑色。

3. *矿物的光泽*

矿物表面的总光量或者矿物表面对于光线的反射形成光泽。光泽有强有弱，主要取决于矿物对于光线全反射的能力。光泽可以分为以下几种。

(1) 金属光泽矿物表面反光极强，如同平滑的金属表面所呈现的光泽。某些不透明矿物，如黄铁矿、方铅矿等，均具有金属光泽。

(2) 半金属光泽较金属光泽稍弱，暗淡而不刺目。如黑钨矿具有这种光泽。

(3) 非金属光泽是一种不具金属感的光泽。又可分为：

① 金刚光泽——光泽闪亮耀眼。如金刚石、闪锌矿等的光泽。

② 玻璃光泽——像普通玻璃一样的光泽。大约占矿物总数 70%的矿物，如水晶、萤石、方解石等具此光泽。

此外，由于矿物表面的平滑程度或集合体形态的不同而引起一些特殊的光泽。有些矿物(如玉髓、玛瑙等)，呈油脂光泽；具片状集合体的矿物(如白云母等)，常呈珍珠光泽；具纤维状集合体的矿物(如石棉及纤维石膏等)，则呈丝绢光泽；而具粉末状的矿物集合体(如高岭石等)，则暗淡无光，或称土状光泽。如图 2.7 所示为常见的矿物光泽。

(a) 金属光泽(黄铁矿)　(b) 金刚光泽(钻石)　(c) 珍珠光泽(云母)

(d) 丝绢光泽(纤维石膏)　(e) 蜡状光泽(如蛇纹石)　(f) 土状光泽(高岭石)

图 2.7　常见的矿物光泽

4. 矿物的透明度

指光线透过矿物多少的程度。矿物的透明度可以分为3级。

(1) 透明矿物。矿物碎片边缘能清晰地透见他物，如水晶、冰洲石等。

(2) 半透明矿物。矿物碎片边缘可以模糊地透见他物或有透光现象，如辰砂、闪锌矿等。

(3) 不透明矿物。矿物碎片边缘不能透见他物，如黄铁矿、磁铁矿、石墨等。

一般所说矿物的透明度与矿物的大小厚薄有关。大多数矿物标本或样品，表面看是不透明的，但碎成小块或切成薄片，却是透明的，因此不能认为是不透明的。

透明度又常受颜色、包裹体、气泡、裂隙、解理及单体和集合体形态的影响。例如无色透明矿物，其中含有众多细小气泡就会变成乳白色；又如方解石颗粒是透明的，但其集合体就会变成不完全透明的，等等。

2.1.3 矿物的力学性质

1. 矿物的解理与断口

矿物受力后沿一定方向规则裂开的性质称为解理。裂开的面称为解理面，如菱面体的方解石被打碎后仍然呈菱面体，云母可揭成一页一页的薄片。矿物中具有同一方向的解理面算一组解理，如方解石有三组解理，长石有两组解理，云母只有一组解理。各种矿物解理发育程度不一样，解理面的完整程度也不相同。按解理面的完好程度解理可分为以下几种。

(1) 极完全解理。极易劈开成薄片，解理面大而完整、平滑光亮，如云母(图2.8)。

(2) 完全解理。常沿解理方向开裂成小块，解理面平整光滑，如方解石(图2.9)。

(3) 中等解理。既有解理面又有断口，如正长石。

(4) 不完全解理。常出现断口，解理面很难出现，如磷灰石。

对具有解理的矿物来说，同种矿物的解理方向和解理程度总是相同的，性质很固定，因此，解理是鉴定矿物的重要特征之一。

矿物受力破裂后，不具方向性的不规则破裂面称为断口。常见的有贝壳状断口(如石英，如图2.10所示)、参差状断口(如黄铁矿)、锯齿状断口(如自然铜、石膏等)等。矿物解理的完全程度与断口是相互消长的，解理完全时则不显断口。反之，解理不完全或无解理时，则断口显著。

图2.8 极完全解理(云母)

图2.9 完全解理(方解石)

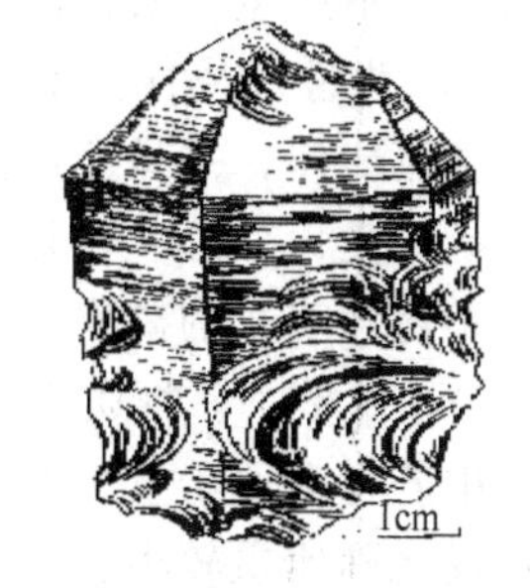

图2.10 贝壳状断口(石英)

2. 矿物的硬度

指矿物抵抗外力刻划、压入、研磨的程度。根据硬度高的矿物可以刻划硬度低的矿物的道理，德国摩氏(F. Mohs)选择了10种矿物作为标准，将硬度分为10级，这10种矿物称为“摩氏硬度计”(表2-1)。摩氏硬度计只代表矿物硬度的相对顺序，而不是绝对硬度的等级。如果根据力学数据，滑石硬度为石英的1/3500，而金刚石硬度为石英的1150倍。

表2-1　摩氏硬度计

1度	滑石	6度	正长石
2度	石膏	7度	石英
3度	方解石	8度	黄玉
4度	萤石	9度	刚玉
5度	磷灰石	10度	金刚石

在野外工作，还可利用指甲(2～2.5)、小钢刀(5～5.5)等来代替硬度计。据此，可以把矿物硬度粗略地分成软(硬度小于指甲)、中(硬度大于指甲，小于小刀)、硬(硬度大于小刀)3个等级。有少数矿物用石英也刻划不动，可称为极硬，但这样的矿物比较少。

测定硬度时必须选择新鲜矿物的光滑面试验，才能获得可靠的结果。同时要注意刻痕和粉痕(以硬刻软，留下刻痕；以软刻硬，留下粉痕)不要混淆。对于粒状、纤维状矿物，不宜直接刻划，而应将矿物捣碎，在已知硬度的矿物面上摩擦，视其是否有擦痕来比较硬度的大小。

把需要鉴定硬度的矿物与表中矿物相互刻划即可确定其硬度，如需要鉴定的矿物能刻划长石但不能刻划石英，而石英可以刻划它，则它的硬度可定为6.5度。

在野外，利用指甲(硬度2.5度)、小刀(硬度5.5度)、玻璃片(硬度6.5度)来粗测矿物硬度，常常可以区分许多外观相似的矿物。

矿物表面因风化会使硬度降低，因而在测试矿物硬度时应在矿物单体的新鲜面上进行。

2.1.4　矿物的其他性质

(1) 脆性和延展性。矿物受力极易破碎，不能弯曲，称为脆性。这类矿物用刀尖刻划即可产生粉末。大部分矿物具有脆性，如方解石。

矿物受力发生塑性变形，如锤成薄片、拉成细丝，这种性质称为延展性。这类矿物用小刀刻划不产生粉末，而是留下光亮的刻痕，如金、自然铜等。

(2) 弹性和挠性。矿物受力变形、作用力失去后又恢复原状的性质，称为弹性。如云母，屈而能伸，是弹性最强的矿物。

矿物受力变形、作用力失去后不能恢复原状的性质，称为挠性。如绿泥石，屈而不伸，是挠性明显的矿物。

(3) 比重。矿物质量与4℃时同体积水的质量的比值，称为矿物的比重。矿物的化学成分中若含有原子量大的元素或者矿物的内部构造中原子或离子堆积比较紧密，则比重较大；反之则比重较小。大多数矿物比重介于2.5～4；一些重金属矿物比重常为5～8；极少数矿物(如铂族矿物)比重可达23。

(4) 磁性。少数矿物(如磁铁矿、钛磁铁矿等)具有被磁铁吸引或本身能吸引铁屑的性质。一般用马蹄形磁铁或带磁性的小刀来测验矿物的磁性。

(5) 电性。有些矿物受热生电，称热电性，如电气石；有些矿物受摩擦生电，如琥珀；有的矿物在压力和张力的交互作用下产生电荷效应，称为压电效应，如压电石英。有些矿物对电流有传导性，称导电性，如石墨。压电石英已被广泛地应用于现代科学技术方面。

(6) 发光性。有些矿物在外来能量的激发下产生可见光，若在外界作用消失后停止发光，称为荧光。如萤石加热后产生蓝色荧光；白钨矿在紫外线照射下产生天蓝色荧光；金刚石在 X 射线照射下也产生天蓝色荧光。有些矿物在外界作用消失后还能继续发光，称为磷光，如磷灰石。利用发光性可以探查某些特殊矿物(如白钨矿)。

此外，有些矿物具有易燃性，如琥珀；有些易溶于水的矿物具有咸、苦、涩等味道；有些矿物具有滑腻感；有些矿物如受热或燃烧后产生特殊的气味。

总之，充分利用各种感官，并通过反复实践，抓住矿物的主要特征，就可逐渐达到掌握肉眼鉴定重要矿物的目的。肉眼鉴定矿物是进一步鉴定的基础，也是野外工作所需要掌握的。

2.1.5 常见的造岩矿物

矿物分类的方法很多，当前常用的是根据矿物的化学成分类型分为 5 大类：自然元素矿物、硫化物及其类似化合物矿物、卤化物、氧化物及氢氧化物矿物、含氧盐矿物。根据阴离子或络阴离子还可将大类再分为若干小类，如含氧盐大类可以分为硅酸盐矿物、碳酸盐矿物、硫酸盐矿物、钨酸盐矿物、磷酸盐矿物、钼酸盐矿物、砷酸盐矿物、硼酸盐矿物和硝酸盐矿物等类。

在众多矿物名称中，有一部分是以人名和地名来命名的，如高岭石是因江西省高岭而命名，全世界都叫这个名字；另一部分是根据化学成分、形态、物理性质命名的，如方解石是因沿解理极易碎成菱形方块而命名；赤铁矿、黄铁矿是根据其颜色和主要成分而命名；重晶石是根据其比重较大而命名，等等。在中文矿物名称中，有一部分是源于我国传统名称，如石英、石膏、辰砂等，但大部分是由外文翻译成中文名称。具有金属光泽或可提炼金属的矿物多称为某某矿，如方铅矿、黄铜矿、磁铁矿等；具非金属光泽的矿物多称为某某石，如方解石、长石、萤石等。

1. *石墨*(C)

(1) 基本特征。通常为鳞片状、片状或块状集合体。铁黑色或钢灰色，条痕黑灰色，晶体良好者具强金属光泽，块状体光泽暗淡，不透明。有一组极完全解理，硬度为 1～2，薄片具挠性。比重为 2.09～2.23。具滑腻感，高度导电性，耐高温(熔点高)。化学性稳定，不溶于酸。

(2) 鉴定特征。钢灰色，染手染纸，滑腻感。

(3) 形成。石墨多在高温低压条件下的还原作用中形成，见于变质岩中；一部分由煤炭变质而成；石墨也常见于陨石中。

(4) 应用。石墨可制坩埚、电极、铅笔、防锈涂料、熔铸模型及在原子能工业中用作减速剂。

(5) 分布。我国主要的石墨产地有山东、黑龙江、内蒙古自治区、吉林、湖南等省(区)。

2. 金刚石(C)

(1) 基本特征。晶体类似球形的八面体或六八面体。无色透明，含杂质者黑色(黑金刚)，强金刚光泽，硬度为10。解理完全，性脆。比重为3.47～3.56。紫外线下发荧光。具高度的抗酸碱性和抗辐射性。

(2) 鉴定特征。最大硬度和强金刚光泽。

(3) 形成。金刚石多产于一种叫金伯利岩的超基性岩中。含金刚石岩石风化后可形成砂矿。

(4) 应用。透明金刚石琢磨后称钻石。不纯金刚石用于钻探研磨等方面。目前，金刚石还用于红外、微波、激光、三极管、高灵敏度温度计等各种尖端技术方面。

(5) 分布。非洲扎伊尔和南非金伯利为著名金刚石产地，产量居世界之冠。我国的山东、辽宁、湖南省沅水流域、贵州、西藏自治区也发现了原生金刚石或金刚石砂矿。

3. 石英(SiO_2)

(1) 基本特征。最常见的石英晶体多为六方柱及菱面体的聚形，柱面上有明显的横纹。在岩石中石英常为无晶形的粒状，在晶洞中常形成晶簇，在石英脉中常为致密块状。纯净的石英无色透明称为水晶，含有细小分散的气态或液态物质呈乳白色者称乳石英。另外还有含有杂质而带颜色的紫水晶(含锰)、烟水晶(含有机质)、蔷薇石英(又叫芙蓉石，含铁锰)等。具典型的玻璃光泽，透明至半透明，硬度为7，无解理，贝壳状断口，性硬，比重为2.5～2.8。另外还有由二氧化硅胶体沉积而成的隐晶质矿物，白色、灰白色者称玉髓(或称石髓、髓玉)，白、灰、红等不同颜色组成的同心层状或平行条带状者称玛瑙，不纯净、呈红绿各色者称碧玉，黑、灰各色者称燧石。此类矿物具脂肪或蜡状光泽，半透明，贝壳状断口。此外还有一种硬度稍低、具珍珠、蜡状光泽、含有水分的矿物，称蛋白石($SiO_2 \cdot nH_2O$)。石英类矿物化学性质稳定，不溶于酸(氢氟酸除外)。

(2) 鉴定特征。六方柱及晶面横纹，典型的玻璃光泽，很大的硬度(小刀不能刻划)，无解理。隐晶质各类具明显的脂肪光泽。

(3) 形成。石英是自然界几乎随处可见的矿物，在地壳中含量仅次于长石，占地壳总重的12.6%。它是许多岩石的重要造岩矿物。含石英的岩石风化后形成石英砂粒，遍布各地。

(4) 应用。石英用途很广，可用制光学器皿，精密仪器的轴承，钟表的“钻石”等；石英砂可用作研磨材料、玻璃及陶瓷等工业的原料；质纯透明、无裂隙、无双晶和包裹体的石英晶体，大小为2cm×2cm×2cm时，可作压电石英片和光学材料，广泛应用于雷达、导航、遥控、遥测、电子、电信设备等方面。

4. 正长石($KAlSi_3O_8$)

(1) 基本特征。又名钾长石，单晶为板状或短柱状，在岩石中常为晶形不完全的短柱状颗粒。肉红、浅黄、浅黄白色，玻璃或珍珠光泽，半透明。硬度为6，有两组解理直交(正长石因此得名)，比重为2.56～2.58。

(2) 鉴定特征。肉红、黄白等色，短柱状晶体，完全解理，硬度较大(小刀刻不动)。

(3) 形成。正长石是花岗岩类岩石及某些变质岩的重要造岩矿物，容易风化成为高岭土等。

(4) 应用。正长石是陶瓷及玻璃工业的重要原料。

5. 斜长石($NaAlSi_3O_8$～$CaAl_2Si_2O_8$)

(1) 基本特征。斜长石是由钠长石和钙长石所组成的类质同像混合物，根据两种组分的比例，斜长石又可粗略地分为：酸性斜长石-钙长石组分含量占0～30%；中性斜长石-钙长石组分含量占30%～70%；基性斜长石-钙长石组分含量占70%～100%。细柱状或板状晶体，在晶面或解理面上可见到细而平行的双晶纹；在岩石中多为板状、细柱状颗粒。白至灰白色，或浅蓝、浅绿，玻璃光泽，半透明。硬度为6～6.5，两组解理斜交(86°左右，斜长石因此得名)。比重为2.60～2.76。

(2) 鉴定特征。细柱状或板状，白到灰白色，解理面上具双晶纹，小刀刻不动。

(3) 形成。斜长石类矿物见于岩浆岩、变质岩和沉积岩中，分布最广。斜长石比正长石更易风化分解成高岭土、铝土等。

(4) 应用。斜长石中钠长石是陶瓷和玻璃工业的原料。

6. 云母

(1) 基本特征。假六方柱状或板状晶体；通常呈片状或鳞片状。玻璃及珍珠光泽，透明或半透明。硬度为2～3，单向最完全解理，薄片有弹性。比重为2.7～3.1。具高度不导电性。常见种类如下。

① 白云母$KAl_2(AlSi_3O_{10})(OH)_2$：无色及白、浅灰绿等色。呈细小鳞片状、具丝绢光泽的异种称为绢云母。

② 金云母$KMg_3(AlSi_3O_{10})(OH)_2$：金黄褐色，常具半金属光泽。多见于火成岩与石灰岩的接触带。

③ 黑云母$K(Mg,Fe)_3(AlSi_3O_{10})(OH)_2$：黑褐至黑色，较白云母易风化分解。

鉴定特征。单向最完全解理，硬度低，有弹性。

(2) 形成。云母是重要的造岩矿物，分布广泛，占地壳总重的3.8%。

(3) 应用。白云母和金云母为电器、电子等工业部门的重要绝缘材料。

(4) 分布。我国内蒙古自治区丰镇、四川省西部的丹巴县、新疆维吾尔自治区等地有较大型云母矿床。

7. 普通角闪石 {$Ca_2Na(Mg,Fe)_4(Al,Fe)[(Si,Al)_4O_{11}]_2(OH)_2$}

(1) 晶体多。为长柱状，横剖面近六边菱形；在岩石中常呈分散柱状、粒状及其集合体。绿黑至黑色，条痕灰绿色，玻璃光泽(风化面暗淡)，近不透明。硬度为5～6，两组解理相交呈124°。比重为3.1～3.4。

(2) 鉴定特征。绿黑色，长柱状(横剖面菱形)晶体，相交成124°的解理，小刀不易刻划。

(3) 普通角闪石。是火成岩(特别是中性、酸性岩)的重要造岩矿物，有时见于变质岩中，在地表易风化分解。

8. 普通辉石 [$(Ca,Mg,Fe,Al)(Si,Al)_2O_6$]

晶体短柱状，横剖面近八边形；在岩石中常为分散粒状或粒状集合体。绿黑至黑色，条痕浅灰绿色，玻璃光泽(风化面暗淡)，近不透明。硬度为5～6，两组解理近直交。比重为3.23～3.52。

鉴定特征：绿黑或黑色，近八边形短柱状，解理近直交。

普通辉石为火成岩(特别是基性岩、超基性岩)的重要造岩矿物，在地表易风化分解。

9. *橄榄石* [$(Mg,Fe)_2SiO_4$]

晶体扁柱状，在岩石中呈分散颗粒或粒状集合体。橄榄绿色，玻璃光泽，透明至半透明。硬度为6.5～7。解理中等或不清楚。性脆。比重为3.3～3.5。

鉴定特征：橄榄绿色，玻璃光泽，硬度高。

橄榄石为岩浆中早期结晶的矿物，是基性和超基性火成岩的重要造岩矿物，不与石英共生。橄榄石在地表条件下极易风化变成蛇纹石。

10. *方解石*($CaCO_3$)

晶体常为菱面体，集合体常呈块状、粒状、鲕状、钟乳状及晶簇等。纯净的方解石无色透明称冰洲石，具显著的重折射现象；因杂质渗入而常呈白、灰、黄、浅红、绿、蓝等色。玻璃光泽。硬度为3，三组解理完全。比重为2.72。遇冷稀盐酸强烈起泡。

$$CaCO_3+2HCl \longrightarrow CaCl_2+H_2O+CO_2$$

鉴定特征：锤击成菱形碎块(方解石因此得名)，小刀易刻动，遇冷稀盐酸强烈起泡。

方解石主要是由 $CaCO_3$ 溶液沉淀或生物遗体沉积而成，为石灰岩的重要造岩矿物；在泉水出口可以析出 $CaCO_3$ 沉淀物，疏松多孔，称石灰华；在低温条件下，可以形成另一种同质多像体，常呈纤维状、柱状、晶簇状、钟乳状等，称为文石(或称霰石)。无色透明纯净的方解石叫冰洲石，由于具有特殊的物理性能，被称为特种非金属矿物。最早发现于冰岛，故称为“冰洲石”。在白色透明晶体矿物中具有最高的双折射率和偏光性能。优质冰洲石的晶体产于玄武岩的方解石脉和沸石方解石脉中，主要用于国防工业和制造高精度光学仪器，也广泛用于无线电电子学、天体物理学等高新技术领域。

11. *白云石* [$CaMg(CO_3)_2$]

单晶为菱面体，但晶面稍弯曲成弧形，通常为块状或粒状集合体。一般为白色，因含Fe常呈褐色。玻璃光泽。硬度为3.5～4。三组解理完全。比重为2.85～3.1，随含铁量增高而增大。在稀盐酸中分解缓慢。

白云石主要是在咸化海(含盐量大于正常海)中沉淀而成，或者是普通石灰岩与含镁溶液置换而成。白云石是白云岩的主要造岩矿物，可用作优质耐火材料(用于钢铁及冶金方面)。

12. *滑石* [$Mg_3(Si_4O_{10})(OH)_2$]

单晶体为片状，通常为鳞片状、放射状、纤维状、块状等集合体。无色或白色，条痕白色。解理面为珍珠光泽，硬度为1～1.5。平行片状方向有一组中等解理。薄片具挠性。比重为2.58～2.55，有滑腻感。化学性稳定。

鉴定特征：浅色，性软(指甲可刻划)，具滑腻感。

滑石为典型的热液变质矿物。橄榄石、白云石等在热水溶液作用下可以产生滑石，常与菱镁矿等共生。

滑石是耐火、耐酸、绝缘材料，在橡胶和造纸工业中也用作填料。我国滑石储量丰富，辽宁盖平大石桥至海城一带及山东掖县、蓬莱等地为知名产地。

13. *绿泥石*［$(Mg，Fe，Al)_6(Si，Al)_4O_{10}(OH)_8$］

成分复杂，是一族层状结构硅酸盐矿物的总称，最常见的为富含镁铁质的绿泥石$(Mg，Fe)_5Al(AlSi_3O_{10})(OH)_8$。常呈叶片状、鳞片状集合体，浅绿至深绿色，深浅随含铁量的变化而不同。珍珠或脂肪光泽，透明至半透明。硬度为2～2.5。有平行片状方向的解理，薄片具有挠性。比重为2.6～3.3。

鉴定特征：绿泥石与云母极相似，但前者具特有的绿色，有挠性而无弹性。

绿泥石为某些变质岩的造岩矿物。火成岩中的镁铁矿物(如黑云母、角闪石、辉石等)在低温热水作用下易形成绿泥石。

14. *硬石膏*($CaSO_4$)

晶体为近正方形的厚板状或柱状，一般呈粒状，纯净晶体无色透明，一般为白色，玻璃光泽，有三组完全解理，硬度为3～3.5，比重为2.8～3.0。硬石膏在常温常压下遇水能生成石膏，体积膨胀近30%，同时产生膨胀压力，可能引起建筑物基础及隧道衬砌等变形。

15. *石膏*($CaSO_4 \cdot 2H_2O$)

晶体常为近菱形板状，有时呈燕尾双晶；一般呈纤维状、粒状等集合体。无色透明，或白、浅灰等色，晶面玻璃光泽，纤维状者具丝绢光泽、硬度为2，一组最完全解理，薄片有挠性。比重为2.3。加热失水变为熟石膏。透明晶体的集合体称为透石膏；纤维状集合体称为纤维石膏；粒状集合体称为雪花石膏。

鉴定特征：一组最完全解理，可撕成薄片，或纤维状、粒状；硬度低，指甲可以刻动。

石膏主要是干燥气候条件下湖海中的化学沉积物，属于蒸发盐类，可用于水泥、模型、医药、光学仪器等方面。我国石膏产地遍及20余个省，湖北应城、湖南湘潭、山西平陆、内蒙古自治区鄂托克旗等皆产石膏，储量在世界上名列前茅。

16. *黄铁矿*(FeS_2)

经常发育成良好的晶体，有六面体、八面体、五角十二面体及其聚形。大多呈块状集合体，有些发育成立方体单晶，立方体的晶面上常有与棱平行的细密纹，各晶面上的条纹互相垂直。有时呈粒状集合体或结核状。浅黄(铜黄)色，条痕绿黑色(微绿)，强金属光泽，不透明。硬度为6～6.5(硫化物中硬度最大的一种)，无解理，性脆，断口参差状。比重为4.9～5.2。在地表条件下易风化为褐铁矿。

鉴定特征：完好晶体，浅黄色，条痕黑色，较大的硬度(小刀刻不动)。

黄铁矿是在硫化物中分布最广泛的矿物，在各类岩石中都可出现。黄铁矿是制取硫酸的主要原料。我国黄铁矿床(也称硫铁矿)分布很广，广东英德、安徽马鞍山、甘肃白银厂、内蒙古等都有产出，近年在广东云浮探明有特大型矿床。我国硫铁矿储量居于世界前列。

17. *赤铁矿*(Fe_2O_3)

赤铁矿包括两类：一类为镜铁矿，晶体多为板状、叶片状、鳞片状及块状集合体，钢灰色至铁黑色，条痕樱红色，金属光泽，不透明。硬度为2.5～6.5，性脆。比重为5.0～5.3。无磁性；另一类为沉积型赤铁矿，常呈鲕状、肾状、块状或粉末状，暗红色，条痕樱红色，半金属或暗淡光泽，硬度较小。

鉴定特征：镜铁矿常以板状、鳞片状集合体、钢灰颜色及樱红色条痕为特征。沉积赤铁矿常以鲕状或肾状等形态、暗红颜色及樱红色条痕为特征。

镜铁矿主要产于接触变质带，沉积型赤铁矿主要产于沉积岩中。赤铁矿为最重要的铁矿石之一。赤铁矿粉可用作红色涂料和制红色铅笔。我国赤铁矿产地甚多，辽宁鞍山、甘肃镜铁山、湖北大冶、湖南宁乡、河北宣化和龙关等地都是著名的产地。我国各类铁矿资源储量居世界前列。

18. *高岭石* ［$Al_4Si_4O_{10}(OH)_8$］

一般呈隐晶质、土状或块状集合体。白或浅灰、浅绿、浅红等色，条痕白色，土状光泽，块状者具蜡状光泽。硬度为1～2.5。比重为2.61～2.68。有吸水性(可粘舌)，和水有可塑性。

鉴定特征：性软，粘舌，具可塑性。

高岭石主要是富铝硅酸盐矿物特别是长石的风化产物：

$$\underset{\text{钾长石}}{4KAlSi_3O_8} + H_2O + 2CO_2 \longrightarrow \underset{\text{高岭石}}{Al_4Si_4O_{10}(OH)_8} + 8SiO_2 + 2K_2CO_3$$

高岭石为主要粘土矿物之一。高岭石及其近似矿物和其他杂质的混合物，通称高岭土。高岭土是陶瓷的主要原料。我国为产高岭土的有名国家，高岭土即因江西景德镇附近的高岭所产质佳而得名。

19. *蒙脱石* ［$(Na, Ca)_{0\sim33}(Al, Mg)_2(Si_4O_{10})(OH)_2 \cdot nH_2O$］

土状或显微鳞片状集合体。白色或灰白色，因含杂质染有黄、浅玫瑰红、蓝或绿色，条痕白色，土状光泽或蜡状光泽，鳞片状集合体有一组完全解理，硬度为2～2.5，比重为2～3。吸水性强，吸水后体积可膨胀几倍，具有很强的吸附能力和阳离子交换能力，具有高度的胶体性、可塑性和粘结力，是膨胀土的主要成分。

2.2 岩浆岩及其工程地质特征

岩浆岩是地下深处的岩浆侵入地壳或喷出地表冷凝而成的岩石，约占地壳总体积的65%，在地壳上分布面积约占7%。

岩浆是形成于地壳深处或上地幔中的部分或全部呈液态的高温熔融体，它主要由两部分组成：一部分是以硅酸盐熔浆为主体，一部分是挥发组分，主要是水蒸气和其他气态物质。前者在一定条件下凝固后形成各种岩浆岩，后者在岩浆上升、压力减小时可以从岩浆中溢出形成热水溶液，对于成矿往往起很重要的作用。也有极少数岩浆是以碳酸盐和氧化物为主的。

岩浆的化学成分若以氧化物表示，其主要成分是：SiO_2、Al_2O_3、MgO、FeO、Fe_2O_3、CaO、NaO、K_2O、H_2O等。其中以SiO_2的含量为最大。岩浆的温度往往随岩浆的成分而变化。岩浆的温度约为700～1200℃。

由于岩浆的温度很高，富含挥发组分，又处于高压作用下，所以具有极大的物理-化学活动性，即具有巨大的动能、热能和化学能。因此，岩浆可以顺着某些地壳软弱地带或地壳裂隙运移和聚集，侵入地壳或喷出地表，最后冷凝为岩石。我们把岩浆的发生、运移、聚集、变化及冷凝成岩的全部过程，称为岩浆作用。

岩浆作用主要有两种方式：一种是岩浆上升到一定位置，由于上覆岩层的外压力大于岩浆的内压力，迫使岩浆停留在地壳之中冷凝而结晶，这种岩浆活动称侵入作用。岩浆在地下深处冷凝而成的岩石(深度大于 3km)，称深成岩；在浅处冷凝而成的岩石(深度小于3km)，称浅成岩，两者统称为侵入岩。另一种是岩浆冲破上覆岩层喷出地表，这种活动称喷出作用或火山活动。喷出地表的岩浆在地表冷凝而成的岩石，称喷出岩(又称火山岩)。

喷出岩又可细分为两类：一类是溢出地表的岩浆冷凝而成的岩石，称为熔岩；另一类是岩浆或它的碎屑物质被火山猛烈地喷发到空中，又从空中落到地面堆积形成的岩石，称为火山碎屑岩。

2.2.1 岩浆岩的产状

岩浆岩的产状是指岩浆体的形态、大小及其与围岩的关系。岩浆岩的产状与岩浆的成分、物理化学条件密切相关，还受冷凝地带的环境影响，因此它的产状是多种多样的，如图 2.11 所示。

1. 侵入岩的产状

1) 岩基

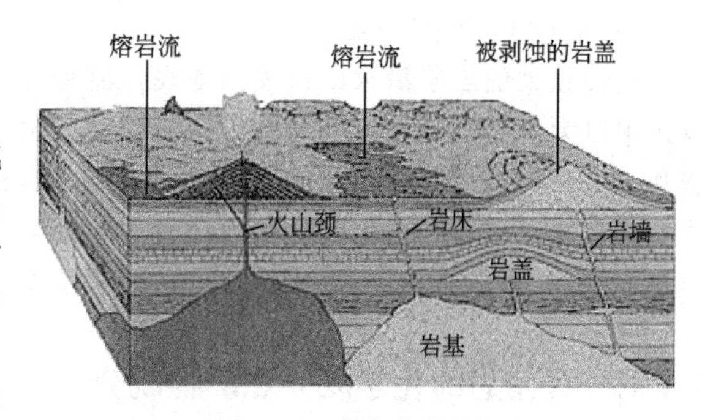

图 2.11 岩浆岩的产状

岩基是岩浆侵入到地壳内凝结形成的岩体中最大的一种，出露面积很大，一般大于 $100km^2$，甚至可超过几万平方千米，向下延伸可达 10～30km，常见的岩基多是由酸性岩浆凝结而成的花岗岩类岩体。岩基内常含有围岩的崩落碎块，称为捕虏体。岩基埋藏深、范围大，岩浆冷凝速度慢，晶粒粗大，岩性均匀，是良好的建筑地基，如长江三峡坝址区就选在面积约 200 多平方千米的花岗岩-闪长岩岩基的南端。我国各大山脉如天山、昆仑山、秦岭、祁连山、大兴安岭及江南丘陵等处都有不同时代的花岗岩岩基出露。

2) 岩株

岩株是分布面积较小，形态又不规则的侵入岩体，出露面积不超过 $100km^2$，平面形状多为浑圆形；主要由中、酸性岩石组成，岩株可能是独立的小岩体，或是岩基的分枝部分，也可能是岩基顶部的凸起部分，此时常为岩性均一、稳定性良好的地基。

3) 岩盘(岩盖)

岩盘是中间厚度较大，呈伞形或透镜状的浅成侵入体，多是酸性或中性岩浆沿层状岩层面侵入后，因粘性大，流动不远所致。

4）岩床

流动性较大的岩浆顺着岩层层理侵入形成的板状岩体称岩床。它的特点是：主要是由基性岩构成。岩床的规模大小不定，厚度从几厘米到几百米以上，延伸从几米到几百千米。岩床多为基性浅成岩。

5）岩墙和岩脉

岩墙和岩脉是沿围岩裂隙或断裂带侵入形成的狭长形的岩浆岩体，与围岩的层理和片理斜交。通常把岩体窄小的称为岩脉，长数厘米到数十米；把岩体较宽厚且近于直立的称为岩墙，通常长数米至数千米，宽数米至数十米。岩墙和岩脉多在围岩构造裂隙发育的地方，由于它们岩体薄，与围岩接触面大，冷凝速度快，岩体中形成很多收缩拉裂裂隙，所以岩墙、岩脉发育的岩体稳定性较差，地下水较活跃。

2. 喷出岩的产状

喷出岩的产状受岩浆的成分、粘性、通道特征、围岩的构造及地表形态影响。常见的喷出岩产状有熔岩流、火山锥及熔岩台地。

1）熔岩流

岩浆多沿一定方向的裂隙喷发到地表。岩浆多是基性岩浆，粘度小、易流动，形成厚度不大、面积广大的熔岩流，如我国西南地区广泛分布有二叠纪玄武岩流。由于火山喷发具有间歇性，所以岩流在垂直方向上往往具有不同喷发期的层状构造。在地表分布有一定厚度的熔岩流也称熔岩被。

2）火山锥(岩锥)及熔岩台地

粘性较大的岩浆沿火山口喷出地表，流动性较小，常和火山碎屑物粘结在一起，形成以火山口为中心的锥状或钟状的山体，称为火山锥或岩钟，如我国长白山顶的天池就是熔岩和火山碎屑物质凝结而成的火山锥或岩锥。当粘性较小时，岩浆较缓慢地溢出地表，形成台状高地，称熔岩台地，如黑龙江省的德都县一带就有玄武岩形成的熔岩台地，它把讷谟尔河截成几段，形成五个串珠状分布的壅塞湖，这就是有名的五大连池。

2.2.2 岩浆岩的化学成分和矿物成分

1. 岩浆岩的化学成分

岩浆岩的主要化学成为有 SiO_2、Al_2O_3、Fe_2O_3、FeO、MgO、CaO、Na_2O、K_2O 和 H_2O 等氧化物，其中 SiO_2 含量最多，它的含量大小直接影响岩浆岩矿物成分的变化，并直接影响岩浆岩的性质。

2. 岩浆岩的矿物成分

组成岩浆岩的主要矿物有 30 多种，但常见的矿物只有十几种。按矿物颜色深浅可划分为浅色矿物和深色矿物两类，其中浅色矿物富含硅、铝，有正长石、斜长石、石英、白云母等；深色矿物富含铁、镁物质，有黑云母、辉石、角闪石、橄榄石等。岩浆岩中长石含量占到 60%以上，其次为石英，所以长石和石英是岩浆岩分类和鉴定的重要依据。

2.2.3 岩浆岩的结构与构造

1. 岩浆岩的结构

岩浆岩的结构是指组成岩石的矿物的结晶程度、晶粒大小、形态及其相互关系的特征。岩浆岩的结构特征，是岩浆成分和岩浆冷凝环境的综合反映。

1) 按结晶程度划分

(1) 全晶质结构：岩石全部由矿物晶体组成，用肉眼或放大镜可以辨认。它是在温度、压力降低缓慢，结晶充分的条件下形成的。这种结构是侵入岩，尤其是深成侵入岩的结构。

(2) 非晶质结构：又称为玻璃质结构，均匀致密似玻璃。它是在岩浆温度、压力快速下降时冷凝形成的。这种结构多见于酸性喷出岩，也可见于浅成侵入体边缘。

(3) 半晶质结构：岩石由矿物晶体和部分未结晶的玻璃质组成。多见于喷出岩和浅成岩边缘。

2) 按结晶颗粒绝对大小划分

按结晶颗粒绝对大小可分为显晶质结构和隐晶质结构。

(1) 显晶质结构：肉眼能分辨出矿物颗粒。

显晶质结构可进一步划分为：①粗粒结构：颗粒粒径大于5mm。②中粒结构：颗粒粒径为2～5mm。③细粒结构：颗粒粒径为0.2～2mm。④微粒结构：颗粒粒径0.02～0.2mm。

(2) 隐晶质结构：矿物颗粒很细，颗粒粒径小于0.02mm，肉眼不能分辨出矿物颗粒。具隐晶质结构的岩石外貌呈致密状，肉眼观察有时不易与玻璃质相区别，但具隐晶质结构的岩石没有玻璃光泽及贝壳状断口，脆性程度低，常具有瓷状断口。

3) 按岩石中矿物颗粒的相对大小划分

(1) 等粒结构：岩石中的矿物全部是显晶质粒状，同种主要矿物结晶颗粒大小大致相等。等粒结构是深成岩特有的结构。

(2) 不等粒结构：岩石中主要矿物的颗粒大小不等，且粒度大小成连续变化系列。

(3) 斑状结构和似斑状结构：岩石由两组直径相差甚大的矿物颗粒组成，其大晶粒散布在细小晶粒中，大的叫斑晶，细小的叫基质。基质为隐晶质及玻璃质的，称为斑状结构；基质为显晶质的，则称为似斑状结构。斑状结构为浅成岩及部分喷出岩所特有的结构。其形成原因是斑晶形成于地壳深处，而基质是后来含斑晶岩浆上升至地壳较浅处或喷溢地表后才形成的。似斑状结构主要分布于浅成侵入岩和部分中-深成侵入岩中。似斑状结构的斑晶和基质，同时形成于相同环境。

2. 岩浆岩的构造

指组成岩石的矿物集合体的形状、大小、排列和空间分布等所反映出来的岩石构成的特征，主要取决于岩浆冷凝时的环境。岩浆岩最常见的构造如下。

(1) 块状构造。组成岩石的矿物颗粒无一定排列方向，而是均匀地分布在岩石中，不显层次，呈致密块状。这是侵入岩常见的构造。

(2) 流纹状构造。岩石中不同颜色的条纹和拉长的气孔等沿一定方向排列所形成的外貌特征。这种构造是喷出地表的熔浆在流动过程中冷却形成的。

(3) 气孔状构造。岩浆凝固时，挥发性的气体未能及时逸出，以致在岩石中留下许多圆形、椭圆形或长管形的孔洞。在玄武岩等喷出岩中常常可见到气孔构造。

(4) 杏仁状构造。岩石中的气孔，为后期矿物(如方解石、石英等)充填所形成的一种形似杏仁的构造。如某些玄武岩和安山岩的构造。结构和构造特征反映了岩浆岩的生成环境，因此，它是岩浆岩分类和鉴定的重要标志，也是研究岩浆作用方式的依据之一。

2.2.4 岩浆岩的分类及常见的岩浆岩

1. 岩浆岩的分类

岩浆岩的种类很多，目前已知有1000多种。岩浆岩常见的分类方法如表2-2所示。岩浆岩分类的主要根据：一方面是岩石的化学成分、矿物成分；另一方面是岩石的产状、结构和构造。根据岩浆岩中 SiO_2 的含量，岩浆岩可分为下面几类。

(1) 酸性岩类(SiO_2 含量＞65%)：矿物成分以石英、正长石为主，并含有少量的黑云母和角闪石。岩石的颜色浅，重度小。

(2) 中性岩类(SiO_2 含量为52%～65%)：矿物成分以正长石、斜长石、角闪石为主，并含有少量的黑云母及辉石。岩石的颜色比较深，重度比较大。

(3) 基性岩类(SiO_2 含量为45%～52%)：矿物成分以斜长石、辉石为主，含有少量的角闪石及橄榄石。岩石的颜色深，重度也比较大。

(4) 超基性岩类(SiO_2 含量＜45%)：矿物成分以橄榄石、辉石为主，其次有角闪石，一般不含硅铝矿物。岩石的颜色很深，重度很大。

从酸性岩到超基性岩，SiO_2 含量逐渐减少，FeO、MgO含量逐渐增加，K_2O、Na_2O 含量逐渐减少。

表2-2 岩浆岩的分类

<table>
<tr><td colspan="6">颜色</td><td colspan="5">浅←→深</td></tr>
<tr><td colspan="6">岩浆岩类型</td><td>酸性</td><td colspan="2">中性</td><td>基性</td><td>超基性</td></tr>
<tr><td colspan="6">SiO_2 含量</td><td>＞65%</td><td colspan="2">52%～65%</td><td>45%～52%</td><td>＜45%</td></tr>
<tr><td colspan="2" rowspan="3">成因类型</td><td colspan="3" rowspan="2"></td><td>主要矿物</td><td>石英
正长石
斜长石</td><td>正长石
斜长石</td><td>角闪石
斜长石</td><td>斜长石
辉石</td><td>斜长石
辉石</td></tr>
<tr><td>次要矿物</td><td rowspan="2">云母
角闪石</td><td rowspan="2">角闪石
黑云母
辉石
石英＜5%</td><td rowspan="2">辉石
黑云母
正长石＜5%
石英＜5%</td><td rowspan="2">橄榄石
角闪石
黑云母</td><td rowspan="2">角闪石
斜长石
黑云母</td></tr>
<tr><td>产状</td><td>构造</td><td colspan="2">结构</td></tr>
<tr><td colspan="2" rowspan="2">喷出岩</td><td rowspan="2">岩钟
岩流</td><td rowspan="2">杏仁
气孔
流纹
块状</td><td colspan="2">非晶质
(玻璃质)</td><td colspan="5">火山玻璃：黑曜岩、浮岩等</td></tr>
<tr><td colspan="2">隐晶质斑状</td><td>流纹岩</td><td>粗面岩</td><td>安山岩</td><td>玄武岩</td><td>苦橄岩
(少见)</td></tr>
<tr><td rowspan="2">侵入岩</td><td>浅成</td><td>岩床
岩墙</td><td rowspan="2">块状</td><td colspan="2">斑状全晶
细颗粒</td><td>花岗斑岩</td><td>正长斑岩</td><td>玢岩</td><td>辉绿岩</td><td>苦橄玢岩
(少见)</td></tr>
<tr><td>深成</td><td>岩株
岩基</td><td colspan="2">结晶斑状全
晶中、粗粒</td><td>花岗岩</td><td>正长岩</td><td>闪长岩</td><td>辉长岩</td><td>橄榄岩
辉岩</td></tr>
</table>

2. 常见的岩浆岩

1）花岗岩

分布最广的酸性深成岩类，其分布面积占所有侵入岩面积的 80%以上。主要矿物为石英、正长石和斜长石，次要矿物为黑云母、角闪石等。颜色多为肉红、灰白色。全晶质粒状结构，块状构造。根据所含暗色矿物的不同，可进一步分为黑云母花岗岩、角闪石花岗岩等。产状多为岩基和岩株，常可作为良好的建筑地基及天然建筑材料。

2）正长岩

属于中性深成岩，主要矿物为正长石、黑云母、辉石等。浅灰或肉红色，全晶质粒状结构，块状构造，多为小型侵入体。其物理力学性质与花岗岩相似，SiO_2 含量略高于闪长岩、安山岩，故不如花岗岩坚硬，且易风化。

3）闪长岩

属于中性深成岩，主要矿物为角闪石和斜长石，次要矿物有辉石、黑云母、正长石和石英。颜色多为灰或灰绿色。全晶质中、细粒结构，块状构造。常以岩株、岩床等小型侵入体产出。闪长岩呈独立岩体者多呈岩株、岩床或岩墙产出，但大部分是和花岗岩或辉长岩呈过渡关系。结构致密，强度高，且具有较高的韧性和抗风化能力，可作为各种建筑物的地基和建筑材料。

4）闪长玢岩

属于中性浅成侵入岩，矿物成分同闪长岩，即主要矿物为角闪石和斜长石，次要矿物为辉石、黑云母、正长石和石英。颜色为辉绿色至灰褐色。斑状结构，斑晶多为灰白色斜长石，少量为角闪石，基质为细粒至隐晶质，块状构造。常以岩床、岩墙产出或为闪长岩的边缘相。

5）安山岩

属中性喷出岩。主要矿物成分同闪长岩，颜色为灰、灰棕、灰绿等色。斑状结构，斑晶多为斜长石，基质为隐晶质或玻璃质。块状构造，有时含气孔、杏仁状构造。

6）辉长岩

属于基性深成岩。主要矿物是辉石和斜长石，次要矿物为角闪石和橄榄石。颜色为灰黑至暗绿色。具有中粒全晶结构，块状构造。多为小型侵入体，常以岩盆、岩株、岩床等产出。辉长岩强度高，抗风化能力强。

7）辉绿岩

属于基性浅成岩，主要矿物为辉石和斜长石，二者含量相近，颜色为暗绿色和绿黑色。具有典型的辉绿结构，其特征是粒状的微晶辉石等暗色矿物充填于由微晶斜长石组成的空隙中。块状构造。多以岩床、岩墙等小型侵入体产出。辉绿岩蚀变后易产生绿泥石等次生矿物，使岩石强度降低。

8）玄武岩

属基性喷出岩，分布最广。矿物成分同辉长岩，颜色为辉绿、绿灰或暗紫色。多为隐晶和斑状结构，斑晶为斜长石、辉石和橄榄石。块状构造，常有气孔、杏仁状构造。玄武岩致密坚硬，性脆，强度很高。玄武岩分布很广，如二叠系峨眉山玄武岩广泛分布在我国西南各省。

9）橄榄岩

属超基性深成岩。主要矿物为橄榄石和辉石，岩石是橄榄绿色，岩体中矿物全为橄榄石时称为纯橄榄岩。暗绿色或黑色。全晶质中、粗粒结构，块状构造。橄榄岩中的橄榄石易风化转为蛇纹石和绿泥石，所以新鲜橄榄岩很少见。

10）花岗斑岩

花岗斑岩为酸性浅成岩，矿物成分与花岗岩相同，颜色灰红或浅红。具有板状或似斑状结构，块状构造。斑晶体积大于基质，斑晶和基质均主要由钾长石、酸性斜长石、石英组成。产状多为岩株等小型岩体或为大岩体边缘。

11）流纹岩

流纹岩属酸性喷出岩类，矿物成分与花岗岩相似。颜色常为灰白、粉红、浅紫色。斑状结构或隐晶结构，斑晶为钾长石、石英，基质为隐晶质或玻璃质。块状构造，具有明显的流纹和气孔状构造。

12）火山碎屑岩

火山碎屑岩是由火山喷发的火山碎屑物质，在火山附近的堆积物，经胶结或熔结而成的岩石，常见的有凝灰岩和火山角砾岩。

13）凝灰岩

凝灰岩是分布最广的火山碎屑岩，粒径小于2mm的火山碎屑占90%以上。颜色多为灰白、灰绿、灰紫、褐黑色。凝灰岩的碎屑呈角砾状，一般胶熔不紧，宏观上有不规则的层状构造。易风化成蒙脱石粘土。

14）火山角砾岩

碎屑粒径多在2～100mm，呈角粒状，经压密胶结成岩石。火山角砾岩分布较少，只见于火山锥。

2.2.5　岩浆岩的工程地质性质

由于不同的生成条件，各种岩浆岩的结构、构造和矿物成分也不相同，因而岩石的工程地质及水文地质性质也各有所异。

深成岩具结晶联结，晶粒粗大均匀，力学强度高、裂隙率小、裂隙较不发育，一般透水性弱、抗水性强。岩体大、整体稳定性好，故一般是良好的建筑物地基和天然建筑石材。值得注意的是这类岩石往往由多种矿物结晶组成，抗风化能力较差，特别是含铁镁质较多的基性岩，则更易风化破碎，故应注意对其风化程度和深度的调查研究。

浅成岩中细晶质和隐晶质结构的岩石透水性小、力学强度高、抗风化性能较深成岩强，通常也是较好的建筑地基。但斑状结构岩石的透水性和力学强度变化较大，特别是脉岩类，岩体小，且穿插于不同的岩石中，易蚀变风化，使强度降低、透水性增大。

喷出岩多为隐晶质或玻璃质结构，其力学强度也高，一般可以作为建筑物的地基。应注意的是其中常常具有气孔构造、流纹构造及发育有原生裂隙，透水性较大。此外，喷出岩多呈岩流状产出，岩体厚度小，岩相变化大，对地基的均一性和整体稳定性影响较大。

地壳表层出露的岩浆岩以花岗岩和玄武岩的分布为最广，我国东南沿海如浙、闽地区，流纹岩也有较广泛的分布。通常情况下，在岩浆岩中裂隙发育的部位或风化带内，可形成和贮藏裂隙地下水，尤其是玄武岩分布区，往往存在具有供水意义的地下水资源。

2.3 沉积岩及其工程地质特征

沉积岩是在地壳表层常温常压条件下，由先期岩石的风化产物、有机质和其他物质，经搬运、沉积和成岩等一系列地质作用而形成的岩石。沉积岩在体积上占地壳的7.9%，覆盖陆地表面的75%，绝大部分洋底也被沉积岩覆盖，它是地表最常见的岩石类型。

沉积岩的物质主要来源于先成岩石(无论是火成岩、变质岩和先成的沉积岩)风化作用和剥蚀作用的破坏产物，包括碎屑物质、溶解物质和新生物质；除此还包括生物遗体、生物碎屑及火山作用的产物。

各种沉积物最初都是松散的，经过漫长的时代，上覆沉积物越来越厚，下边沉积物越埋越深，经过压固、脱水、胶结等成岩作用，逐渐变成坚固的成层的岩石。

沉积岩是在地壳发展过程中，在外力作用支配下，形成于地表附近的自然历史产物。地表环境十分复杂(如海陆分布、气候条件、生物状况等)，同一时代不同地区或同一地区不同时代，其地理环境往往不同，从而所形成的沉积岩也互有差异，各种沉积岩都毫无例外地记录下来沉积当时的地理环境信息。因此，沉积岩是重塑地球历史和恢复古地理环境的重要依据。

2.3.1 沉积岩的形成过程

沉积岩的形成过程一般可以分为先成岩石的破坏(风化作用和剥蚀作用)、搬运作用、沉积作用和硬结成岩作用等几个互相衔接的阶段。但这些作用有时是错综复杂和互为因果的，如岩石风化提供剥蚀的条件，而岩石被剥蚀后又提供继续风化的条件；风化、剥蚀产物提供搬运的条件，而岩石碎屑在搬运中又可作为进行剥蚀作用的“武器”；物质经搬运而后沉积，而沉积物又可受到剥蚀破坏重新搬运，如此等等，不一而足。

1. 沉积物质的生成

暴露于地表或接近地表的各种岩石，在温度变化、水及水溶液的作用、大气及生物作用下在原地发生的破坏作用，称为风化作用。风化作用使地壳表层岩石逐渐崩裂、破碎、分解，同时也形成新环境条件下的新稳定矿物。

沉积物质的来源主要是先期岩石的风化产物，其次是生物堆积。然而，单纯的生物堆积很少，仅在特殊环境中才能堆积形成岩石，如贝壳石灰岩等。

先期岩石的风化产物主要包括碎屑物质和非碎屑物质两部分。

碎屑物质是先期岩石机械破碎的产物，如花岗岩、辉长岩等岩石碎屑和石英、长石、白云母等矿物碎屑。碎屑物质是形成碎屑岩的主要物质。

非碎屑物质包括真溶液和胶凝体两部分，是形成化学岩和粘土岩的主要成分。

2. 沉积物的搬运

风化作用和剥蚀作用的产物被流水、冰川、海洋、风、重力等转移，离开原来位置的作用叫做搬运作用。搬运方式有机械搬运和化学搬运两种。一般说来，风化和剥蚀产生的碎屑物质多以机械搬运为主，而胶体和溶解物质则以胶体溶液及真溶液形式进行搬运。

流体是搬运碎屑物质的主要动力，搬运过程中碎屑物相互摩擦，碎屑颗粒变小，并形成浑圆状的颗粒。化学搬运将溶液和胶凝物质带到湖海等低洼地方。

风化产物受自身重力的作用，由高处向低处运动，是重力搬运。由于搬运距离短，被搬运的碎屑物形成无分选性的棱角状堆积。

3. 沉积物的沉积

当搬运介质速度降低或物理化学环境改变时，被搬运的物质就会沉积下来。通常可分为机械沉积、化学沉积和生物沉积。机械沉积受搬运能力和重力控制，由于碎屑物的大小、形状、密度的不同，碎屑物按一定顺序沉积下来，通常是按大小顺序不同先后沉积下来，这就是碎屑沉积的分选性，如河流沉积，从上游到下游沉积物的颗粒逐渐变小。化学沉积包括真溶液和胶体沉积两种，如碳酸盐和硅酸盐沉积。生物沉积主要是由生物活动引起的或生物遗体的沉积。

4. 沉积物的成岩作用

岩石的风化剥蚀产物经过搬运、沉积而形成松散的沉积物，这些松散沉积物必须经过一定的物理、化学及其他的变化和改造，才能形成固结的岩石。这种由松散沉积物变为坚固岩石的作用叫做成岩作用。广义的成岩作用还包括沉积过程中及固结成岩后所发生的一切变化和改造。硬结成岩作用比较复杂，主要包括固结脱水、胶结、重结晶和形成新矿物 4 个作用。

1）固结脱水作用

下部沉积物在上部沉积物重力的作用下发生排水固结现象，称为固结脱水作用。该作用使沉积物空隙减少，颗粒紧密接触并产生压溶现象等化学变化，如砂岩中石英颗粒间的锯齿状接触，就是在压密作用下形成的。

2）胶结作用

胶结作用是碎屑岩成岩作用的重要环节，把松散的碎屑颗粒连接起来，固结成岩石。最常见的胶结物有硅质（SiO_2）、钙质（$CaCO_3$）、铁质（Fe_2O_3）、粘土质等。

3）重结晶作用

在压力和温度逐渐增大的条件下，沉积物发生溶解及固体扩散作用，导致物质质点重新排列，使非晶质变成结晶物质，这种作用称为重结晶作用，是各类化学岩和生物化学岩成岩过程中的重要作用。

4）新矿物的形成

在沉积岩的成岩过程中，由于环境变化还会生成与新环境相适应的稳定产物，如常见的石英、方解石、白云石、石膏、黄铁矿等。

2.3.2 沉积岩的结构

沉积岩的结构是指组成岩石成分的颗粒形态、大小和连接形式。它是划分沉积岩类型的重要标志。常见的沉积岩结构有 3 种。

1. 碎屑结构

碎屑结构的特征主要反映在颗粒大小、颗粒形状及胶结物和胶结方式上。

1）颗粒大小

按颗粒大小可划分为砾状结构和砂状结构两类。

（1）砾状结构：碎屑颗粒大于 2mm，称为砾状结构。

（2）砂状结构：砂粒粒径为 0.005～2mm。0.005～0.075mm 为粉砂结构；0.075～0.25mm 为细砂结构；0.25～0.5mm 为中砂结构；0.5～2mm 为粗砂结构。

2）颗粒形状

按颗粒形状可划分为棱角状结构、次棱角状结构、次圆状结构和滚圆状结构（图 2.12）。碎屑颗粒磨圆程度受颗粒硬度、相对密度及搬运距离等因素的影响。

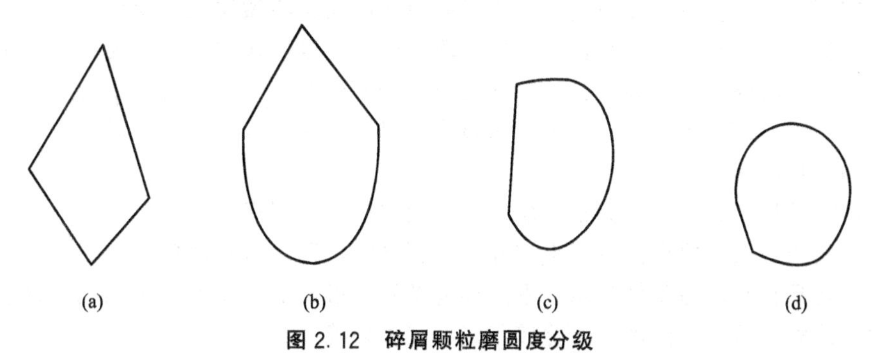

图 2.12 碎屑颗粒磨圆度分级

（a）棱角状；（b）次棱角状；（c）次圆状；（d）滚圆状

3）胶结物和胶结类型

碎屑岩的物理力学性质主要取决于胶结物的性质和胶结类型。胶结物是沉积物沉积后滞留在空隙中的溶液经化学作用沉淀而成。胶结物主要有硅质、铁质、钙质和粘土质 4 种。胶结类型指的是胶结物与碎屑颗粒含量及其相互之间的关系。常见的有以下 3 种类型。

（1）基底胶结。胶结物含量大，碎屑颗粒散布在胶结物之中，是最牢固的胶结方式，通常是碎屑颗粒和胶结物同时沉积的。

（2）孔隙胶结。碎屑颗粒紧密接触，胶结物充填在孔隙中间。这种胶结方式较坚固，胶结物是孔隙中的化学沉积物。

（3）接触胶结。碎屑颗粒相互接触，胶结物很少，只存在于颗粒接触处，是最不牢固的胶结方式。

2. 泥状结构

这种结构的沉积岩几乎全由小于 0.005mm 的粘土颗粒组成，典型岩石是粘土岩。其特点是手摸有滑感，断口为贝壳状。

3. 化学结构和生物化学结构

化学结构主要是由化学作用从溶液中沉淀的物质经结晶和重结晶形成的结构，如石灰岩、白云岩和硅质岩等。生物化学结构是由生物遗体和生物碎片组成的化学结构，如生物碎屑结构、贝壳结构和珊瑚状结构等。

2.3.3 沉积岩的构造

沉积岩构造是指沉积岩的各个组成部分的空间分布和排列方式。沉积岩的构造特征主要表现在层理、层面、结核及生物构造等方面。

1. 层理构造

沉积岩在沉积过程中，由于气候、季节等周期性变化，必然引起搬运介质如水的流向、水量的大小等变化，从而使搬运物质的数量、成分、颗粒大小、有机质成分的多少等也发生变化，甚至出现一定时间的沉积间断，这样就会使沉积物在垂直方向由于成分、颜色、结构的不同，而形成层状构造，称为层理构造。

在一个基本稳定的物理条件下所形成的沉积单位叫做层；层与层之间常代表一个沉积条件的突变面，或代表一个侵蚀面。一个层的顶面或底面叫做层面。层面可以是平的，也可以是波状起伏的。有的层很厚，有的层很薄，层厚可以反映在单位地质时间内沉积的速度。根据层厚可以分为：巨厚层(层厚＞100cm)、厚层(50～100cm)、中厚层(10～50cm)、薄层(1～10cm)、微层(页片层，0.1～1cm)等类型。在一套岩层中层的厚薄变化可以反映沉积环境的变化频率。

根据层理的形态，可以分为水平层理、波状层理和斜层理。

在一个层内的微细层理比较平直，并与层面平行，称为水平层理，如图2.13(a)所示。这种层理主要是在水动力条件微弱、平静环境条件下形成的，多形成于闭塞海湾、较深的海、湖泊、潟湖、沼泽、河漫滩等比较稳定的沉积环境。

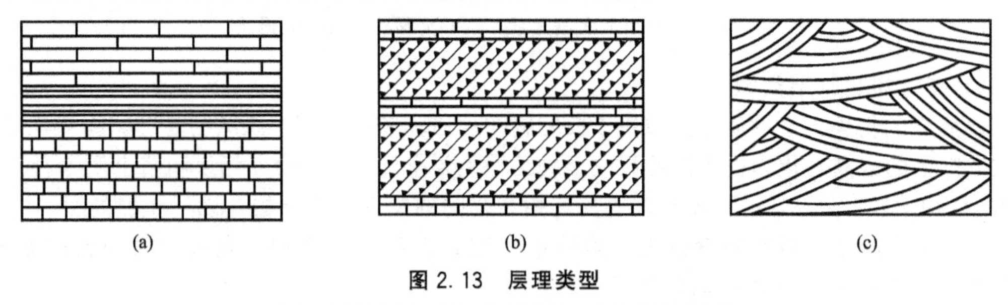

图2.13 层理类型

(a) 水平层理；(b) 单斜层理；(c) 交错层理

波状层理是微细层理呈波状起伏，但总的方向平行于层面的层理。波状形态对称或不对称，规则或不规则，连续或断续这种层理主要是在较浅的湖泊、海湾、潟湖等处由于波浪的振荡作用形成的。单向水流对于河漫滩沉积也可形成不对称波状层理。

如果层内的微细层理呈直线或曲线形状，并与层面斜交，则称斜层理，如图2.13(b)、(c)所示。若各微细层理均向同一方向倾斜，可称单向斜层理(或简称斜层理)，这种层理主要由河流形成。在河床上常常形成垂直于流水方向的砂垅，在河流搬运过程中砂垅逐渐向前移动，形成了斜层理(图2.14)。层理的倾向代表流水的方向。在湖滨、海滨三角洲中也有显著的斜层理。有时斜层理的倾斜方向互不一致，可称交错层理。在滨海浅海地带，由于海水运动方向反复不定，或在风成堆积中由于风向多变，都可形成交错层理。

上述波状层理、斜层理、交错层理，一般都反映海中或陆地上的浅水环境(风成者除外)，因而可据以恢复沉积时的古地理环境。

根据沉积物的颗粒粗细分异情况，可以分为递交层理(粒序层理)和块状层理。速变层理是在一个层内颗粒由下向上由粗逐渐变细的层理。其中又有两种类型，如图2.15(a)所示，在下部没有细小颗粒，当水流速度和强度逐渐减弱的情况下常形成这种层理。如图2.15(b)所示，在由粗变细的颗粒中还夹杂着细小颗粒，在携带各种大小颗粒的浊流或悬浮流中常沉积形成这种层理，这种类型是最多的一种。块状层理是层内物质均匀或者没有分异现象、层理不很清楚的一种层理，这种层理常因沉积物快速堆积而成。

图 2.14 斜层理

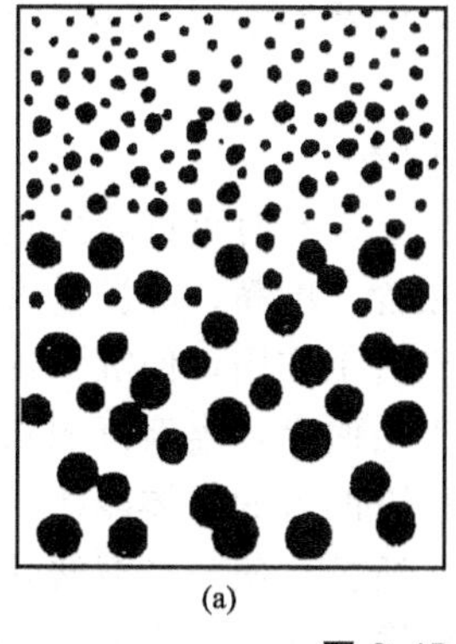

(a)

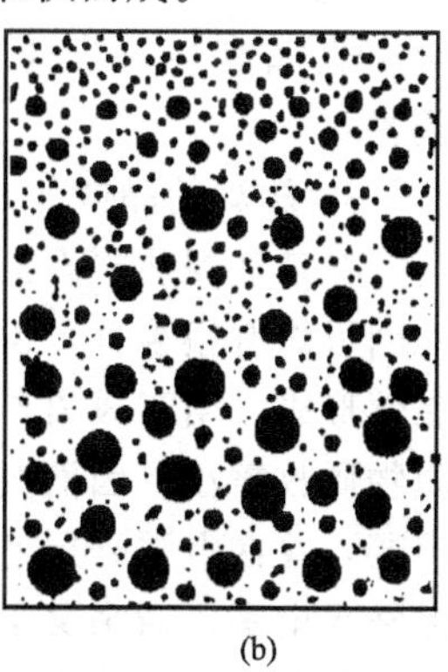

(b)

图 2.15 粒序层理

2. *层面构造*

在沉积岩层面上常保留有自然作用产生的一些痕迹，它不仅标志着岩层的某些特性，而且更重要的是它记录下了岩层沉积时的地理环境。

1) 波痕

在现代河床、湖滨、海滩及干旱地区的沙丘表面上，常形成一种由流水、波浪、潮汐、风力作用产生的波浪状构造，称为波痕(图 2.16)。

这种构造也常保留在沉积岩层的层面上。波痕经常保存在砂岩中，但在泥灰岩、薄层灰岩中也可见到。

沉积岩中最常见的是流水波痕和浪成波痕。流水波痕形态不对称，波峰波谷均较圆滑，陡坡方向代表流水方向。浪成波痕对称性显著，波峰尖锐，波谷圆滑。这两种波痕都反映浅水(河流、海滨、湖滨等)沉积环境(因为波浪的作用只能达到一定深度)。但前者是在流水条件下形成的，而后者是在静水条件下形成的。在沙漠及湖海滨岸带砂丘沉积物中，还常见到风成波痕，此类波痕不对称的程度更高，陡坡倾向与风向一致。

波痕构造在岩层的纵剖面或横剖面上常与一定类型的斜层理相适应。

2) 干裂

出现在河滩、湖滨、海边等泥质沉积物上，常可见到多角形的裂纹，称为干裂，又称泥裂(图 2.17)。在沉积岩层面上也可见到干裂，它是在沉积当时沉积物未固结即露出水

图 2.16 波痕

图 2.17 泥裂

面，受到日晒，水分蒸发，体积收缩而产生的。裂纹常具上宽下窄形态，其中被泥沙填充，充填物与上覆岩层的成分相当。干裂多见于泥岩、泥质砂岩中，在碳酸盐岩中也偶有可见。干裂常指示海滨、河床、湖滨等浅水环境及阳光充足的干燥气候条件。

3）盐类的晶体印痕和假象

在某些泥质岩石的层面上，有时可以看到盐类晶体的凹入印痕或凸起的晶体假象。其成因可能有很多种，例如在含盐度高、蒸发量大的咸水盆地沉积物中，常有石盐、石膏等晶体形成。由于成岩作用或后生作用，使沉积物失水、压缩、厚度减薄，而盐类晶体比泥质物质收缩小，因而突出于层面上，当新沉积物覆盖其上时，这些凸出的晶体便嵌入上覆岩层，并在上覆岩层底面留下凹入的晶体印痕。还有一种情况，当泥质沉积物中有盐类晶体结晶出来，后来又被咸水所覆，使晶体溶解并留下其晶体外形的空洞，然后在其上又堆积了泥沙，这样上覆岩层的底面便有凸出的晶体假象嵌入下边的岩层之中。如在我国华北地区下寒武统馒头组页岩中，常见有食盐的晶体印痕和假象。这种层面构造常反映沉积当时的干燥环境。

4）雨痕

雨点降落在未固结的泥、砂质沉积物的表面，可形成圆形或椭圆形凹坑，直径为2～3mm(有时可达15mm)，深约1～2mm，边缘稍高。这种构造有时可以保留在沉积岩的层面上。

5）生物痕迹

指动物在未固结的沉积物表面活动时所留下的足痕(脚印)、爬痕、虫孔等，后被沉积物覆盖而保留在岩层中。常见的有恐龙足痕、动物爬痕、虫孔等。

3. 结核

在沉积岩中常含有与围岩成分有明显区别的某些矿物质团块，称为结核(图2.18)。其形状有球状、椭球状、透镜体状、不规则状等。其内部构造有同心圆状、放射状等。其大小不一，从数厘米到数十厘米甚至数米。其分布有的呈层状，有的顺层呈串珠状。根据成因，可以分为以下几种。

图2.18 结核

(1) 原生结核：指在沉积过程中某些矿物质或化学成分，围绕它种物质质点层层凝聚而成的结核。如石灰岩中含有燧石结核，砂岩中含有铁结核，此外还有黄铁矿、菱铁矿、磷灰石等结核，现代海底有大量的铁锰结核。这种结核体一般不穿过层理。

(2) 后生结核：指岩石生成以后，含矿物质的溶液从层间淋滤渗入，围绕某些中心沉淀，或者与岩石中某些物质进行交代而成的结核。其特点是结核穿过层理。黄土中的石灰结核属于后生结核。

由于风化作用，可以形成类似结核的团块，称为假结核。例如有些岩石被纵横裂隙分割成许多几何形状的小块，然后含氢氧化铁的溶液沿裂缝渗入，并溶解岩石，最后被分割的岩石小块变成被褐铁矿包围的假结核形状。

4. 生物遗迹构造

在沉积岩中，特别是在古生代以来的沉积岩中，常保存着大量的种类繁多的生物化石，这是沉积岩区别于其他岩类的重要特征之一。根据化石不仅可以确定沉积岩的形成时代，研究生物的演化规律，而且还可了解和恢复沉积当时的地理环境。

2.3.4 沉积岩的分类及主要沉积岩的特征

1. 沉积岩的分类

根据沉积岩的沉积方式、物质成分、结构构造等将沉积岩划分为碎屑岩、粘土岩和化学岩及生物化学岩三大类，见表 2-3。

表 2-3 沉积岩分类

<table>
<tr><th>分类</th><th>岩石名称</th><th colspan="2">结构</th><th>构造</th><th colspan="2">矿物成分</th></tr>
<tr><td rowspan="6">碎屑岩</td><td>角砾岩</td><td rowspan="2">砾状结构（＞2mm）</td><td>角砾状结构（＞2mm）</td><td rowspan="6">层理或块状</td><td rowspan="2">砾石成分为原岩碎屑成分</td><td rowspan="6">胶结物成分可为硅质、钙质、铁质、泥质、碳质等</td></tr>
<tr><td>砾岩</td><td>砾状结构（＞2mm）</td></tr>
<tr><td>粗砂岩</td><td rowspan="4">砂状结构（0.002～2mm）</td><td>粗砂状结构（0.5～2mm）</td><td rowspan="4">砂粒成分：
1. 石英砂岩：石英占95%以上
2. 长石砂岩：长石占25%以上
3. 杂质岩：含石英、长石及多量暗色矿物</td></tr>
<tr><td>中砂岩</td><td>中砂状结构（0.25～0.5mm）</td></tr>
<tr><td>细砂岩</td><td>细砂状结构（0.075～0.25mm）</td></tr>
<tr><td>粉砂岩</td><td>粉砂状结构（0.005～0.75mm）</td></tr>
<tr><td rowspan="2">粘土岩</td><td>页岩</td><td colspan="2" rowspan="2">泥状结构（＜0.005mm）</td><td>页理</td><td colspan="2" rowspan="2">颗粒成分为粘土矿物，并含其他硅质、钙质、铁质、碳质等成分</td></tr>
<tr><td>泥岩</td><td>块状</td></tr>
<tr><td rowspan="7">化学岩及生物化学岩</td><td>石灰岩</td><td colspan="2" rowspan="7">化学结构及生物化学结构</td><td rowspan="7">层理或块状或生物状</td><td colspan="2">方解石为主</td></tr>
<tr><td>白云岩</td><td colspan="2">白云石为主</td></tr>
<tr><td>泥灰岩</td><td colspan="2">方解石、粘土矿物</td></tr>
<tr><td>硅质岩</td><td colspan="2">燧石、蛋白石</td></tr>
<tr><td>石膏岩</td><td colspan="2">石膏</td></tr>
<tr><td>盐岩</td><td colspan="2">NaCl、KCl 等</td></tr>
<tr><td>有机岩</td><td colspan="2">煤、油页岩等含碳、碳氢化合物的成分</td></tr>
</table>

2. 主要沉积岩的特征

1）碎屑岩类

主要是由碎屑物质组成的岩石。其中由先成岩石风化破坏产生的碎屑物质形成的，称为沉积碎屑岩，如砾岩、砂岩及粉砂岩等；由火山喷出的碎屑物质形成的，称为火山碎屑岩，如火山角砾岩、凝灰岩等。

根据组成碎屑岩的碎屑颗粒大小，本类岩石又可分为以下几种。

(1) 砾岩类：碎屑直径在 2mm 以上。

(2) 砂岩类：碎屑直径为 0.05～2mm。

(3) 粉砂岩类：碎屑直径为 0.005～0.05mm。

(4) 粘土岩类：碎屑直径小于 0.005mm。

上述各碎屑岩类的相应粒级，碎屑含量必须占碎屑总量的 50%以上，如：砾岩中大于 2mm 的砾石碎屑含量应占一半以上；如果其中含有 25%～50%的砂，则可称为砂质砾岩；如果其中含有 5%～25%的砂，则可称为含砂砾岩。其余岩类命名原则，依此类推。

2) 粘土岩类

由直径小于 0.005mm 的微细颗粒(含量大于 50%)组成的岩石。矿物成分以粘土矿物为主，如高岭石、水云母、蒙脱石等，结晶微小(0.001～0.002mm)，多呈片状、板状、纤维状等。粘土矿物主要来源于母岩的风化产物，即陆源碎屑粘土矿物；还有一部分来源于沉积或成岩过程中的自生粘土矿物。此外还含有粉砂级的陆源碎屑如石英、长石、白云母等颗粒。除此，在沉积和成岩过程中还形成了一些胶体和化学沉积物(如铁、锰、铝的氧化物，碳酸盐、硫酸盐、硅质矿物、硫化物、有机质等)。从宏观看多具致密均一、质地较软的泥质结构。粘土岩是介于碎屑岩和化学岩之间的过渡岩石，在沉积岩中分布最广。

泥状结构，由小于 0.005mm 的粘土颗粒构成。粘土岩类分布广，数量大，约占沉积岩的 60%。常见粘土岩有两类，其中具有薄片状层理构造的粘土岩称为页岩，页岩单层厚度小于 1cm。呈块状的粘土岩称为泥岩。粘土岩易风化，吸水及脱水后变形显著，常引发建筑工程安全事故。

3) 化学岩及生物化学岩

这类岩石是岩石风化产物和剥蚀产物中的溶解物质和胶体物质通过化学作用方式沉积而成的岩石，以及通过生物化学作用或生物生理活动使某种物质聚集而成的岩石。前者属于化学岩，后者属于生物化学岩。这类岩石大多是在海、湖盆地中形成的，有一小部分也可以在地下水的作用下形成。成分常较单一，具有结晶粒状结构、隐晶质结构、鲕状结构、豆状结构或具有生物结构、生物碎屑结构等。其中有许多岩石本身就是有重要意义的沉积矿产，如石盐、钾石盐、石膏、芒硝、石灰石、白云石、铁矿、锰矿、铝土、磷矿、硅藻土等。

这类岩石是先期岩石分解后溶于溶液中的物质被搬运到盆地后，再经化学或生物化学作用沉淀而成的岩石。也有部分岩石是由生物骨骼或甲壳沉积形成的。常见的岩石有以下 4 种。

(1) 石灰岩。方解石矿物含量达 90%～100%，有时含少量白云石、粉砂粒、粘土等。纯石灰岩为浅灰白色，含有杂质时颜色有灰红、灰褐、灰黑等色。性脆，遇稀盐酸时起泡剧烈。在形成过程中，由于风浪振动，有时形成特殊结构，如鲕状、竹叶状、团块状等结构。还有由生物碎屑组成的生物碎屑灰岩等。

(2) 白云岩。主要矿物为白云石，含少量方解石和其他矿物。颜色多为灰白色，遇稀盐酸不易起泡，滴镁试剂由紫变蓝，岩石露头表面常具刀砍状溶蚀沟纹。

(3) 泥灰岩。石灰岩中常含少量细粒岩屑和粘土矿物，当粘土含量达到25%～50%时，则称为泥灰岩，颜色有灰、黄、褐、浅红色。加酸后侵蚀面上常留下泥质条带和泥膜。

(4) 硅质岩。由化学或生物化学作用形成的以二氧化硅为主要成分的沉积岩。岩石致密，坚硬性脆，颜色多为灰黑色，主要成分是蛋白石、玉髓和石英。隐晶结构，多以结核层存在于碳酸盐岩石和粘土岩层中。

2.3.5 沉积岩的工程地质性质

沉积岩按其结构特征可分为碎屑岩、泥质岩及生物化学岩等。

火山碎屑岩的类型复杂，岩体结构变化较大，其中粗粒碎屑岩的工程地质性质较好，接近于岩浆岩。细粒的如凝灰岩，由细小火山灰组成，质软，水理性质甚差，为软弱岩层。

沉积碎屑岩的工程地质性质一般较好，但其胶结物的成分和胶结类型影响显著，如硅质基底式胶结的岩石比泥质接触式胶结的岩石强度高、裂隙率小、透水性低等。此外，碎屑的成分、粒度、级配对工程性质也有一定的影响，如石英质的砂岩和砾岩比长石质的砂岩为好。

粘土岩和页岩的性质相近，抗压强度和抗剪强度低，受力后变形量大，浸水后易软化和泥化。若含蒙脱石成分，还具有较大的膨胀性。这两种岩石对水工建筑物地基和建筑场地边坡的稳定都极为不利，但其透水性小，可作为隔水层和防渗层。

化学岩和生物化学岩抗水性弱，常具不同程度的可溶性。硅质成分化学岩的强度较高，但性脆易裂，整体性差。碳酸盐类岩石如石灰岩、白云岩等具中等强度，一般能满足结构设计要求，但存在于其中的各种不同形态的喀斯特，往往成为集中渗漏的通道，在坝址和水库的地质勘察中，应查清喀斯特的发育及分布规律。易溶的石膏、石盐等化学岩，往往以夹层或透镜体存在于其他沉积岩中，质软，浸水易溶解，常常导致地基和边坡的失稳。

上述各类沉积岩都具有成层分布规律，存在着各向异性特征，因此，在工程建设中尚需特别重视对其成层构造的研究。砂岩、砾岩和石灰岩的裂隙度较大，往往储存有较丰富的地下水资源，一些水量较大的泉流，大多位于石灰岩分布区或其边缘部位，是重要的水源地。

2.4 变质岩及其工程地质特征

组成地壳的岩石(包括前述的岩浆岩和沉积岩)都有自己的结构、构造、矿物成分。在地球内外力作用下，地壳处于不断地演化过程中，因此岩石所处的地质环境也在不断地变化。为了适应新的地质环境和物理化学条件，先期的结构、构造和矿物成分将产生一系列的改变，这种引起岩石产生结构、构造和矿物成分改变的地质作用称为变质作用，在变质作用下形成的岩石称为变质岩。变质岩的特点，一方面受原岩的控制，而具有一定的继承性；一方面由于变质作用的类型和程度不同，而在矿物成分、结构和构造上具有一定的特征性。

变质岩的分布面积约占大陆面积的 1/5，我国和世界上皆有广泛分布。地史年代中较古老的岩石，大部分是变质岩，特别是前寒武纪地层，绝大部分都是变质岩组成的。在古生代及其以后的岩层中，在岩浆体的周围和在断裂带附近，也均有变质岩分布。

变质岩的结构、构造和矿物成分较复杂，地质构造及裂隙发育，所以变质岩分布区往往工程地质条件较差。例如，宝成铁路的几处大型崩塌和滑坡，都发生在变质岩的分布区。

2.4.1 变质作用的因素

变质作用的主要因素有高温、高压和化学活泼性流体。

1. 高温

高温是变质作用的最主要的因素。大多数变质作用是在高温条件下进行的。高温可以使矿物重新结晶，增强元素的活力，促进矿物之间的反应，产生新矿物，加大结晶程度，从而改变原来岩石的矿物成分和结构，例如隐晶结构的石灰岩经高温变质转变为显晶质的大理岩。高温热源有：①岩浆侵入带来的热源；②地下深处的热源；③放射性元素蜕变的热源。

2. 压力

作用在地壳岩体上的压力，可划分为静压力和动压力两种。

1）静压力

是由上部岩体重量引起的，它随深度的增加而增大。地壳深处的巨大压力能压缩岩体，使岩石变得密实坚硬，改变矿物结晶格架，使体积缩小，密度增大，形成新矿物，如钠长石在高压下能形成硬玉和石英。

2）动压力

是一种定向压力，是由地质构造运动产生的横向力，它的大小与区域地质构造作用强度有关。在动压力作用下，岩石和矿物可能发生变形和破裂，形成各种破裂构造。在最大压应力方向上，矿物被压熔，伴随静压力和温度的升高，在垂直最大压应力的方向上，有利于针状和片状矿物定向排列和定向生长，并形成变质岩特有的构造，称为片理构造。

3. 化学活泼性流体

在变质作用过程中，化学活泼性流体是岩浆分化后期的产物。流体成分包括水蒸气、O_2、CO_2，含活泼性 B、S 等元素的气体和液体。它们与周围岩石接触，使矿物发生化学交替、分解，使原矿物被新形成的矿物取代，这个过程称为交代作用，例如方解石与含硫酸的水发生化学作用可形成石膏。

2.4.2 变质作用类型

变质岩变质作用主要有以下几种类型。

1. 接触变质作用

主要是由于高温使岩石变质，又称为热力变质作用，通常是由岩浆侵入，由于高温使围岩产生接触变质。

2. 交代变质作用

是岩石与化学活泼性流体接触而产生交代作用，产生新矿物，取代原矿物。例如，酸性花岗岩浆与石灰岩接触，由于汽化热液的接触交代作用，可以产生含 Ca、Fe、Al 的硅卡岩。

3. 动力变质作用

是由于地质构造运动产生巨大的定向压力，而温度不很高，岩石遭受破坏使原岩的结构、构造发生变化，甚至产生片理构造。

4. 区域变质作用

在地壳地质构造和岩浆活动都很强烈的地区，由于高温、高压和化学活泼性流体的共同作用，在大范围深埋地下的岩石受到变质作用，称为区域变质作用，其范围可达数千甚至数万平方千米。大部分变质岩属于此类。

5. 混合岩化作用

是介于变质作用和典型的岩浆作用之间的、有不同性质流体参加的造岩作用和成矿作用的总称，简称混合岩化。在这种作用中，以长英质或花岗质为代表的新生组分与原岩组分相互作用和混合，生成不同组成和不同形态的混合岩。

2.4.3 变质岩的矿物成分、结构和构造

变质岩的特征，最主要的有两点：一是岩石重结晶明显；二是岩石具有一定的结构和构造，特别是在一定压力下矿物重结晶形成的片理构造。变质岩和火成岩相比，一般来讲二者虽都具有结晶结构，但前者往往具有典型的变质矿物，且有些具有片理构造，而后者则无。变质岩和沉积岩相比，其区别更加明显，后者具层理构造，常含有生物化石，而前者则无。同时，在沉积岩中除去化学岩和生物化学岩外，一般不具结晶粒状结构，而变质岩则大部分是重结晶的岩石，只是结晶程度有所不同。

1. 变质岩的矿物成分

岩石在变质的过程中，原岩中的部分矿物保留下来，同时生成一些变质岩特有的新矿物。这两部分矿物组成了变质岩的矿物。正变质岩(由岩浆岩变质而成的)中常保留有石英、长石、角闪石等矿物，副变质岩(由沉积岩变质而成的)中保留有石英、方解石、白云石等，新生的矿物主要有红柱石、硅灰石、石榴子石、滑石、十字石、阳起石、蛇纹石、

石墨等，它们是变质岩特有的矿物，又称特征性变质矿物。

2. 变质岩的结构

变质岩的结构主要是结晶结构，主要有3种。

1）变余结构

在变质过程中，原岩的部分结构被保留下来的称为变余结构。这是由于变质程度较轻造成的，如变余花岗结构、变余砾状结构等。

2）变晶结构

是变质岩的特征性结构，大多数变质岩都有深浅程度不同的变晶结构，它是岩石在固体状态下经重结晶作用形成的结构。变质岩中矿物重新结晶较好，基本为显晶。变质岩和岩浆岩的结构相似，为了区别，在变质岩结构名词前常加“变晶”二字，如等粒变晶结构和斑状变晶结构等。

3）压碎结构

主要在动力变质作用下，岩石变形、破碎、变质而成的结构。原岩碎裂成块状称为碎裂结构，若岩石被碾成微粒状，并有一定的定向排列，则称为糜棱状结构。

3. 变质岩的构造

1）板状构造

泥质岩和砂质岩在定向压力作用下，产生一组平坦的破碎面，岩石易沿此裂面剥成薄板，称为板状构造。剥离面上常出现重结晶的片状显微矿物。板状构造是变质最浅的一种构造。

2）千枚状构造

岩石主要由重结晶矿物组成，片理清楚，片理面上有许多定向排列的绢云母，呈明显的丝绢光泽，是区域变质较浅的构造。

3）片状构造

重结晶作用明显，片状、针状矿物沿片理面富集，平行排列。这是矿物变形、挠曲、转动及压熔结晶而成，是变质较深的构造。

4）片麻状构造

为显晶质变晶结构，颗粒粗大，深色的片状矿物及柱状矿物数量少，呈不连续的条带状，中间被浅色粒状矿物隔开，是变质最深的构造。

5）块状构造

岩石由粒状矿物组成，矿物均匀分布，无定向排列，如大理岩、石英岩都是块状构造。

前4种构造统称为片理构造，块状构造称为非片理构造。

2.4.4 变质岩的分类及主要变质岩的特征

1. 变质岩的分类

根据变质岩的构造、结构、矿物成分和变质类型将常见变质岩分为3类，见表2-4。

表 2-4 常见变质岩分类

岩类	岩石名称	构造	结构	主要矿物成分	变质类型
片理状岩类	板岩	板状	变余结构、部分变晶结构	粘土矿物、云母、绿泥石、石英、长石等	区域变质(由板岩至片麻岩变质程度递增)
	千枚岩	千枚状	显微鳞片变晶结构	绢云母、石英、长石、绿泥石、方解石等	
	片岩	片状	显晶质鳞片状变晶结构	云母、角闪石、绿泥石、石墨、滑石、石榴子石等	
	片麻岩	片麻状	粒状变晶结构	石英、长石、云母、角闪石、辉石等	
块状岩类	大理岩	块状	粒状变晶结构	方解石、白云石	接触变质或区域变质
	石英岩		粒状变晶结构	石英	
	硅卡岩		不等粒变晶结构	石榴子石、辉石、硅灰石(钙质硅卡岩)	接触变质
	蛇纹岩		隐晶质结构	蛇纹石	交代变质
	云英岩		粒状变晶结构、花岗变晶结构	白云母、石英	
构造破碎岩类	断层角砾岩		角砾状结构、碎裂结构	岩石碎屑、矿物碎屑	动力变质
	糜棱岩		糜棱结构	长石、石英、绢云母、绿泥石	

2. 主要变质岩的特征

1) 板岩

多为变余泥状结构或隐晶结构，板状构造，颜色多为深灰、黑色、土黄色等，主要矿物为粘土及云母、绿泥石等矿物，为浅变质岩。

2) 千枚岩

变余结构及显微鳞片状变晶结构，千枚状构造，通常为灰色、绿色、棕红色及黑色等，主要矿物有绢云母、粘土矿物及新生的石英、绿泥石、角闪石等矿物，为浅变质岩。

3) 片岩

显晶变晶结构，片状构造。颜色比较杂，取决于主要矿物的组合。矿物成分有云母、滑石、绿泥石、石英、角闪石、方解石等，属变质较深的变质岩，如云母片岩、角闪石片岩、绿泥石片岩等。

4) 片麻岩

中、粗粒粒状变晶结构，片麻状构造，颜色较复杂，浅色矿物多为粒状的石英、长石，深色矿物多为片状、针状的黑云母、角闪石等。深色、浅色矿物各自形成条带状相间排列，属深变质岩，岩石定名取决于矿物成分，如花岗片麻岩、闪长片麻岩等。

5）混合岩类

多为晶粒粗大的变晶结构，多条带状眼球状构造，混合岩是地下深处重熔高温带的岩石，经大量热液、岩浆及其携带物质的高温重熔、交代、混合等复杂的混合岩化作用后形成的，是变质岩和岩浆岩之间的过渡岩类。

6）大理岩

粒状变质结构，块状构造，是由石灰岩、白云岩经区域变质重结晶而成。碳酸盐矿物含量占50%以上，主要为方解石或白云石。纯大理岩为白色，称为汉白玉，是常用的装饰和雕刻石料。

7）石英岩

粒状变晶结构，块状构造。纯石英岩为白色，含杂质时有灰白色、褐色等。矿物成分中石英含量大于85%。石英岩硬度高，有油脂光泽，是由石英砂岩或其他硅质岩经重结晶作用而成。

8）蛇纹岩

隐晶质结构，块状构造，颜色多为暗绿色或黑绿色，风化面为黄绿色或灰白色，主要矿物为蛇纹石，含少量石棉、滑石、磁铁矿等矿物，是由富含镁质的超基性岩经接触交代变质作用而成。

9）构造角砾岩

角砾状压碎结构，块状构造，是断层错动带中的岩石在动力变质中被挤碾成角砾状碎块，经胶结而成的岩石。胶结物是细粒岩屑或是溶液中的沉积物。

10）糜棱岩

是粉末状岩屑胶结而成的糜棱结构，块状构造，矿物成分与原岩相同，含新生的变质矿物，如绢云母、绿泥石、滑石等。糜棱岩是高动压力断层错动带中的产物。

2.4.5 变质岩的工程地质性质

变质岩是由岩浆岩或沉积岩受温度、压力或化学性质活泼的溶液的作用，在固态下变质而成的，故其工程性质与原岩密切相关。原岩为岩浆岩的变质岩其性质与岩浆岩相似(如花岗片麻岩与花岗岩)；原岩为沉积岩的变质岩其性质与沉积岩相近(如各种片岩、千枚岩、板岩与页岩和粘土岩；石英岩、大理岩分别与石英砂岩和石灰岩相似)。一般情况下，由于原岩矿物成分在高温高压下重结晶的结果，岩石的力学强度较变质前相对增高。

但是，如果在变质过程中形成某些变质矿物，如滑石、绿泥石、绢云母等，则其力学强度(特别是抗剪强度)会相对降低，抗风化能力变差。动力变质作用形成的变质岩(包括碎裂岩、断层角砾岩、糜棱岩等)的力学强度和抗水性均甚差。

变质岩的片理构造(包括板状、千枚状、片状及片麻状构造)会使岩石具有各向异性特征，工程建筑中应注意研究其在垂直及平行于片理构造方向上工程性质的变化。

变质岩中往往裂隙发育，在裂隙发育部位或较大断裂带部位，常常形成裂隙含水带，这样的地区可作为小规模的地下水源地。

2.5 岩石的基本工程性质

岩石的工程性质包括物理性质、水理性质和力学性质。影响岩石工程地质性质的因素，主要是组成岩石的矿物成分、岩石的结构构造和岩石的风化程度。

2.5.1 岩石的物理性质

岩石的物理性质是岩石的基本工程性质，主要是指岩石的重力性质和孔隙性。

1. *岩石的重力性质*

1）岩石颗粒密度(ρ_s)和比重(d_s)

单位体积岩石固体颗粒的质量称岩石的颗粒密度（g/cm^3）；岩石颗粒密度与4℃水的密度之比称为岩石的比重(相对密度)，比重用d_s表示。

岩石相对密度的大小，取决于组成岩石的矿物相对密度及其在岩石中的相对含量。组成岩石的矿物相对密度大、含量多，则岩石的相对密度大。一般岩石的相对密度约在2.65左右，相对密度大的可达3.3。

2）岩石的重度(γ)

是指岩石单位体积的重力，在数值上，它等于岩石试件的总重力(含孔隙中水的重力)与其总体积(含孔隙体积)之比。

岩石的重度大小取决于岩石中的矿物相对密度、岩石的孔隙性及其含水情况。岩石孔隙中完全没有水存在时的重度，称为干重度。岩石中的孔隙全部被水充满时的重度，称为岩石的饱和重度。组成岩石的矿物相对密度大，或岩石中的孔隙性小，则岩石的重度大。对于同一种岩石，若重度有差异，则重度大的结构致密、孔隙性小，强度和稳定性相对较高。

3）岩石的密度(ρ)

岩石单位体积的质量称为岩石的密度。

岩石孔隙中完全没有水存在时的密度，称为干密度。岩石中孔隙全部被水充满时的密度，称为岩石的饱和密度。常见岩石的密度为2.3～2.8g/cm^3。

2. *岩石的孔隙性*

岩石中的空隙包括孔隙和裂隙。岩石的空隙性是岩石的孔隙性和裂隙性的总称，可用空隙率、孔隙率、裂隙率来表示其发育程度。但人们已习惯用孔隙性来代替空隙性，即用岩石的孔隙性，反映岩石中孔隙、裂隙的发育程度。

1）岩石的孔隙率(n)

岩石的孔隙率(或称孔隙度)是指岩石孔隙(含裂隙)的体积与岩石总体积之比值，常以百分数表示，即

$$n=\frac{V_n}{V}\times 100\% \tag{2-1}$$

式中：n——岩石的孔隙率，%；

V_n——岩石中孔隙(含裂隙)的体积，cm^3；

V——岩石的总体积，cm^3。

岩石孔隙率的大小，主要取决于岩石的结构构造，同时也受风化作用、岩浆作用、构造运动及变质作用的影响。由于岩石中孔隙、裂隙发育程度变化很大，其孔隙率的变化也很大。例如，三叠纪砂岩的孔隙率为0.6%～27.7%。碎屑沉积岩的时代愈新，其胶结愈差，则孔隙率愈高。结晶岩类的孔隙率较低，很少高于3%。

2) 岩石的孔隙比(e)

岩石的孔隙比是岩石中孔隙的体积与固体颗粒体积之比，称为岩石的孔隙比。孔隙率和孔隙比可以相互换算。

$$n=\frac{e}{1+e},\quad e=\frac{n}{n-1} \tag{2-2}$$

常见岩石的物理性质指标见表2-5。

表2-5　常见岩石的物理性质

岩石名称	相对密度 d_s	重度 $\gamma/(kN/m^3)$	孔隙率 $n/(\%)$
花岗岩	2.50～2.84	23.0～28.0	0.04～2.80
正长岩	2.50～2.90	24.0～28.5	
闪长岩	2.60～3.10	25.2～29.6	0.18～5.00
辉长岩	2.70～3.20	25.5～29.8	0.29～4.00
斑岩	2.60～2.80	27.0～27.4	0.29～2.75
玢岩	2.60～2.90	24.0～28.6	2.10～5.00
辉绿岩	2.60～3.10	25.3～29.7	0.29～5.00
玄武岩	2.50～3.30	25.0～31.0	0.30～7.20
安山岩	2.40～2.80	23.0～27.0	1.10～4.50
凝灰岩	2.50～2.70	22.9～25.0	1.50～7.50
砾岩	2.67～2.71	24.0～26.6	0.80～10.00
砂岩	2.60～2.75	22.0～27.1	1.60～28.30
页岩	2.57～2.77	23.0～27.0	0.40～10.00
石灰岩	2.40～2.80	23.0～27.7	0.50～27.00
泥灰岩	2.70～2.80	23.0～25.0	1.00～10.00
白云岩	2.70～2.90	21.0～27.0	0.30～25.00
片麻岩	2.60～3.10	23.0～30.0	0.70～2.20
花岗片麻岩	2.60～2.80	23.0～33.0	0.30～2.40

（续）

岩石名称	相对密度 d_s	重度 γ/(kN/m³)	孔隙率 n/(%)
片岩	2.60～2.90	23.0～26.0	0.02～1.85
板岩	2.70～2.90	23.1～27.5	0.10～0.45
大理岩	2.70～2.90	26.0～27.0	0.10～6.00
石英岩	2.53～2.84	28.0～33.0	0.10～8.70
蛇纹岩	2.40～2.80	26.0	0.10～2.50
石英片岩	2.60～2.80	28.0～29.0	0.70～3.00

2.5.2 岩石的水理性质

岩石的水理性质，是指岩石与水作用时所表现的性质，主要有岩石的吸水性、透水性、溶解性、软化性、膨胀性、崩解性、抗冻性等。

1. *岩石的吸水性*

岩石吸收水分的性能称为岩石的吸水性，常以吸水率、饱水率两个指标来表示。

1) 岩石的吸水率(ω_1)

是指在常压下岩石的吸水能力，以岩石所吸水分的重力与干燥岩石重力之比的百分数表示，即

$$\omega_1=\frac{G_w}{G_s}\times 100\% \tag{2-3}$$

式中：ω_1——岩石吸水率，%；

G_w——岩石在常压下所吸水分的重力，kN；

G_s——干燥岩石的重力，kN。

岩石的吸水率与岩石的孔隙数量、大小、开闭程度和空间分布等因素有关。岩石的吸水率愈大，则水对岩石的侵蚀、软化作用就愈强，岩石强度和稳定性受水作用的影响也就愈显著。

2) 岩石的饱和吸水率(ω_2)

是指在高压(15MPa)或真空条件下岩石的吸水能力，使水侵入全部开口的孔隙中，此时的吸水率称为饱和吸水率。

岩石的吸水率与饱和吸水率的比值，称为岩石的饱水系数，其大小与岩石的抗冻性有关，一般认为饱水系数小于0.8的岩石是抗冻的。

常见岩石的吸水性见表2-6。

表2-6 常见岩石的吸水性

岩石名称	吸水率 ω_1/(%)	饱水率 ω_2/(%)	饱水系数
花岗岩	0.46	0.84	0.55
石英闪长岩	0.32	0.54	0.59

（续）

岩石名称	吸水率 ω_1/(%)	饱水率 ω_2/(%)	饱水系数
玄武岩	0.27	0.39	0.69
基性斑岩	0.35	0.42	0.83
云母片岩	0.13	1.31	0.10
砂岩	7.01	11.99	0.60
石灰岩	0.09	0.25	0.36
白云质石灰岩	0.74	0.92	0.80

2. *岩石的透水性*

岩石的透水性，是指岩石允许水通过的能力。岩石的透水性大小，主要取决于岩石中孔隙、裂隙的大小和连通情况。

岩石的透水性用渗透系数(K)来表示。常见岩石的渗透系数见表 2-7。

表 2-7 常见岩石的渗透系数

岩石名称	岩石渗透系数 $K/(m \cdot s^{-1})$	
	室内实验	野外实验
花岗岩	$10^{-7} \sim 10^{-11}$	$10^{-4} \sim 10^{-9}$
玄武岩	10^{-12}	$10^{-2} \sim 10^{-7}$
砂岩	$3 \times 10^{-3} \sim 8 \times 10^{-8}$	$10^{-3} \sim 5 \times 10^{-8}$
页岩	$10^{-9} \sim 5 \times 10^{-13}$	$10^{-8} \sim 10^{-11}$
石灰岩	$10^{-5} \sim 10^{-13}$	$10^{-3} \sim 10^{-7}$
白云岩	$10^{-5} \sim 10^{-13}$	$10^{-9} \sim 5 \times 10^{-13}$
片岩	10^{-8}	2×10^{-7}

3. *岩石的溶解性*

岩石的溶解性，是指岩石溶解于水的性质，常用溶解度或溶解速度来表示。常见的可溶性岩石有石灰岩、白云岩、石膏、岩盐等。岩石的溶解性，主要取决于岩石的化学成分，但和水的性质有密切关系，如富含 CO_2 的水，则具有较大的溶解能力。

4. *岩石的软化性*

岩石的软化性，是指岩石在水的作用下，强度和稳定性降低的性质。岩石的软化性主要取决于岩石的矿物成分和结构构造特征。岩石中粘土矿物含量高、孔隙率大、吸水率高，则易与水作用而软化，使其强度和稳定性大大降低甚至丧失。

岩石的软化性常以软化系数来表示。软化系数等于岩石在饱水状态下的极限抗压强度与岩石风干状态下极限抗压强度的比值：

$$K_R=\frac{R_c}{R} \tag{2-4}$$

式中：K_R——岩石的软化系数；

R_c——饱和状态下岩石单轴极限抗压强度；

R——干燥状态下岩石单轴极限抗压强度。

软化系数用小数表示，其值愈小，表示岩石在水的作用下的强度和稳定性愈差。未受风化影响的岩浆岩和某些变质岩、沉积岩，软化因数接近于1，是弱软化或不软化的岩石，其抗水、抗风化和抗冻性强；软化因数小于0.75的岩石，认为是强软化的岩石，工程性质较差，如粘土岩类。常见岩石的软化系数见表2-8。

表2-8 常见岩石的软化系数

岩石名称	软化系数	岩石名称	软化系数
花岗岩	0.72～0.97	泥质砂岩、粉砂岩	0.21～0.75
闪长岩	0.60～0.80	泥岩	0.40～0.60
闪长玢岩	0.78～0.81	页岩	0.24～0.74
辉绿岩	0.33～0.90	石灰岩	0.70～0.94
流纹岩	0.75～0.95	泥灰岩	0.44～0.54
安山岩	0.81～0.91	片麻岩	0.75～0.97
玄武岩	0.30～0.95	变质片状岩	0.70～0.84
凝灰岩	0.52～0.86	千枚岩	0.67～0.96
砾岩	0.50～0.96	硅质板岩	0.75～0.79
砂岩	0.93	泥质板岩	0.39～0.52
石英砂岩	0.65～0.97	石英岩	0.94～0.96

5. *岩石的抗冻性*

岩石的孔隙、裂隙中有水存在时，水一结冰，体积膨胀，则产生较大的压力，使岩石的构造等遭破坏。岩石抵抗这种冰冻作用的能力，称为岩石的抗冻性。在高寒冰冻区，抗冻性是评价岩石工程地质性质的一个重要指标。

岩石的抗冻性，与岩石的饱水系数、软化系数有着密切关系。一般是饱水系数越小，岩石的抗冻性越强；易于软化的岩石，其抗冻性也低。温度变化剧烈，岩石反复冻融，导致岩石的抗冻能力降低。

岩石的抗冻性，有不同的表示方法，一般用岩石在抗冻试验前后抗压强度的降低率表示。抗压强度降低率小于20%～25%的岩石，认为是抗冻的；抗压强度降低率大于25%的岩石，认为是非抗冻的。

2.5.3 岩石的力学性质

1. *岩石的变形指标*

岩石的变形指标主要有弹性模量、变形模量和泊松比。

1）弹性模量

是应力与弹性应变的比值，即

$$E=\frac{\sigma}{\varepsilon_e} \tag{2-5}$$

式中：E——弹性模量，Pa；

σ——应力，Pa；

ε_e——弹性应变。

2）变形模量

是应力与总应变的比值

$$E_0=\frac{\sigma}{\varepsilon_p+\varepsilon_e} \tag{2-6}$$

式中：E_0——变形模量，Pa；

ε_p——塑性应变。

3）泊松比

岩石在轴向压力的作用下，除产生纵向压缩外，还会产生横向膨胀。这种横向应变与纵向应变的比值，称为泊松比，即

$$\mu=\frac{\varepsilon_1}{\varepsilon} \tag{2-7}$$

式中：μ——泊松比；

ε_1——横向应变；

ε——纵向应变。

泊松比越大，表示岩石受力作用后的横向变形越大。岩石的泊松比一般为0.2～0.4。

2. 岩石的强度指标

岩石受力作用破坏有压碎、拉断及剪断等形式，故岩石的强度可分抗压、抗拉及抗剪强度。岩石的强度单位用Pa表示。

1）抗压强度

岩石在单向压力的作用下，抵抗压碎破坏的能力，即

$$\sigma_u=\frac{P}{A} \tag{2-8}$$

式中：σ_u——岩石抗压强度，MPa；

P——岩石破坏时的压应力，N；

A——岩石受压面面积，mm^2。

各种岩石抗压强度值差别很大，这主要取决于岩石的结构和构造，同时受矿物成分和岩石生成条件的影响。

2）抗剪强度

是岩石抵抗剪切破坏的能力，以岩石被剪破时的极限应力表示。根据试验形式不同，

岩石抗剪强度可分为以下几种。

(1) 抗剪断强度。在垂直压力作用下的岩石剪断强度，即

$$\tau_b = \sigma \tan\phi + c \quad (2-9)$$

式中：τ_b——岩石抗剪断强度，MPa；

σ——破裂面上的法向应力，MPa；

ϕ——岩石的内摩擦角；

$\tan\phi$——岩石摩擦系数；

c——岩石的内聚力，MPa。

坚硬岩石因有牢固的结晶联结或胶结联结，故其抗剪断强度一般都比较高。

(2) 抗剪强度。是沿已有的破裂面发生剪切滑动时的指标，即

$$\tau_c = \sigma \tan\phi \quad (2-10)$$

显然，抗剪强度大大低于抗剪断强度。

(3) 抗切强度。压应力等于零时的抗剪断强度，即

$$\tau_y = c \quad (2-11)$$

(4) 抗拉强度。抗压强度是岩石单向拉伸时抵抗拉断破坏的能力，以拉断破坏时的最大张应力表示。抗拉强度是岩石力学性质中的一个重要指标。岩石的抗压强度最高，抗剪强度居中，抗拉强度最小。岩石越坚硬，其值相差越大，软弱的岩石差别较小。岩石的抗剪强度和抗压强度，是评价岩石(岩体)稳定性的指标，是对岩石(岩体)的稳定性进行定量分析的依据。由于岩石的抗拉强度很小，所以当岩层受到挤压形成褶皱时，常在弯曲变形较大的部位受拉破坏，产生张性裂隙。

常见岩石的力学性质指标及部分强度对比值见表 2-9 和表 2-10。

表 2-9 常见岩石力学性质的经验数据

岩类	岩石名称	抗压强度/MPa	抗拉强度/MPa	弹性模量/MPa	泊松比
岩浆岩	花岗岩	75～110 120～180 180～200	2.1～3.3 3.4～5.1 5.1～5.7	1.4～5.6 5.43～6.9	0.36～0.16 0.16～0.10 0.10～0.02
	正长岩	80～100 120～180 180～250	2.3～2.8 3.4～5.1 5.1～5.7	1.5～11.4	0.36～0.16 0.16～0.10 0.10～0.02
	闪长岩	120～200 200～250	3.4～5.7 5.7～7.1	2.2～11.4	0.25～0.10 0.10～0.02
	斑岩	160	5.4	6.6～7.0	0.16
	安山岩 玄武岩	120～160 160～250	3.4～4.5 4.5～7.1	4.3～10.6	0.2～0.16 0.16～0.02
	辉绿岩	160～180 200～250	4.5～5.1 5.7～7.1	6.9～7.9	0.16～0.10 0.10～0.02
	流纹岩	120～250	3.4～7.1	2.2～11.4	0.16～0.02

（续）

岩类	岩石名称	抗压强度/MPa	抗拉强度/MPa	弹性模量/MPa	泊松比
变质岩	花岗片麻岩	180～200	5.1～5.7	7.3～9.4	0.20～0.05
	片麻岩	80～100 140～180	2.2～2.8 4.0～5.1	1.57.0	0.30～0.20 0.20～0.05
	石英岩	87 200～360	2.5 5.7～10.2	4.5～14.2	0.20～0.16 0.15～0.10
	大理岩	70～140	2.0～4.0	1.0～3.4	0.36～0.16
	千枚岩 板岩	120～140	3.4～4.0	2.2～3.4	0.16
沉积岩	凝灰岩	120～250	3.4～7.1	2.2～11.4	0.16～0.02
	砾岩	40～100 120～160 160～150	1.1～2.8 3.4～4.5 4.5～7.1	1.0～11.4	0.36～0.20 0.20～0.16 0.16～0.05
	石英砂岩	68～102.5	1.9～3.0	0.39～1.25	0.25～0.05
	砂岩	4.5～10 47～180	0.2～0.3 1.4～5.2	2.78～5.4	0.3～0.25 0.2～0.05
	片状砂岩 碳质砂岩 碳质页岩 黑页岩 带状页岩	80～130 50～140 25～80 66～130 6～8	2.3～3.8 1.5～4.1 1.8～5.6 4.7～9.1 0.4～0.6	6.1 0.6～2.2 2.6～5.5 2.6～5.5	0.25～0.05 0.25～0.08 0.20～0.16 0.20～0.16 0.30～0.25
	砂质页岩 云页岩	60～180	4.3～8.6	2.0～3.6	0.30～0.16
	软页岩	20	1.4	1.3～2.1	0.30～0.25
	页岩	20～40	1.4～2.8	1.3～2.1	0.25～0.15
	泥灰岩	3.5～20 40～60	0.3～1.4 2.8～4.2	0.38～2.1	0.40～0.30 0.30～0.20
	黑泥灰岩	2.5～30	1.8～2.1	1.3～2.1	0.3～0.25
	石灰岩	10～17 25～55 70～128 180～200	0.6～1.0 1.5～3.3 4.3～7.6 10.7～11.8	2.1～8.4	0.50～0.31 0.31～0.25 0.25～0.16 0.16～0.04
	白云岩	40～120 120～140	1.1～3.4 3.4～4.0	1.3～3.4	0.36～0.16 0.16

表 2-10　常见岩石的各种强度对比

岩石名称	σ_t/σ_u	τ_b/σ_u
花岗岩	0.028	0.068～0.09
石灰岩	0.059	0.06～0.15
砂岩	0.029	0.06～0.078
斑岩	0.033	0.06～0.064
石英岩	0.112	0.176
大理岩	0.226	0.272

本章小结

本章主要介绍了岩石的成因类型；介绍了组成岩石的常见矿物及其物理力学性质；讨论了三大类岩石(岩浆岩、沉积岩、变质岩)的形成条件、组成矿物、结构构造特征及常见的代表性岩石；简单介绍了岩石常见的基本工程性质。

通过本章学习，要求掌握矿物的概念、种类及其物理性质；掌握岩浆岩、沉积岩和变质岩三大类岩石的典型结构和构造，了解三大类岩石的分类和常见岩石及其特点，具有识别常见矿物和岩石的初步能力；了解岩石基本的物理、力学特性。

岩石常常是工程建设中的地基及建筑材料的物质成分之一，不同矿物组成、不同形成原因的岩石的工程特性可能存在较大差异，工程勘察设计中应查明岩石的组成、结构构造特点及其工程特性。

习　　题

1. 矿物和岩石的定义是什么？
2. 矿物物理性质的主要类型及定义是什么？主要造岩矿物的鉴定特征有哪些？
3. 岩浆岩产状特征、岩浆岩分类及其主要矿物成分有哪些？
4. 沉积岩形成过程、沉积岩结构特征及沉积岩分类有哪些？
5. 变质作用因素及类型有哪些？变质岩构造特征及变质岩分类有哪些？
6. 三大岩类的主要矿物成分、结构及构造有何异同？
7. 实习要求：矿物岩石室内鉴定实习。

第3章 地层与地质构造

教学要点

知识要点	掌握程度	相关知识
地质作用	(1) 掌握地质作用的概念及其类型 (2) 掌握地壳运动的概念，了解地壳运动成因理论	(1) 地质作用的分类 (2) 地壳运动形式
岩层及岩层产状	(1) 掌握岩层的概念 (2) 掌握岩层产状的概念及岩层产状测量方法	(1) 岩层产状要素 (2) 地质罗盘的构造及使用
地层的概念	(1) 掌握地层的概念 (2) 掌握地质年代的概念，了解地质年代的确定方法 (3) 掌握地层接触关系的概念，了解地层接触关系	(1) 地史学基本概念 (2) 生物演化规律 (3) 地壳运动简史
褶皱构造	(1) 掌握褶皱构造的概念，了解褶皱构造的构成、分类 (2) 了解褶皱构造对工程的影响	(1) 褶皱构造的形成、分类 (2) 褶皱构造的识别
断裂构造	(1) 掌握断裂构造的概念，了解断裂构造的构成、分类 (2) 了解断裂构造对工程的影响	(1) 断裂构造的形成、分类 (2) 断裂构造的识别
地质图的阅读与分析	(1) 了解地质图的类型 (2) 掌握地质图的阅读与分析	(1) 地质图的特点、绘制 (2) 各类地形、地貌在地质图上的表现特点

基本概念

地层、地质作用、褶皱、断裂、地质图。

引例

成(都)昆(明)铁路，沿线地形险峻，地质构造极为复杂，大断裂纵横分布，新构造运动十分强烈，有约 200km 的地段位于八九度地震烈度区，岩层十分破碎，加上沿线雨量充沛，山体不稳，各种不良地质现象充分发育，被誉为“世界地质博物馆”。当时中央和铁道部对成昆线的工程地质勘察十分重视，提出了地质选线的原则，动员和组织全线工程地质专家和技术人员进行大会战，并多次组织全国工程地质专家进行现场考察和研究，解决许多工程地质难题，保证了成昆铁路顺利建成通车。成昆铁路是首次实施“地质选线”的建设项目，线路方案的比选，经历了“大宏观—宏观—微观”三个层次工程地质条件的综合比选，最终选定的线路方案相对工程地质条件较好。经过 30 多年的运营考验，证明了这条铁路的地质选线是成功的。1985 年成昆铁路获国家科技进步特等奖。相反，不重视工程地质工作的工程，就会出现大量问题，如新中国成立前修建的宝(鸡)天(水)铁路，当时根本不重视工程地质工作，设计开挖了许多高陡路堑，致使发生了大量崩塌、落石、滑坡、泥石流等病害，使线路无法正常运营，被称为西北铁路线中的盲肠。

3.1 地质作用概述

3.1.1 地质作用的概念及分类

事实证明，自地球形成以来，整个地壳一直处在运动、变化和发展之中，但其运动、变化和发展的速度、幅度、范围和方向，在不同的时间和地点，往往是不相同的。如地壳的上升或下降，挤压或拉伸运动是极其缓慢的，而地震却是十分剧烈的。

由自然动力引起地球(最主要是地幔和岩石圈)的物质组成、内部结构和地表形态发生变化的作用称为地质作用。地质作用主要表现为对地球的矿物、岩石、地质构造和地表形态等进行的破坏和建造作用。

引起地质作用的能量来自地球本身和地球以外，故分为内能和外能。内能指来自地球内部的能量，主要包括旋转能、重力能、热能。外能指来自地球外部的能量，主要包括太阳辐射能、天体引力能和生物能。其中太阳辐射能主要引起温差变化、大气环流和水的循环。

按照能源和作用部位的不同，地质作用又分为内动力地质作用和外动力地质作用。由内能引起的地质作用称为内动力地质作用，主要包括构造运动、岩浆活动和变质作用，在地表主要形成山系、裂谷、隆起、凹陷、火山、地震等现象。内力引起地壳乃至岩石圈变形、变位的作用，叫做构造运动。由构造运动引起的岩石的永久变形，称为地质构造，包括两大类，即褶皱构造和断裂构造。

根据构造运动发生的时间，可以分为两类：一类是老构造运动(通常不必加一“老”

字)；一类是新构造运动。一般认为，晚第三纪和第四纪的构造运动称为新构造运动，在这以前的构造运动称为老构造运动。但对于新构造运动的含义有很大分歧，有的认为第四纪的构造运动即新构造运动，也有的认为第三纪和第四纪的构造运动即新构造运动，还有的认为凡是形成现代地形基本轮廓的运动(没有时间限制)即新构造运动。总起来说，新构造运动是指地史上最近一个时期的构造运动。如果把时间尺度再拉短些，即把人类历史时期所发生的和正在发生的构造运动，称为现代构造运动。现代构造运动是新构造运动的一部分，它与人类的经济活动关系更为密切。

从本质上讲，新老构造运动都是内力引起的，都会产生岩石的变形与错位，但老构造运动是很早以前发生的，它所产生的结果和痕迹，主要记录在地层里，当时的地貌形态已不存在了；而新构造运动特别是现代构造运动除了在新地层中有显示外，常常表现在隆起、沉陷、倾斜及各种地貌形态上。

由于新老构造运动所表现和保存的形式不同，其研究方法也不完全一样。一般地讲，研究老构造运动主要靠地层，研究新构造运动除地层外主要靠地貌，而研究现代构造运动则除用地层、地貌方法外，还要利用人类文化遗迹(考古)和历史地震记载的研究，这样往往可以得出几百年、几千年构造变动的情况，此外还可用测量和仪器进行观测，得出当前构造运动的速度和方向。

由外能引起的地质作用称为外动力地质作用，主要有风化作用、剥蚀作用、搬运作用、沉积作用、成岩作用等，在地表主要形成风化剥蚀、戈壁、沙漠、黄土塬、洪水、泥石流、滑坡、崩塌、岩溶、深切谷、冲积平原等地形并形成各种沉积物。

如图 3.1 所示为地质作用的分类。

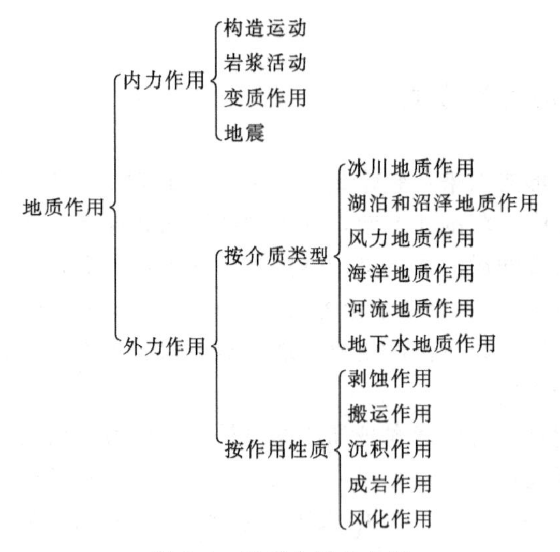

图 3.1 地质作用的分类

3.1.2 地壳运动的基本概念

1. 地壳运动的基本形式

地壳运动又称为构造运动，是主要由地球内力引起岩石圈产生的机械运动。它是地壳产生褶皱、断裂等各种地质构造，引起海、陆分布变化，地壳隆起和凹陷，以及形成山脉、海沟，产生火山、地震等的根本原因。

地壳运动的基本形式有两种，即水平运动和垂直运动。

1）水平运动

沿地表切线方向产生的运动称水平运动。其主要表现为岩石圈的水平挤压或拉伸引起岩层的褶皱和断裂，可形成巨大的褶皱山系、裂谷和大陆漂移等。如印度洋板块挤压欧亚板块并插入欧亚板块之下，使5000万年前还是一片汪洋的喜马拉雅山地区逐渐抬升成现在的世界屋脊。

2）垂直运动

地壳沿地表法线方向产生的运动称垂直运动。主要表现为岩石圈的垂直上升或下降，引起地壳大面积的隆起和凹陷，形成海侵和海退等。如台湾高雄附近的珊瑚灰岩，原在海中，更新世以来，已被抬升到海面以上350m高处；从晚第三纪以来，喜马拉雅山从古地中海升起，上升幅度达七八千米；而在同一时间，江汉平原地区却表现为缓慢下降，沉积了近10千米的沉积层。

水平运动和垂直运动是紧密联系的，在时间和空间上往往交替发生。

一般情况下，地壳运动是十分缓慢的，人们一般难以察觉，如喜马拉雅山脉从海底上升到海平面以上8000多米的高山，每年平均才上升2.4cm，但其长期的积累却是惊人的。有时，地壳运动可以以十分剧烈的方式表现出来，如地震、火山喷发等。1976年7月28日，震惊中外的唐山大地震，造成极震区70％～80％的建筑物倒塌或严重破坏、24万余人死亡的惨痛损失。

2. 地壳运动成因的主要理论

地壳运动成因的理论，是解释地壳运动的力学机制，主要有对流说、均衡说、地球自转说和板块运动。

1）对流说

认为地幔物质已成塑性状态，并且上部温度低，下部温度高，温度高的物质向上膨胀，温度低的物质向下沉降，在温差的作用下形成缓慢对流，从而导致上覆地壳运动。

2）均衡说

认为地幔内存在一个重力均衡面，均衡面以上的物质重力均等，但因密度不同而表现为厚薄不一。当地表出现剥蚀或沉积时，会使重力发生变化，为维持均衡面上重力均等，均衡面上的地幔物质将产生移动，以弥补地表的重力损失，从而导致上覆地壳运动。

3）地球自转说

认为地球自转速度产生的快慢变化导致了地壳运动。当地球自转速度加快时，一方面惯性离心力增加，导致地壳物质向赤道方向运行；另一方面切向加速度增加，导致地壳物质由西向东运动，当基底粘着力不同时，会引起地壳各部位运动速度不同，从而产生挤压、拉张、抬升和下降等变形、变位。当地球自转速度减慢时，惯性离心力和切向加速度均减小，地壳又产生相反方向的恢复运动，同样因基底粘着力不同，引起地壳变形、变位。因此，由于地球自转速度的变化，在地壳会形成一系列纬向和经向的山系、裂谷、隆起和凹陷。

4）板块构造说

板块构造说是在大陆漂移说和海底扩张说的基础上提出来的，认为地球在形成过程中，表层冷凝成地壳，随后地壳被胀裂成六大板块。即太平洋板块、印度洋板块、欧亚板块、美洲板块、非洲板块、南极洲板块。各大板块之间由大洋中脊和海沟分开。地球内部的热能通过大洋中脊的裂谷得以释放。热流物质上升到大洋中脊的裂谷时，一部分热流物质通过海水冷却，在裂谷处形成新的洋壳，另一部分热流物质则沿洋壳底部向两侧流动，从而带动板块漂移，如图 3.2 所示。

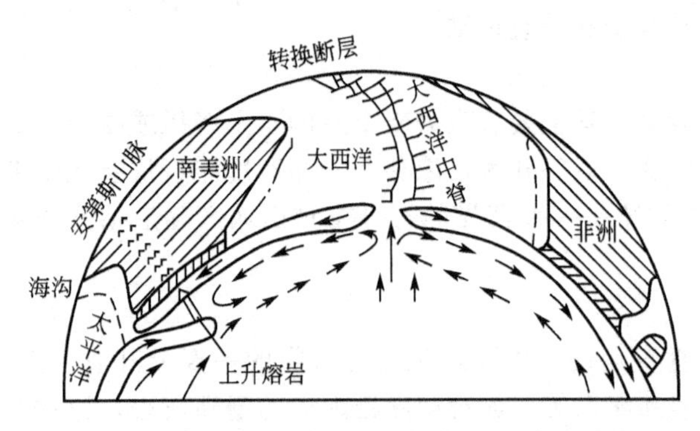

图 3.2　地幔对流拉动岩石圈板块移动(海底扩张)

故在大洋中脊不断组成新的洋壳，而在海沟处地壳相互挤压、碰撞，有的抬升成高大的山系，有的插入到地幔内溶解。在挤压碰撞带，因板块间的强烈摩擦，形成局部高温并积累了大量的应变能，常形成火山带和地震带。各大板块中还可划分出若干次级板块，各板块在漂移中因基底粘着力不同，使运动速度不一，同样可引起地壳变形、变位。

3.2 岩层及岩层产状

3.2.1 岩层

构造运动引起地壳岩石变形和变位，这种变形、变位被保留下来的形态被称为地质构造。地质构造有 5 种主要类型：水平岩层、倾斜岩层、直立岩层、褶皱和断裂。

岩层的空间分布状态称岩层产状。岩层按其产状可分为水平岩层、倾斜岩层和直立岩层。

1. 水平岩层

指岩层倾角为 0°的岩层。绝对水平的岩层很少见，习惯上将倾角小于 5°的岩层都称为水平岩层，又称水平构造。岩层沉积之初岩层顶面总是保持水平或近水平，所以水平岩层一般出现在构造运动轻微的地区或大范围内均匀抬升、下降的地区，一般分布在平原、盆地中部或部分高原地区。水平岩层中新岩层总是位于老岩层之上，当岩层受切割时，老岩层出露在河谷低洼区，新岩层出露于高岗上。在同一高程的不同地点，出露的是同一岩层。水平岩层如图 3.3(a)所示。

2. 倾斜岩层

指岩层面与水平面有一定夹角的岩层。自然界绝大多数岩层是倾斜岩层，倾斜岩层是构造挤压或大区域内不均匀抬升、下降，使岩层向某个方向倾斜而形成的，如图 3.3(b)。

一般情况下，倾斜岩层仍然保持顶面在上、底面在下，新岩层在上、老岩层在下的产出状态，称为正常倾斜岩层。当构造运动强烈，使岩层发生倒转，出现底面在上、顶面在下，老岩层在上、新岩层在下的产出状态时，称为倒转倾斜岩层，如图 3.4(a)所示。

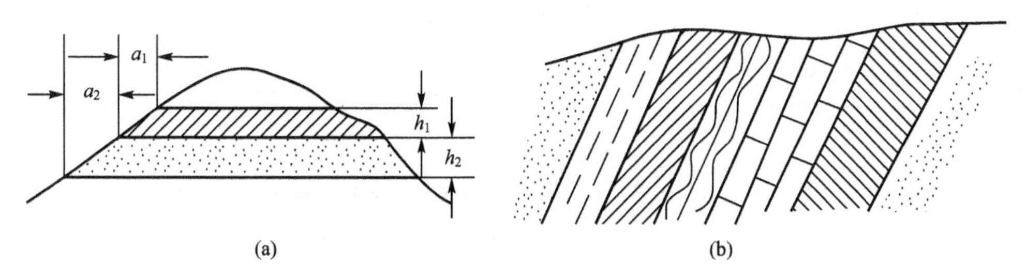

图 3.3 水平岩层与倾斜岩层

(a) 水平岩层；(b) 倾斜岩层

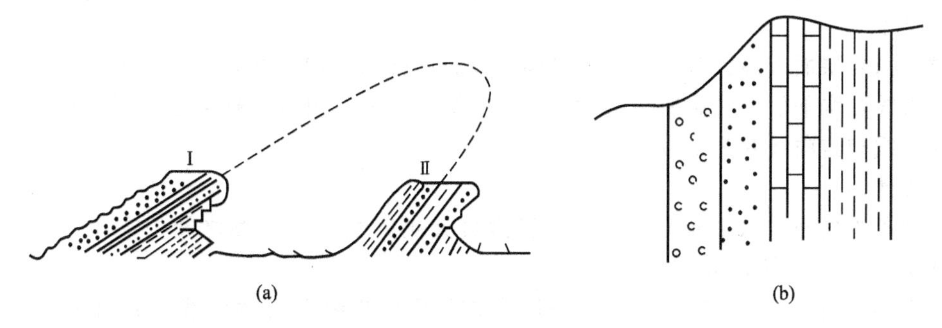

图 3.4 倒转岩层与直立岩层

(a) 倒转岩层；(b) 直立岩层

Ⅰ—正常层序，波峰朝上；Ⅱ—倒转层序，波峰朝下

岩层的正常与倒转主要依据化石确定，也可依据岩层层面构造特征(如岩层面上的泥裂、波痕、虫迹、雨痕等)或标准地质剖面来确定。

倾斜岩层按倾角 α 的大小又可分为缓倾岩层($\alpha<30°$)、陡倾岩层($30°\leqslant\alpha<60°$)和陡立岩层($\alpha\geqslant60°$)。

3. *直立岩层*

指岩层倾角等于 90°时的岩层。绝对直立的岩层也较少见，习惯上将岩层倾角大于 85°的岩层都称为直立岩层，如图 3.4(b)所示。直立岩层一般出现在构造强烈、紧密挤压的地区。

3.2.2 岩层产状

1. *产状要素*

岩层在空间分布状态的要素称岩层产状要素。一般用岩层面在空间的水平延伸方向、倾斜方向和倾斜程度进行描述，分别称为岩层的走向、倾向和倾角，如图 3.5(a)所示。

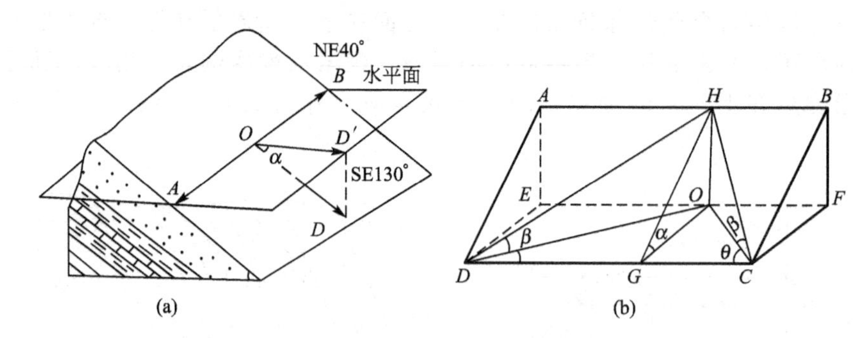

图 3.5 岩层产状要素及真倾角与视倾角的关系

(a) 岩层产状要素；(b) 真倾角与视倾角的关系

1）走向

走向指岩层面与水平面的交线所指的方向，如图 3.5(a)中 AB 线表示。该交线是一条直线，被称为走向线，它有两个方向，相差 180°。

2）倾向

倾向指岩层面上最大倾斜线在水平面上投影所指的方向［图 3.5(a)中的 OD'线］或岩层面上法线在水平面上投影所指的方向。该投影线是一条射线，称为倾向线，只有一个方向。倾向线与走向线互为垂直关系。

3）倾角

倾角指岩层面与水平面的交角。一般指最大倾斜线与倾向线之间的夹角，又称真倾角，如图 3.5(b)中的 α 角。

当观察剖面与岩层走向斜交时，岩层与该剖面的交线称视倾斜线，如图 3.5(b)中的 HD 和 HC。视倾斜线在水平面的投影线称视倾向线(分别为 OD 和 OC)。视倾斜线与视倾向线之间的夹角称视倾角，如图 3.5(b)中的 β 角。视倾角小于真倾角。视倾角与真倾角的关系为：

$$\tan\beta = \tan\alpha \cdot \sin\theta \qquad (3-1)$$

式中：θ——视倾向线与岩层走向线之间所夹的锐角。

2. 产状要素的测量、记录和图示

1）产状要素的测量

岩层各产状要素的具体数值，一般在野外用地质罗盘仪在岩层面上直接测量和读取。地质罗盘仪的结构(图 3.6)，地质罗盘的测量方法(图 3.7)。

2）产状要素的记录

由地质罗盘仪测得的数据，一般有两种记录方法，象限角法和方位角法(图 3.8)。

(1) 象限角法。

以东、南、西、北为标志，将水平面划分为四个象限，以正北或正南方向为 0°，正东或正西方向为 90°，再将岩层产状投影在该水平面上，将走向线和倾向线所在的象限及它们与正北或正南方向所夹的锐角记录下来。一般按走向、倾角、倾向的顺序记录。例如 N45°E∠30°SE 表示该岩层产状走向为 N45°E，倾角为 30°，倾向为 SE［图 3.8(a)］。

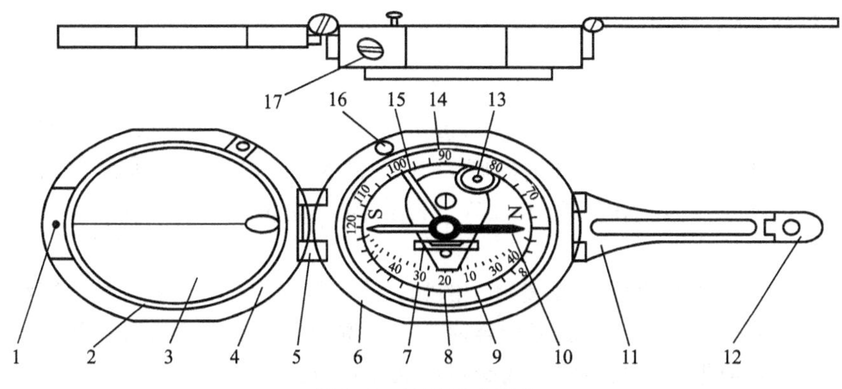

图 3.6　地质罗盘结构

1—瞄准钉；2—固定圈；3—反光镜；4—上盖；5—连接合页；6—外壳；7—长水准器；8—倾角指示器；9—压紧圈；10—磁针；11—长准照合页；12—短准照合页；13—圆水准器；14—方位刻度环；15—拔杆；16—开关螺钉；17—磁偏角调整器

图 3.7　地质罗盘的使用方法

(2) 方位角法。

将水平面按顺时针方向划分为360°，以正北方向为0°，再将岩层产状投影到该水平面上将倾向线与正北方向所夹角度记录下来，一般按倾向、倾角的顺序记录。例如135°∠30°，表示该岩层产状为倾向距正北方向135°，倾角为30°，如图3.8(b)所示。因岩层走向与岩层

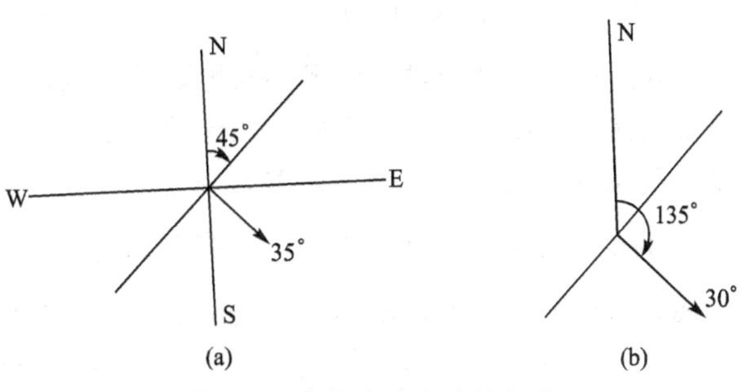

图 3.8　象限角法和方位角法

(a) 角象限角法；(b) 方位角法

倾向间的夹角为 90°，故由倾向加或减 90°就是走向。

3. 产状要素的图示

岩层产状有两种表示方法：①方位角表示法。一般记录倾向和倾角，如 205°∠65°，即倾向为南西 205°，倾角 65°，其走向则为 NW65°或 SE65°。②象限角表示法。一般测记走向、倾向和倾角，如 N65°W/25°SW，即走向为北偏西 65°，倾角为 25°，向南西倾斜。

在地质图上，产状要素用符号表示，例如：├30°，长线表示走向线，短线表示倾向线，短线旁的数字表示倾角。当岩层倒转时，应画倒转岩层的产状符号，例如⊣30。在地质图中岩层产状符号应把走向线与倾向线交点画在测点位置。

3.2.3 不同产状岩层或地质界面在地质平面图上的表现

各种产状的岩层或地质界面，因受地形影响，反映在地形地质平面图上的表现情况也各不相同，其露头形状的变化受地势起伏和岩层倾角大小的控制。

1. 水平岩层在图上的表现(图 3.9)

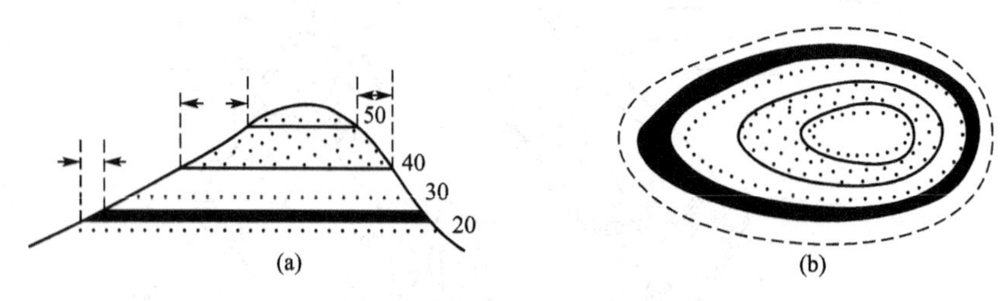

图 3.9 水平岩层在地质图上的表现

(a) 剖面图；(b) 平面图

如果地形有起伏，则水平岩层或水平地质界面的出露界线是水平面与地面的交线，此线位于一个水平面上，故水平岩层的露头形态无论是在地面上还是在地质图上，都是一条弯曲的、形状与地形等高线一致或重合的等高线(即表示水平岩层或地质界面)。在地势高处出露新岩层，在地势低处出露老岩层。若地形平坦，则在地质图上水平岩层表现为同一时代的岩层成片出露。

2. 直立岩层在图上的表现

直立岩层的岩层面或地质界面与地面的交线位于同一个铅直面上，露头各点连线的水平投影都落在一条直线上，因此，无论地形平坦或有起伏，直立岩层的地质界线在图上永远是一条切割等高线的直线，如图 3.10 所示。

3. 倾斜岩层在图上的表现(“V” 字形法则)

倾斜岩层面或其他地质界面的露头线，是一个倾斜面与地面的交线，它在地形地质图上和地面上都是一条与地形等高线相交的曲线。在地形复杂地区，岩层露头或地质界面，在平面图上呈现 “V” 字形，由于岩层产状的不同，在地形地质图上 V 字形的特点也各不相同。

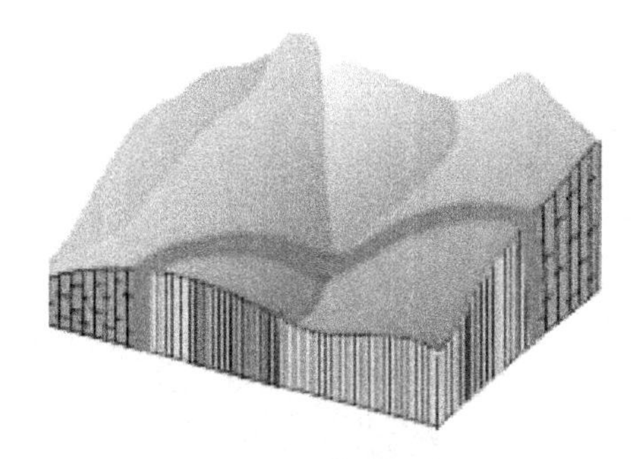
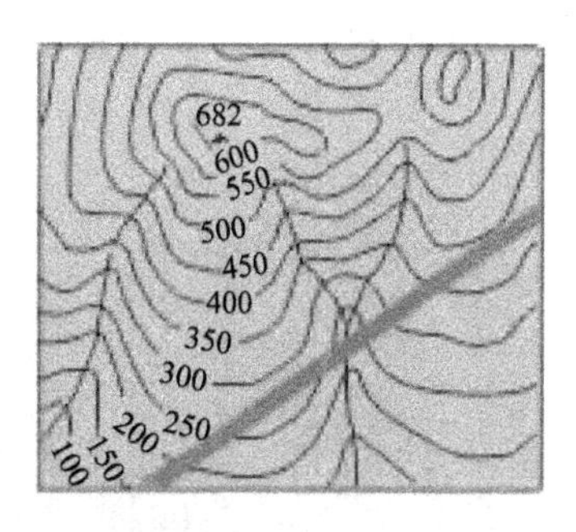

图 3.10　直立岩层在地质图上的表现

(1) 当岩层或地质界面的倾向与地面坡向相反时(图 3.11)，岩层露头或地质界面露头线的弯曲方向与等高线一致，在河谷中 V 字形的尖端指向河谷上游。

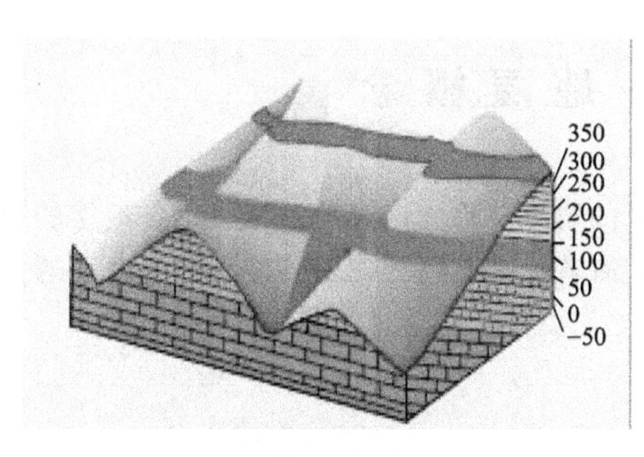

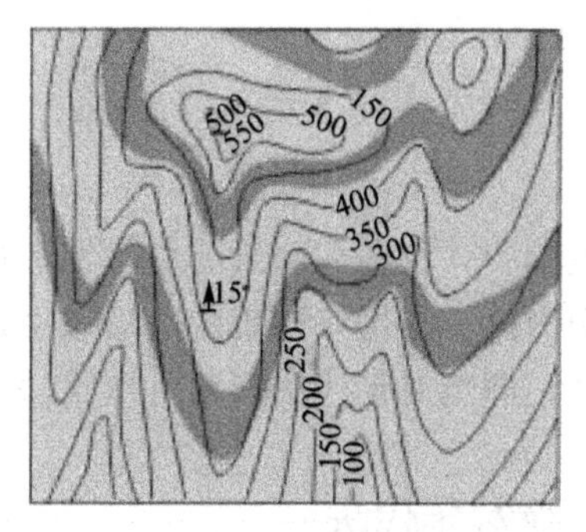

图 3.11　倾斜岩层或地质界面(倾向与地面坡向相反)在地质图上的表现

(2) 当岩层或地质界面的倾向与地面坡向一致时，若岩层倾角大于地面坡度，则岩层或地质界面露头线的弯曲方向与地形等高线的弯曲方向相反，且岩层或地质界面的露头，在河谷中形成尖端指向下游的 V 字形(图 3.12)。

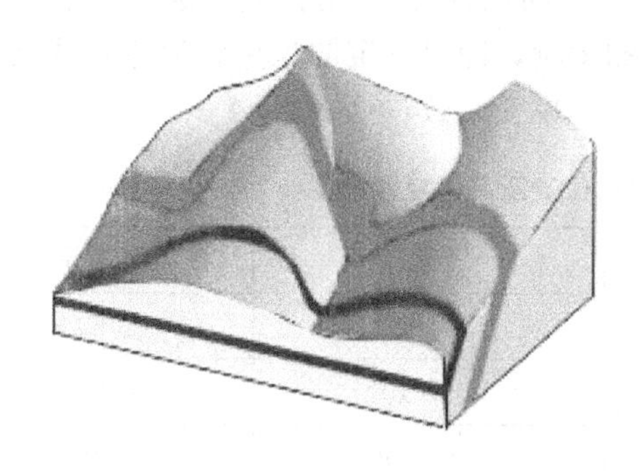
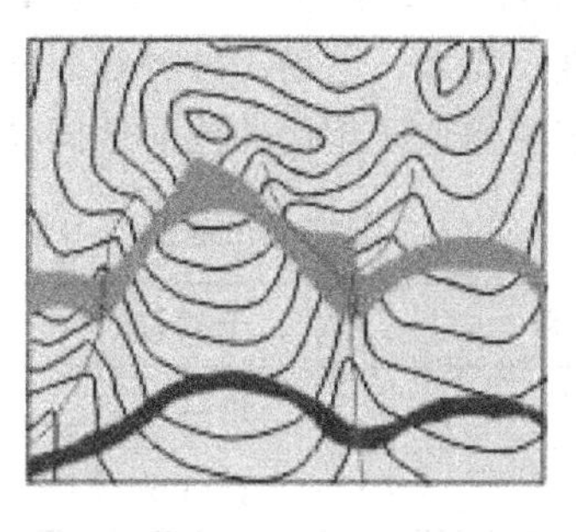

图 3.12　倾斜岩层或地质界面(倾向与地面坡向一致且岩层倾角大于地面坡度)在地质图上的表现

(3) 当岩层或地质界面倾向与坡向一致，倾角小于地面坡度时，则岩层或地质界面露头线的弯曲与地形等高线弯曲相似。岩层露头在河谷中形成尖端指向上游的 V 字形(图 3.13)，与图 3.11 图形相似，不同之处是：如图 3.13 所示中的 V 字形地质界线较等高线狭窄，而且自山里向外，可见岩层或地质界面所切割的等高线逐次降低。而图 3.11 中岩层或地质界面所形成的 V 字形露头则较开阔。

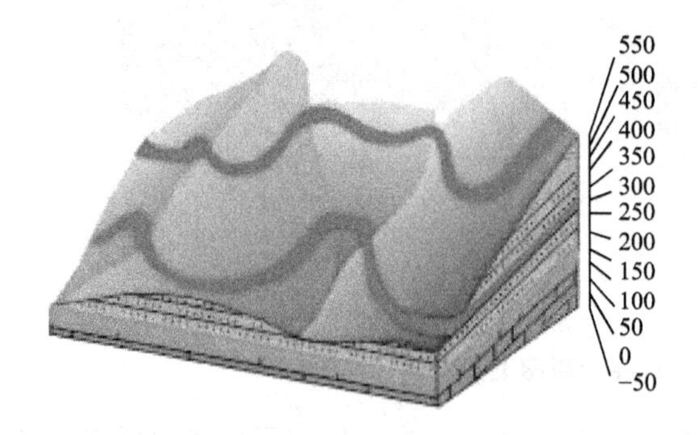

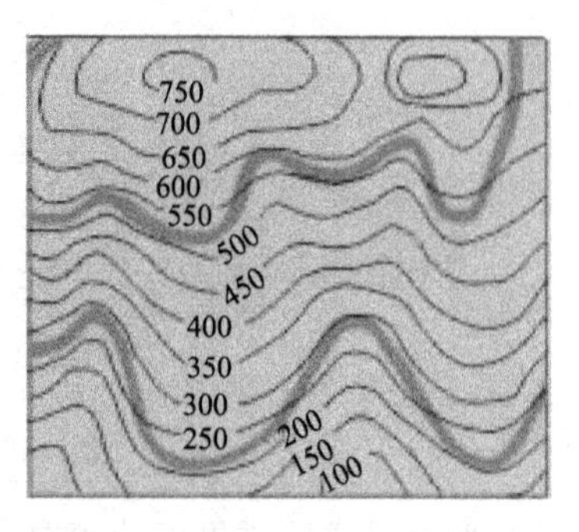

图 3.13 倾斜岩层或地质界面(倾向与地面坡向一致且岩层倾角小于地面坡度)在地质图上的表现

3.3 地层概念

地史学中，将各个地质历史时期形成的岩石，称为该时期的地层。各地层的新、老关系在判别褶曲、断层等地质构造形态中，有着非常重要的作用。确定地层新、老关系的方法有两种，即绝对年代法和相对年代法。

3.3.1 绝对年代法

绝对年代法是指通过确定地层形成时的准确时间，依此排列出各地层新、老关系的方法。确定地层形成时的准确时间，主要是通过测定地层中的放射性同位素年龄来确定。放射性同位素(母同位素)是一种不稳定元素，在天然条件下发生蜕变，自动放射出某些射线(α、β、γ 射线)，而蜕变成另一种稳定元素(子同位素)。放射性同位素的蜕变速度是恒定的，不受温度、压力、电场、磁场等因素的影响，即以一定的蜕变常数进行蜕变。绝对年代法主要用于测定地质年代的放射性同位素的蜕变常数，见表 3-1。

表 3-1 常用同位素及其蜕变常数

母同位素	子同位素	半衰期/a	蜕变常数/a^{-1}
铀(U^{238})	铅(Pb^{206})	4.5×10^{9}	1.54×10^{-10}
铀(U^{235})	铅(Pb^{207})	7.1×10^{8}	9.72×10^{-10}
钍(Th^{282})	铅(Pb^{208})	1.4×10^{10}	0.49×10^{-10}
铷(Rb^{87})	锶(Sr^{87})	5.0×10^{10}	0.14×10^{-10}
钾(K^{40})	氩(Ar^{40})	1.5×10^{9}	4.72×10^{-10}
碳(C^{14})	氮(N^{14})	5.7×10^{3}	

当测定岩石中所含放射性同位素的质量 m_1，以及它蜕变产物的质量 m_2 后，就可利用

蜕变常数 λ，按下式计算其形成年龄：

$$t=\frac{1}{\lambda}\ln\left(1+\frac{m_2}{m_1}\right)$$

目前世界各地地表出露的古老岩石都已进行了同位素年龄测定，如南美洲圭亚那的角闪岩为(4130±170)Ma(Ma为百万年)，中国冀东铬云母石英岩为3650～3770Ma。

3.3.2 相对年代法

相对年代法是通过比较各地层的沉积顺序，古生物特征和地层接触关系来确定其形成先后顺序的一种方法。因无须精密仪器，故被广泛采用。

1. *地层层序法*

沉积岩能清楚地反映岩层的叠置关系。一般情况下，先沉积的老岩层在下，后沉积的新岩层在上，这种关系被称为正常层序；当地层被挤压使地层倒转时，新岩层在下，老岩层在上，此时称为倒转层序，见图3.14。

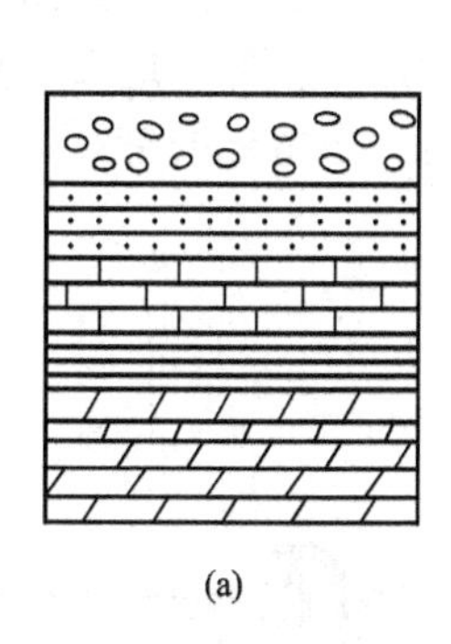

(a)

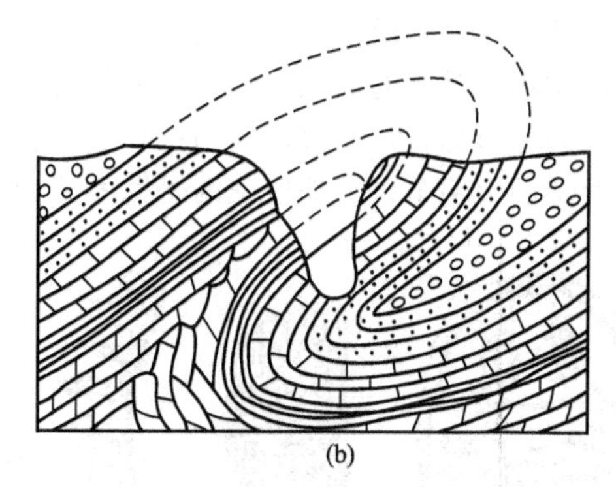

(b)

图3.14 地层层序

(a) 正常层序；(b) 倒转层序

一个地区在地质历史上不可能永远处在沉积状态，常常是一个时期下降沉积，另一个时期抬升遭受剥蚀，抬升遭受剥蚀时因地形较高而无法沉积，造成该时期地层缺失。因此，现今任何地区保存的地质剖面中都会缺失某些时代的地层，造成地质记录不完整。故需对各地区地层层序剖面进行综合研究，把各个时期出露的地层拼接起来，建立较大区域的地层顺序系统，称为标准地层剖面。通过标准地层剖面的地层顺序，对照某地区的地层情况，也可排列出该地区地层的新老关系和缺失的地层。这种方法常被称为标准剖面法。

沉积岩的层面构造也可作为鉴定其新老关系的依据，例如泥裂开口所指的方向，虫迹开口所指的方向，波痕的波峰所指的方向，均为岩层顶面，即新岩层方向，并可据此判定岩层层序的正常或倒转。如图3.15所示，其中(a)图中泥裂开口向上，表明岩层上新下老；(b)图中泥裂开口向下，表明岩层上老下新。

2. *古生物法*

地质历史上，地球表面的自然环境总是不停地出现阶段性变化。地球上的生物为了适应地球环境的改变，也不得不逐渐改变自身的结构，称为生物演化，即地球上的环境改变

图 3.15　层面沉积特征(泥裂)

(a) 泥裂开口向上；(b) 泥裂开口向下

后，一些不能适应新环境的生物大量灭亡，甚至绝种，而另一些生物则通过逐步改变自身的结构，形成新的物种，以适应新环境，并在新环境下大量繁衍。这种演化遵循由简单到复杂、由低级到高级的原则，即地质时期越古老，生物结构越简单；地质时期越新，生物结构越复杂。埋藏在岩石中的生物化石结构也反映了这一过程，化石结构越简单，地层时代越老，化石结构越复杂，地层时代越新。因此，可依据岩石中化石种类来确定地层的新老关系。在某一环境阶段，能大量繁衍、广泛分布，从发生、发展到灭绝的时间短的生物的化石，称作这一时期的标准化石，它可代表这一地质历史时期。在每一地质历史时期都有其代表性的标形化石，如寒武纪的三叶虫、奥陶纪的珠角石、志留纪的笔石、泥盆纪的石燕、二叠纪的大羽羊齿、侏罗纪的恐龙等，如图 3.16 所示。

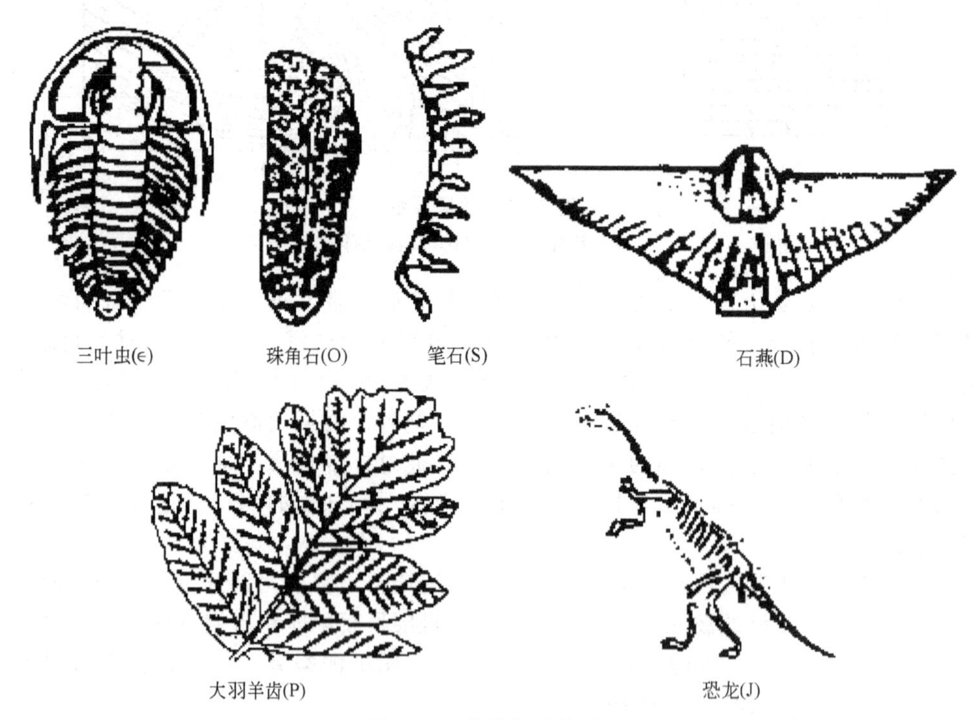

图 3.16　几种标准化石

3. 地层接触关系法

地层间的接触关系，是沉积作用、构造运动、岩浆活动和地质发展历史的记录。沉积岩、岩浆岩及其相互间均有不同的接触类型，据此可判别地层间的新老关系。

1）沉积岩间的接触关系

沉积岩间的接触，基本上可分为整合接触与不整合接触两大类型。

（1）整合接触。

一个地区在持续稳定的沉积环境下，地层依次沉积，各地层之间岩层产状彼此平行，地层间的这种连续的接触关系称为整合接触。其特点是沉积时间连续，上、下岩层产状基本一致。它反映了地壳稳定下降接受沉积的地史过程［图 3.17(a)］。

（2）不整合接触。

当沉积岩地层之间有明显的沉积间断，即沉积时间明显不连续，有一段时期没有沉积，缺失了该段时期的地层，称为不整合接触。不整合接触又可分为平行不整合接触和角度不整合接触两类。

① 平行不整合接触。又称假整合接触。指上、下两套地层间有沉积间断，但岩层产状仍彼此平行的接触关系。它反映了地壳先下降接受稳定沉积，然后稳定抬升到侵蚀基准面以上接受风化剥蚀，再均匀下降接受稳定沉积的地史过程［图 3.17(b)］。

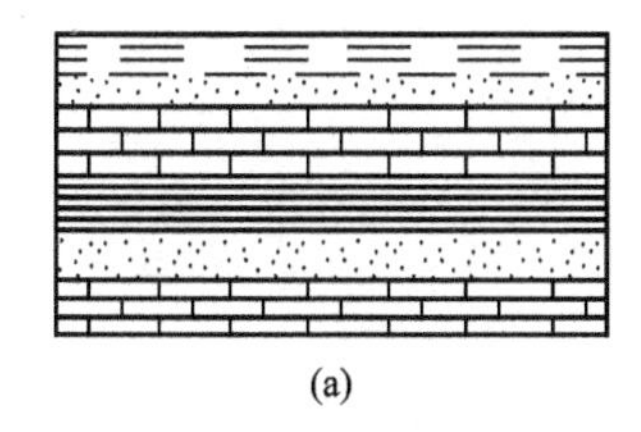

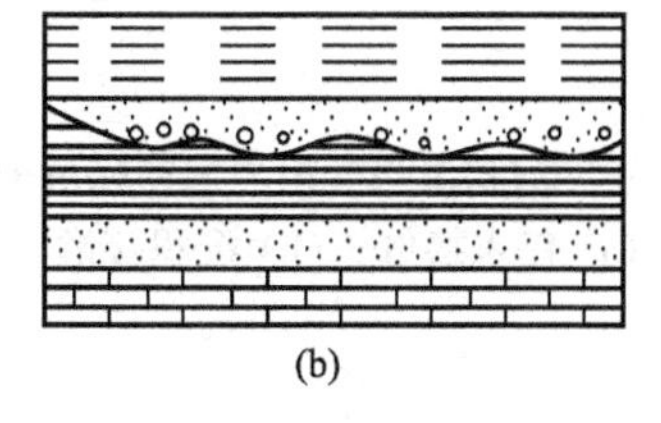

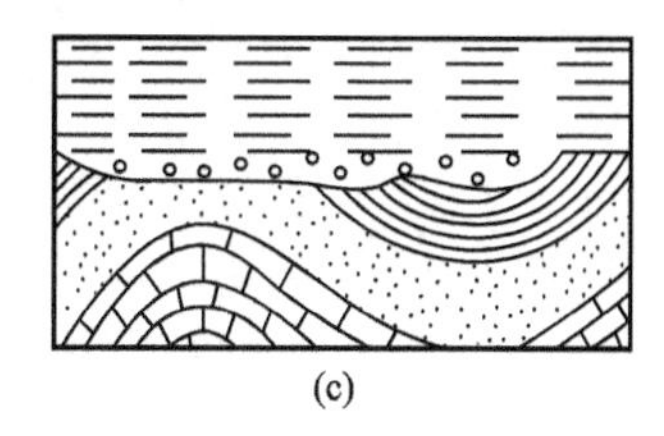

图 3.17 沉积岩间的接触关系

(a) 整合接触；(b) 平行不整合接触；(c) 角度不整合接触

② 角度不整合接触。上、下两套地层间，既有沉积间断，岩层产状又彼此角度相交的接触关系。它反映了地壳先下降沉积，然后挤压变形和上升剥蚀，再下降沉积的地史过程，见图 3.17(c)。

不整合接触关系容易与断层混淆，二者的野外区别标志是：不整合接触界面处有风化剥蚀形成的底砾岩；而断层界面处则无底砾岩，一般为断层角砾岩，或没有断层角砾岩。底砾岩指地壳抬升后，岩石表层在地表遭受风化剥蚀，形成砾石，当地壳下降并接受沉积，原来的砾石在上覆岩层底部形成的砾岩，砾石成分多为下伏岩石的成分。

2）岩浆岩间的接触关系

主要表现为岩浆岩间的穿插接触关系。后期生成的岩浆岩(2)常插入早期生成的岩浆岩(1)中，将早期岩脉或岩体切割开，如图 3.18 所示。

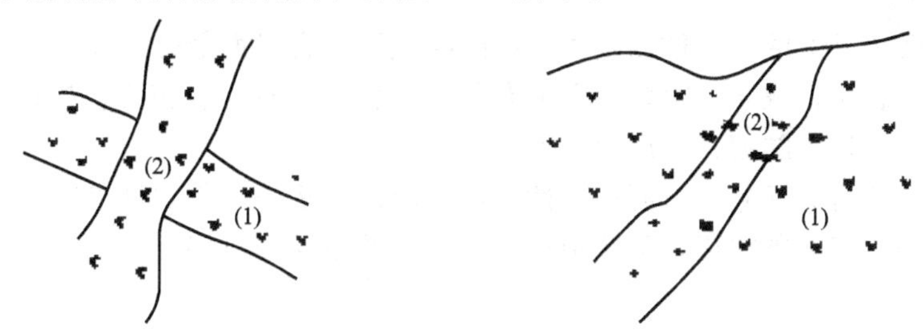

图 3.18 岩浆岩间的接触关系

3）沉积岩与岩浆岩之间的接触关系

可分为侵入接触和沉积接触两类。

（1）侵入接触。指后期岩浆岩侵入早期沉积岩的一种接触关系。早期沉积岩受后期侵入岩浆的熔蚀、挤压、烘烤和化学反应，在沉积岩与岩浆岩交界处形成一层接触变质带，如图 3.19(a)所示。当该层变质带在地表接受风化剥蚀后，岩浆岩暴露地表，在岩浆岩周围残留一圈接触变质岩，称为变质晕。

（2）沉积接触。指后期沉积岩覆盖在早期岩浆岩上的沉积接触关系。早期岩浆岩因表层风化剥蚀，在后期沉积岩底部常形成一层含岩浆岩砾石的底砾岩［图 3.19(b)］。

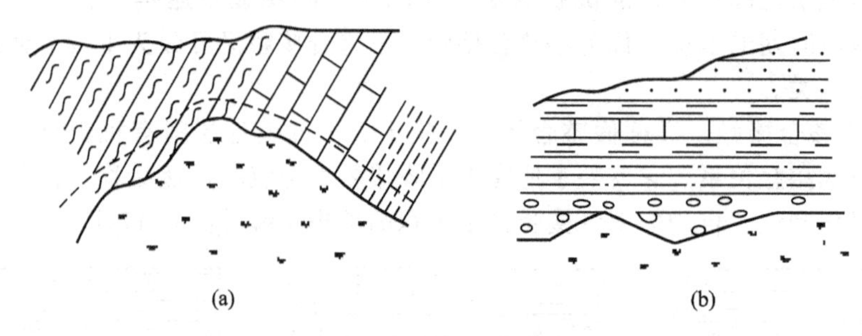

图 3.19　沉积岩与岩浆岩间的接触关系

（a）侵入接触；（b）沉积接触

3.3.3　地质年代表

应用上述方法，根据地层形成顺序、生物演化阶段、构造运动、古地理特征及同位素年龄测定，对全球的地层进行划分和对比，综合得出地质年代表，见表 3-2。表中将地质历史(时代)划分为太古宙、元古宙和显生宙三大阶段，宙再细分为代，代再细分为纪，纪再细分为世。每个地质时期形成的地层，又赋予相应的地层单位，即宇、界、系、统，分别与地质历史的宙、代、纪、世相对应。它们经国际地层委员会通过并在世界通用。在此基础上，各国结合自己的实际情况，都建立了自己的地质年代表。

我国在区域地质调查中常采用多重地层划分原则，即除上述地层单位外，主要使用岩石地层单位。

岩石地层单位是以岩石学特征及其相对应的地层位置为基础的地层单位。没有严格的时限，往往呈现有规则的穿时现象。岩石地层最大单位为群，群再细分为组，组再细分为段，段再细分为层。

群：包括两个以上的组。群以重大沉积间断或不整合界面划分。

组：以同一岩相，或某一岩相为主夹有其他岩相，或不同岩相交替构成。岩相是指岩石形成环境，如海相、陆相、泻湖相、河流相等。

段：段为组的组成部分，由同一岩性特征构成。组不一定都划分出段。

层：指段中具有显著特征，可区别于相邻岩层的单层或复层。

表 3-2 地质年代表

地质时代(地层系统及代号)				同位素年龄值/Ma	生物界			构造阶段(及构造运动)	
宙(宇)	代(界)	纪(系)	世(统)		植物	动物			
显生宙(宇)	新生代(界 K_z)	第四纪(系 Q)	全新世(统 Q_4)		被子植物繁盛	出现人类	无脊椎动物继续演化发展	新阿尔卑斯构造阶段(喜马拉雅构造阶段)	
			更新世(统 Q_{1-3})	2					
		第三纪(系 R) 晚第三纪(系 N)	上新世(统 N_2)			哺乳动物与鸟类繁盛			
			中新世(统 N_1)	26					
		第三纪(系 R) 早第三纪(系 E)	渐新世(统 E_3)						
			始新世(统 E_2)						
			古新世(统 E_1)	65					
	中生代(界 M_z)	白垩纪(系 K)	晚白垩世(统 K_2)			爬行动物繁盛		老阿尔卑斯构造阶段	燕山构造阶段
			早白垩世(统 K_1)	137	裸子植物繁盛				
		侏罗纪(系 3)	晚侏罗世(统 J_3)						
			中侏罗世(统 J_2)						
			早侏罗世(统 J_2)	195					
		三叠纪(系 T)	晚三叠世(统 T_3)						印支构造阶段
			中三叠世(统 T_2)						
			早三叠世(统 T_1)	230					
	古生代(界 P_z)	二叠纪(系 P)	晚二叠世(统 P_2)			两栖动物繁盛		(海西)华力西构造阶段	
			早二叠世(统 P_1)	285	蕨类及原始裸子植物繁盛				
		石炭纪(系 C)	晚石炭世(统 C_3)						
			中石炭世(统 C_2)						
			早石炭世(统 C_1)	350					
		泥盆纪(系 D)	晚泥盆世(统 D_3)			鱼类繁盛			
			中泥盆纪(统 D_2)		裸蕨植物繁盛				
			早泥盆世(统 D_1)	400					
		志留纪(系 S)	晚志留世(统 S_3)			海生无脊椎动物繁盛		加里东构造阶段	
			中志留世(统 S_2)						
			早志留世(统 S_1)	435	藻类及菌类植物繁盛				
		奥陶纪(系 O)	晚奥陶世(统 O_3)						
			中奥陶世(统 O_2)						
			早奥陶世(统 O_1)	500					
		寒武纪(系∈)	晚寒武世(统 $\in_3$)						
			中寒武世(统 $\in_2$)						
			早寒武世(统 $\in_1$)	570					
元古宙(宇 Pt)	晚元古代(界 Pt_3)	震旦纪(系 Z)	晚震旦世(统 Z_2)			裸露无脊椎动物出现		晋宁运动	
			早震旦世(统 Z_1)	800					
				1000		生命现象开始出现			
	中元古代(界 Pt_2)			1900				吕梁运动	
	早元古代(界 Pt_1)			2500				五台运动 阜平运动	
太古宙(宇 Ar)	太古代								

3.4 褶皱构造

在构造运动作用下岩层产生的连续弯曲变形形态，称为褶皱构造。褶皱构造的规模差异很大，大型褶皱构造延伸几十千米或更远，小的褶皱构造在手标本上也可见到。

3.4.1 褶曲构造

1. 褶曲基本形式

褶皱构造中任何一个单独的弯曲称为褶曲，褶曲是组成褶皱的基本单元。褶曲有背斜和向斜两种基本形式，如图 3.20 所示。

1）背斜

岩层弯曲向上凸出，核部地层时代老，两翼地层时代新。正常情况下，两翼岩层相背倾斜，如图 3.20(a)和图 3.20(b)所示中右侧向上的弯曲。

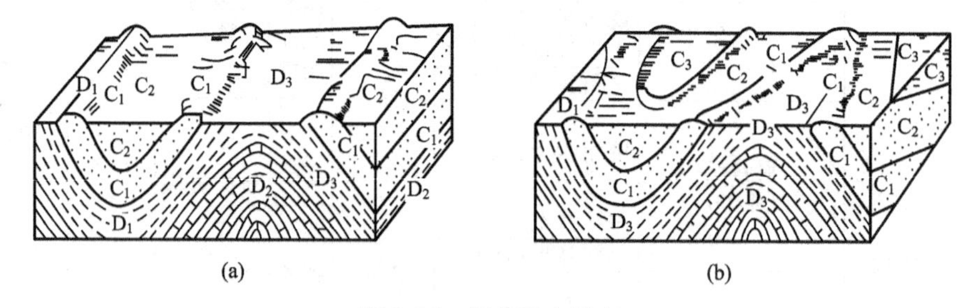

图 3.20 褶曲基本形态

(a) 背斜；(b) 向斜

2）向斜

岩层弯曲向下凹陷，核部地层时代新，两翼地层时代老。正常情况下，两翼岩层相向倾斜。如图 3.20(a)和图 3.20(b)所示中左侧向下的弯曲。

2. 褶曲要素

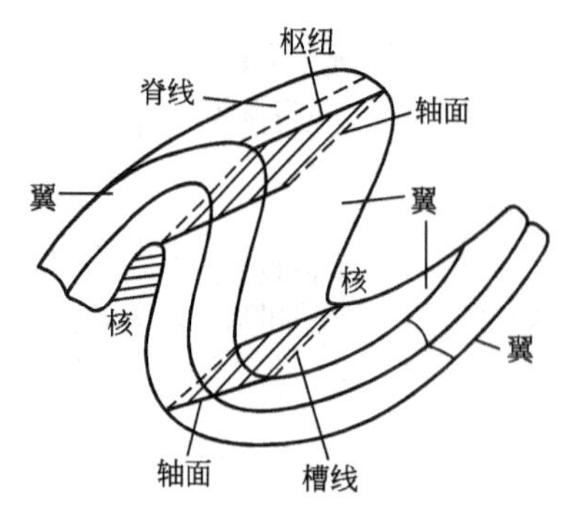

图 3.21 褶曲要素

为了描述和表示褶曲在空间的形态特征，对褶曲各个组成部分给予一定的名称，称为褶曲要素，如图 3.21 所示。褶曲要素包括以下内容。

(1) 核部。指褶曲中心部位的岩层。

(2) 翼部。指褶曲核部两侧部位的岩层。

(3) 轴面。指通过核部大致平分褶曲两翼的假想平面。根据褶曲的形态，轴面可以是一个平面，也可以是一个曲面；可以是直立的面，也可以是一个倾斜、平卧或卷曲的面。

(4) 轴线。指轴面与水平面或垂直面的交线，代表褶曲在水平面或垂直面上的延伸方向。根据轴面的情况，轴线可以是直线，也可以是曲线。

(5) 枢纽。指褶曲中同一岩层面上最大弯曲点的连线。根据褶曲的起伏形态，枢纽可以是直线也可以是曲线；可以是水平线，也可以是倾斜线。

(6) 脊线。背斜横剖面上弯曲的最高点称为顶，背斜中同一岩层面上最高点的连线称为脊线。

(7) 槽线。向斜横剖面上弯曲的最低点称为槽，向斜中同一岩层面上最低点的连线称为槽线。

3. 褶曲分类

褶曲的形态多种多样，不同形态的褶曲反映了褶曲形成时不同的力学条件及成因。为了更好地描述褶曲在空间的分布，研究其成因，常以褶曲的形态为基础，对褶曲进行分类。下面介绍两种形态分类。

1) 按褶曲横剖面形态分类

即按横剖面上轴面及两翼岩层产状分类，可分为直立褶曲、倾斜褶曲、倒转褶曲、平卧褶曲，如图 3.22 所示。

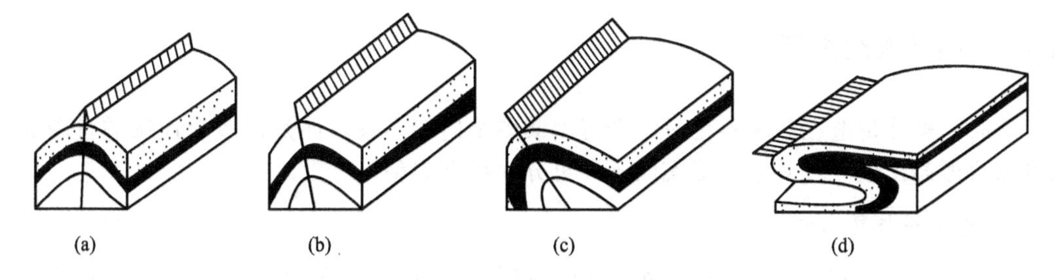

图 3.22 褶曲按横剖面形态分类

(a) 直立褶曲；(b) 倾斜褶曲；(c) 倒转褶曲；(d) 平卧褶曲

(1) 直立褶曲。轴面直立，两翼岩层倾向相反，倾角大致相等。

(2) 倾斜褶曲。轴面倾斜，两翼岩层倾向相反，倾角不相等。

(3) 倒转褶曲。轴面倾斜，两翼岩层倾向相同，其中一翼为倒转岩层。

(4) 平卧褶曲。轴面近水平，两翼岩层产状近水平，其中一翼为倒转岩层。

2) 按褶曲纵剖面形态分类

即按枢纽产状分类，可分为水平褶曲和倾伏褶曲，如图 3.20 所示。

(1) 水平褶曲。枢纽近于水平，呈直线状延伸较远，两翼岩层界线基本平行，如图 3.20(a)所示。若褶曲长宽比大于 10∶1，在平面上呈长条状，则称为线状褶曲。

(2) 倾伏褶曲。枢纽向一端倾伏，另一端昂起，两翼岩层界线不平行，在倾伏端交汇成封闭曲线，如图 3.20(b)和图 3.23 所示。若褶曲枢纽两端同时倾伏，则岩层界线呈环状封闭，其长宽比为 10∶1～3∶1 时，称为短轴褶曲。其长宽比小于 3∶1 时，背斜称为穹窿构造，向斜称为构造盆地。

4. 褶曲存在的判别

岩层受力挤压弯曲后，形成向上隆起的背斜和向下凹陷的向斜，但经地表营力的长期

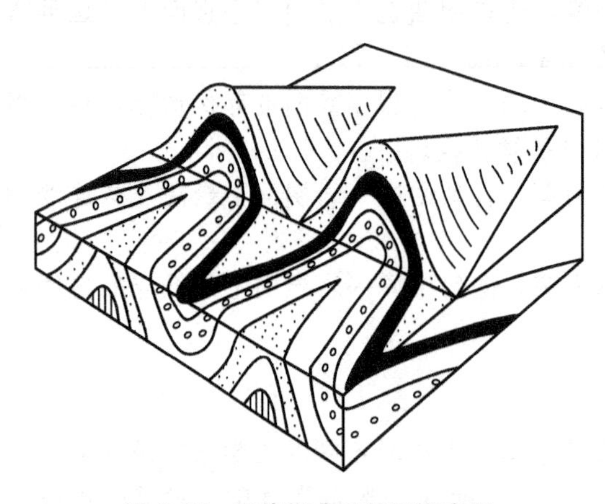

图 3.23　倾伏褶曲及其平面表现

改造，或地壳运动的重新作用，原有的隆起和凹陷在地表面有时可能看不出来。为对褶曲形态做出正确鉴定，此时应主要根据地表面出露地层的分布特征进行判别。一般来讲，当地表地层出现对称重复时，则有褶曲存在。如核部岩层老，两翼岩层新，则为背斜；如核部岩层新，两翼岩层老，则为向斜，见图 3.20。然后，可根据两翼岩层产状和地层界线的分布情况进一步分类。两翼岩层倾向相反，倾角相等则为直立褶曲；两翼岩层倾向相反，倾角不等则为倾斜褶曲；两翼岩层倾向相同，其中一翼岩层倒转则为倒转褶曲。两翼岩层界线彼此基本平行延伸则为水平褶曲；两翼岩层界线在一端弯曲封闭则为倾伏褶曲。在进行褶曲定名时，应按褶曲横剖面分类、褶曲纵剖面分类和褶曲基本形式进行综合定名，如倾斜倾伏背斜。

3.4.2　褶皱构造类型

有时，褶曲构造在空间不是呈单个背斜或单个向斜出现，而是以多个连续的背斜和向斜的组合形态出现。按其组合形态的不同可分为以下类型。

1. 复背斜与复向斜

由一系列连续弯曲的褶曲组成的一个大背斜或大向斜，前者称复背斜，后者称复向斜，如图 3.24(a)、(b)。复背斜和复向斜一般出现在构造运动作用强烈的地区。

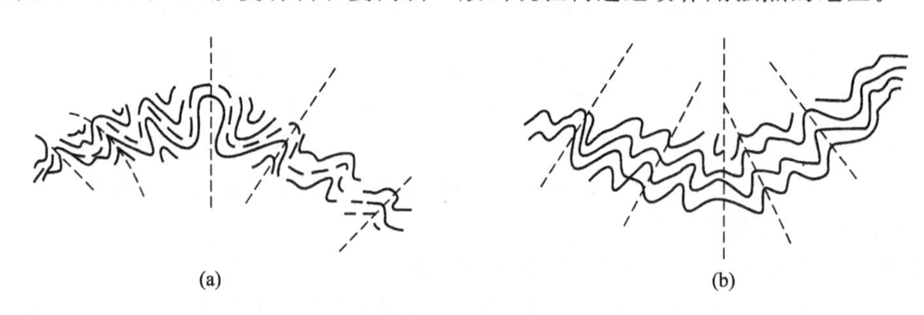

图 3.24　复背斜和复向斜

(a) 复背斜；(b) 复向斜

2. 隔档式与隔槽式

由一系列轴线在平面上平行延伸的连续弯曲的褶曲组成。当背斜狭窄，向斜宽缓时，称隔档式；当背斜宽缓，向斜狭窄时，称隔槽式，如图 3.25(a)、(b)所示。这两种褶皱多出现在构造运动相对缓和的地区。

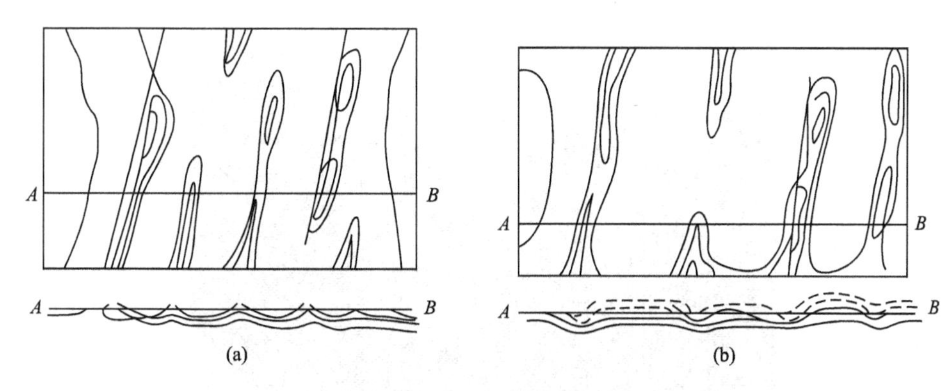

图 3.25 隔档式和隔槽式褶皱

(a) 隔档式褶皱；(b) 隔槽式褶皱

3.5 断裂构造

岩层受构造运动作用，当所受的构造应力超过岩石强度时，岩石的连续完整性遭到破坏，产生断裂，称为断裂构造。按照断裂后两侧岩层沿断裂面有无明显的相对位移，又分节理和断层两种类型。

3.5.1 节理

节理是指岩层受力断开后，裂面两侧岩层沿断裂面没有明显相对位移时的断裂构造。节理的断裂面称为节理面。节理分布普遍，几乎所有岩层中都有节理发育。节理的延伸范围变化较大，由几厘米到几十米不等。节理在空间的状态称为节理产状，其定义和测量方法与岩层产状类似。节理常把岩层分割成形状不同、大小不等的岩块，没有节理的岩石强度与包含节理的岩体强度明显不同。岩石边坡失稳和隧道洞顶坍塌等往往与节理有关。

1. 节理分类

节理可按成因、力学性质、与岩层产状的关系和张开程度等分类。

1) 按成因分类

节理按成因可分为原生节理、构造节理和表生节理。也有学者分为原生节理和次生节理，次生节理再分为构造节理和非构造节理。

(1) 原生节理。指岩石形成过程中形成的节理。如玄武岩在冷却凝固时体积收缩形成的柱状节理，如图 3.26 所示。

(2) 构造节理。指由构造运动产生的构造应力形成的节理。构造节理常常成组出现，可将其中一个方向的平行节理称为一组节理。同一期构造应力形成的各组节理有力学成因上的联系，并按一定规律组合，例如同一构造应力形成的两组相交节理被称为一组共轭 X 剪切节理，其锐角方向一般为构造应力方向，如图 3.27 所示。不同时期的节理常对应错开，如图 3.28 所示。

图 3.26　玄武岩柱状节理

图 3.27　共轭 X 剪切节理

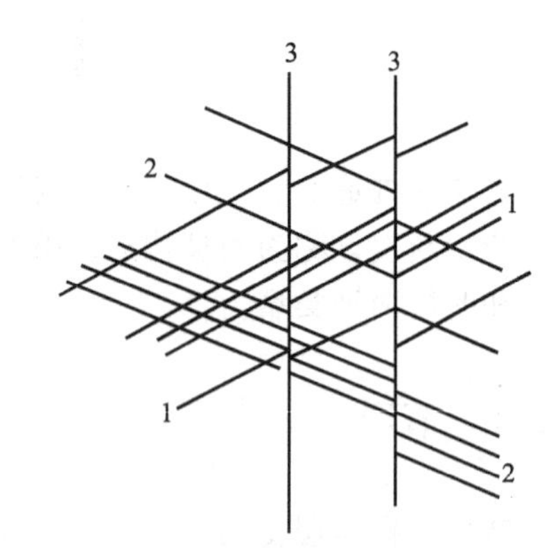

图 3.28　不同时期的节理常对应错开

(3) 表生节理。由卸荷、风化、爆破、溶蚀等作用形成的节理，分别称为卸荷节理、风化节理、爆破节理、溶蚀节理等。也称这种节理为裂隙，属非构造的次生节理。表生节理一般分布在地表浅层，大多无一定方向性，向地下深处逐渐消失。

2) 按力学性质分类

(1) 张节理。可以是构造节理，也可以是表生节理、原生节理等，由张应力作用形成。张节理张开度较大，透水性好，节理面粗糙不平，在砾岩中常绕开砾石，如图 3.29 中Ⅰ所示。

(2) 剪节理。一般为构造节理，由剪应力形成的剪切破裂面组成。一般与主应力成 $(45^\circ-\varphi/2)$ 角度相交，其中 φ 为岩石内摩擦角。剪节理一般成对出现，相互交切为 X 状。剪节理面多平直，常呈密闭状态，或张开度很小，在砾岩中可以切穿砾石，如图 3.29 所示中Ⅱ所示。

3) 按与岩层产状的关系分类

(1) 走向节理。节理走向与岩层走向平行。

(2) 倾向节理。节理走向与岩层倾向平行。

(3) 斜交节理。节理走向与岩层走向斜交。

节理按与岩层产状分类如图 3.30 所示。

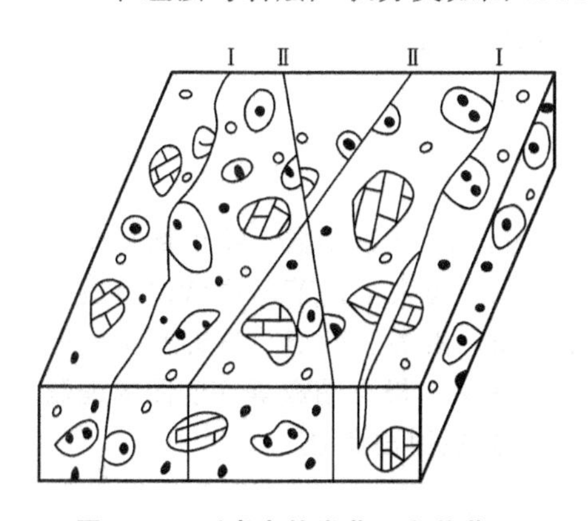

图 3.29 砾岩中的张节理和剪节理

Ⅰ—张节理；Ⅱ—剪节理

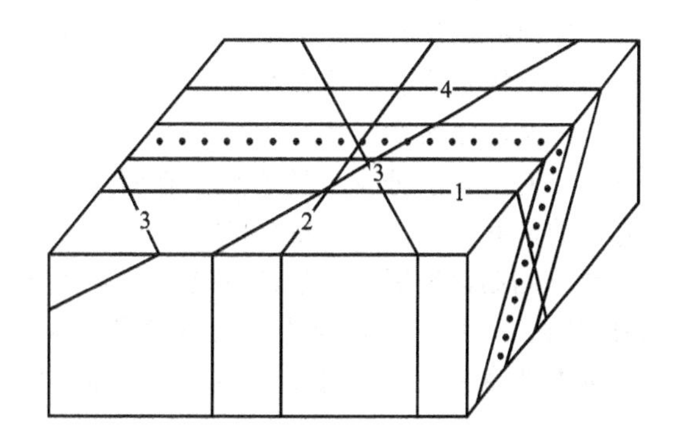

图 3.30 节理与岩层产状关系分类

1—走向节理；2—倾向节理；3—斜交节理；4—岩层走向

4）按张开程度分类

(1) 宽张节理。节理缝宽度大于 5mm。

(2) 张开节理。节理缝宽度为 3～5mm。

(3) 微张节理。节理缝宽度为 1～3mm。

(4) 闭合节理。节理缝宽度小于 1mm。

2. 节理发育程度分级

根据节理的组数、密度、长度、张开度及充填情况，将节理发育情况分级，见表 3-3。

表 3-3 节理发育程度分级

节理发育程度等级	基 本 特 征
节理不发育	节理 1～2 组，规则，为构造型，间距在 1m 以上，多为密闭节理。岩体切割成大块状
节理较发育	节理 2～3 组，呈 X 形，较规则，以构造型为主，多数间距大于 0.4m，多为密闭节理，部分为微张节理，少有充填物。岩体切割成大块状
节理发育	节理 3 组以上，不规则，呈 X 形或米字形，以构造型或风化型为主，多数间距小于 0.4m，大部分为张开节理，部分有充填物。岩体切割成块石状
节理很发育	节理 3 组以上，杂乱，以风化型和构造型为主，多数间距小于 0.2m，以张开节理为主，有个别宽张节理，一般均有充填物。岩体切割成碎裂状

3. 节理的调查内容

节理是广泛发育的一种地质构造，工程地质勘察时应对其进行调查，主要包括以下内容。

(1) 节理的成因类型、力学性质。

(2) 节理的组数、密度和产状。节理的密度一般采用线密度或体积节理数表示。线密度以“条/m”为单位计算。体积节理数(J_v)用单位体积内的节理数表示。

(3) 节理的张开度、延长度、节理面壁的粗糙度和强度。

(4) 节理的充填物质及其厚度、含水情况。

(5) 节理发育程度分级。

此外，对节理十分发育的岩层，在野外许多岩体露头上可以观察到数十条至数百条节理。它们的产状多变，为了确定它们的主导方向，必须对每个露头上的节理产状逐条进行测量统计，编制该地区的节理玫瑰花图、极点图或等密度图，由图上确定节理的密集程度及优势方向。一般在 $1m^2$ 露头上进行测量统计。节理玫瑰花图、极点图或等密度图的编制方法，可参考由韩毅、李隽蓬主编的《铁路工程地质》(中国铁道出版社)。

3.5.2 断层

断层是指岩层受力断开后，断裂面两侧岩层沿断裂面有明显相对位移时的断裂构造。断层广泛发育，规模相差很大。大的断层延伸数百千米甚至上千千米，小的断层在手标本上就能见到。有的深大断层切穿了地壳岩石圈，有的则发育在地表浅层。断层是一种重要的地质构造，对工程建筑的稳定性起着重要作用。地震与活动性断层有关，隧道开挖中不少坍方、突水和大变形也与断层有关。

1. *断层要素*

为阐明断层的空间分布状态和断层两侧岩层的运动特征，给断层各组成部分赋予一定名称，这些断层的组成部分称为断层要素，如图 3.31 所示。

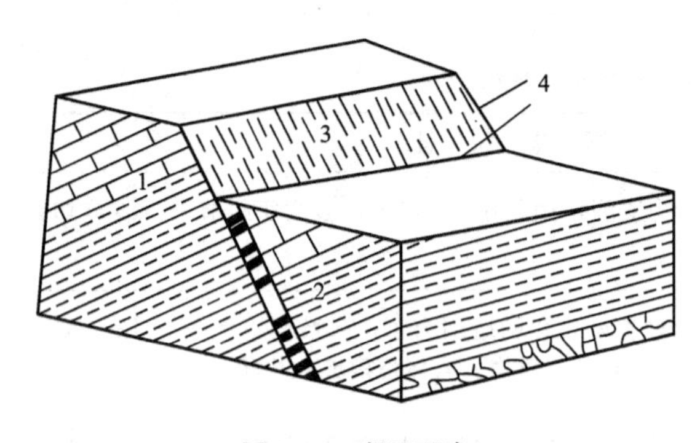

图 3.31 断层要素

1、2—断盘(1 为下盘，2 为上盘)；3—断层面；4—断层线

1) 断层面

指断层中两侧岩层沿其运动的破裂面。它可以是一个平面，也可以是一个曲面。断层面的产状用走向、倾向、倾角表示，其测量方法和表述方法与岩层产状相同。有些断层的断层面间有一定宽度的破碎带，称为断层破碎带，其破碎的岩石称为断层角砾岩或构造角砾岩，简称构造岩。

2) 断层线

指断层面与地平面或垂直面的交线，代表断层面在地面或垂直面上的延伸方向。它可以是直线，也可以是曲线。

3) 断盘

断层两侧相对位移的岩层称为断盘。当断层面倾斜时，位于断层面上方的岩层称为上盘，位于断层面下方的岩层称为下盘。

4) 断距

指岩层中同一点被断层断开后的位移量。其移动的直线距离称为总断距，其水平分量称为水平断距，其垂直分量称为垂直断距。

2. 断层常见分类

1）按断层上、下两盘相对运动方向分类

这种分类是断层的基本分类，分为正断层、逆断层和平移断层3种。

（1）正断层。指上盘相对向下运动，下盘相对向上运动的断层，如图3.32所示。正断层一般受拉张力作用或受重力作用而形成，断层面多陡直，倾角大多在45°以上。正断层可以单独出露，也可以呈多个连续组合形式出露，如地堑、地垒和阶梯状断层，如图3.33所示。走向大致平行的多个正断层，当中间地层为共同的下降盘时，称为地堑；当中间地层为共同的上升盘时，称为地垒。组成地堑或地垒两侧的正断层，可以单条产出，也可以由多条产状近似的正断层组成，将一侧依次向下断落的正断层称为阶梯状断层。

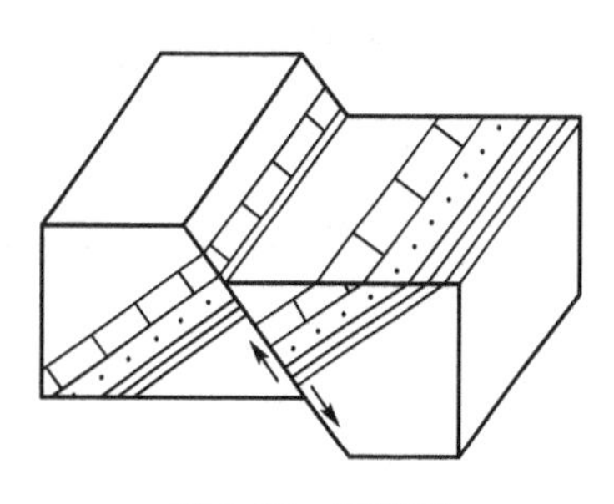

图3.32　正断层

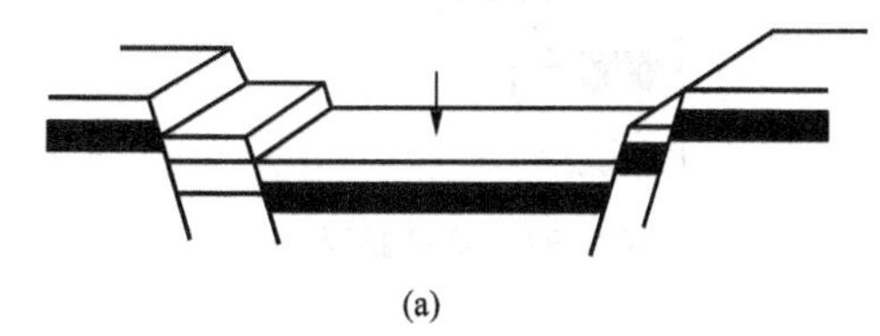

(a)

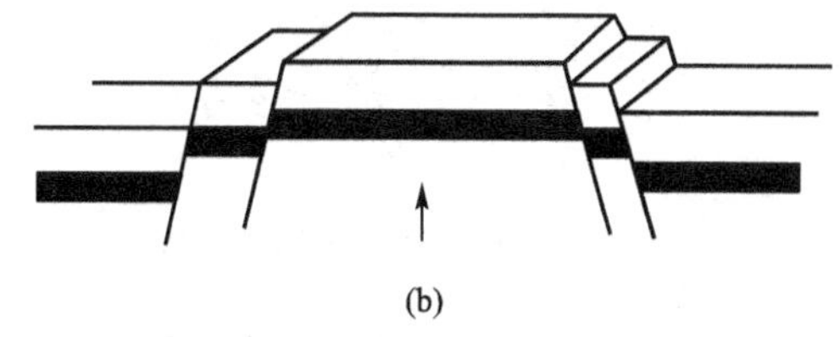

(b)

图3.33　地堑和地垒

(a) 地堑；(b) 地垒

（2）逆断层。指上盘相对向上运动，下盘相对向下运动的断层，如图3.34所示。逆断层主要受挤压作用形成，常与褶皱伴生。按断层面倾角，可将逆断层划分为逆冲断层、逆掩断层和辗掩断层。

图3.34　逆断层

① 逆冲断层。断层面倾角大于45°的逆断层。

② 逆掩断层。断层面倾角在25°～45°之间的逆断层。常由倒转褶曲进一步发展而成。

③ 辗掩断层。断层面倾角小于25°的逆断层。一般规模巨大，常有时代老的地层被推覆到时代新的地层之上，形成推覆构造，如图3.35所示。

当一系列逆断层大致平行排列，在横剖面上看，各断层的上盘依次上冲时，其组合形式称为迭瓦式断层，如图3.36所示。

（3）平移断层。指断层两盘主要在水平方向上相对错动的断层，如图3.37所示。

平移断层主要由水平剪切作用形成，断层面常陡立，断层面上可见水平的擦痕。

有时会出现正断层与平移断层或逆断层与平移断层的组合形式，称为正-平移断层和逆-平移断层。

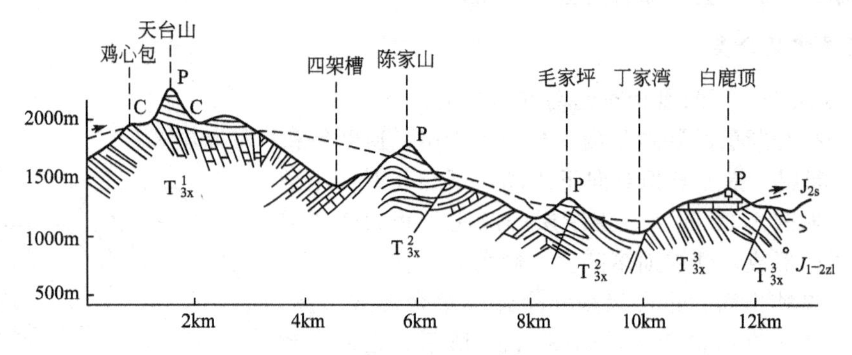

图 3.35　四川彭州逆冲推覆构造

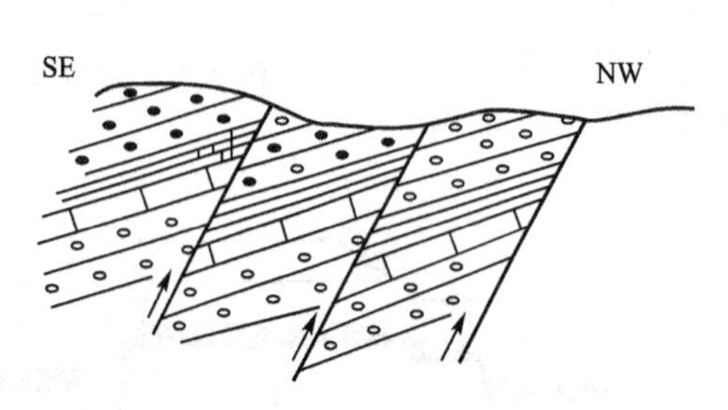

图 3.36　迭瓦式逆断层

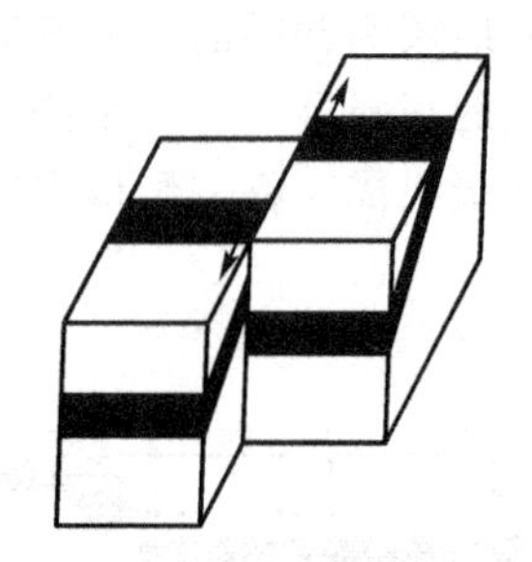

图 3.37　平移断层

2）按断层面产状与岩层产状的关系分类

（1）走向断层。断层走向与岩层走向一致的断层，见图 3.38 中的 F_1 断层。

（2）倾向断层。断层走向与岩层倾向一致的断层，见图 3.38 中的 F_2 断层。

（3）斜向断层。断层走向与岩层走向斜交的断层，见图 3.38 中的 F_3 断层。

3）按断层走向与褶曲轴线的关系分类

（1）纵断层。断层走向与褶曲轴线平行的断层。

（2）横断层。断层走向与褶曲轴线垂直的断层。

（3）斜断层。断层走向与褶曲轴线斜交的断层。

断层走向与褶曲轴线的关系如图 3.39 所示。

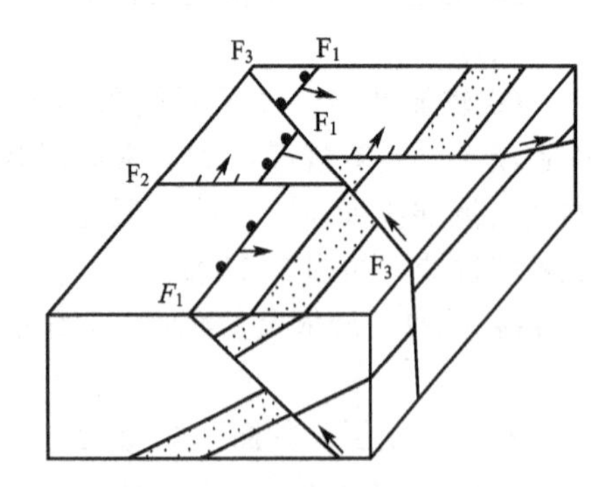

图 3.38　断层引起的不连续现象

F_1—走向断层；F_2—倾向断层；F_3—斜向断层

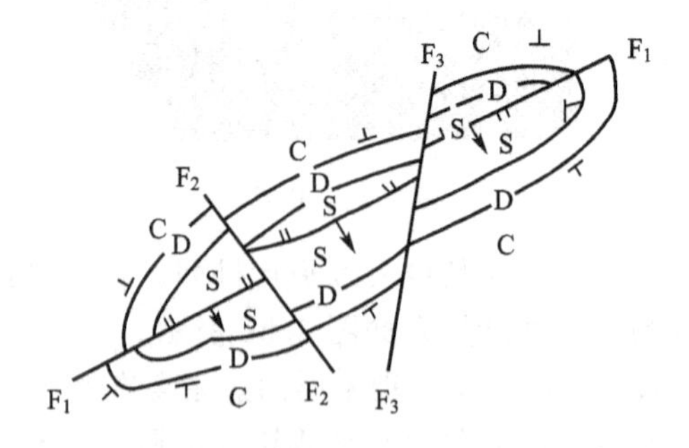

图 3.39　断层走向与褶曲线的关系

F_1—纵断层；F_2—横断层；F_3—斜断层

当断层面切割褶曲轴时，同一地层出露界线的宽窄在断层上、下盘常发生变化，背斜上升盘核部同一地层出露界线变宽，向斜上升盘核部同一地层出露界线变窄，反之亦然，如图 3.40 所示。

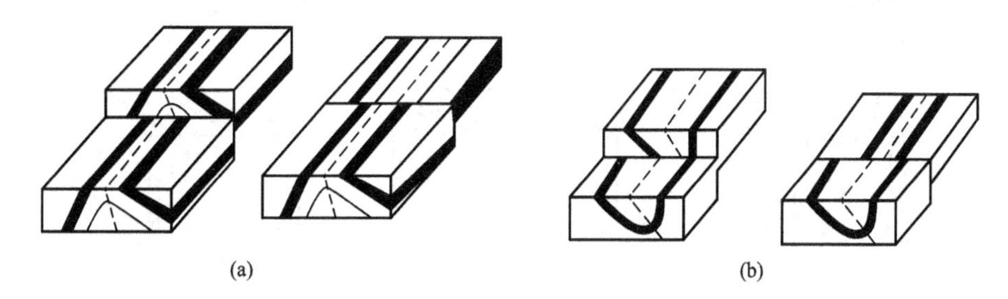

图 3.40 褶曲被横断层错断引起的效应

(a) 背斜上升；(b) 向斜上升

4) 按断层力学性质分类

(1) 压性断层。由压应力作用形成，其走向垂直于主压应力方向，多呈逆断层形式，断面为舒缓波状，断裂带宽大，常有断层角砾岩。

(2) 张性断层。在张应力作用下形成，其走向垂直于张应力方向，常为正断层形式，断层面粗糙，多呈锯齿状。

(3) 扭性断层。在切应力作用下形成，与主压应力方向交角小于 45°，常成对出现。断层面平直光滑，常有大量擦痕。

3. 断层存在的判别

1) 构造线标志

同一地层(岩层)分界线、不整合接触界面、侵入岩体与围岩的接触界面、岩脉、褶曲轴线、早期断层线等，在平面或剖面上出现了不连续，即突然中断或错开，则有断层存在，如图 3.38、图 3.39 所示。

2) 地层(岩层)分布标志

一套顺序排列的地层(岩层)，由于走向断层的影响，常造成部分地层的重复或缺失现象，即断层使地层发生错动后，经地表剥蚀夷平作用将两盘地层剥蚀在同一水平面时，会使原来顺序排列的地层出现重复或缺失现象。通常可造成 6 种情况的地层重复和缺失，见表 3-4 和如图 3.41 所示。

表 3-4 走向断层造成的地层重复和缺失

断层性质	断层倾斜与地层倾斜的关系		
	两者倾向相反	两者倾向相同	
		断层倾角大于岩层倾角	断层倾角小于岩层倾角
正断层 逆断层	重复 [图 3.41(a)] 缺失 [图 3.41(d)]	缺失 [图 3.41(b)] 重复 [图 3.41(e)]	重复 [图 3.41(c)] 缺失 [图 3.41(f)]
断层两盘相对动向	下降盘出现新地层	下降盘出现新地层	上升盘出现新地层

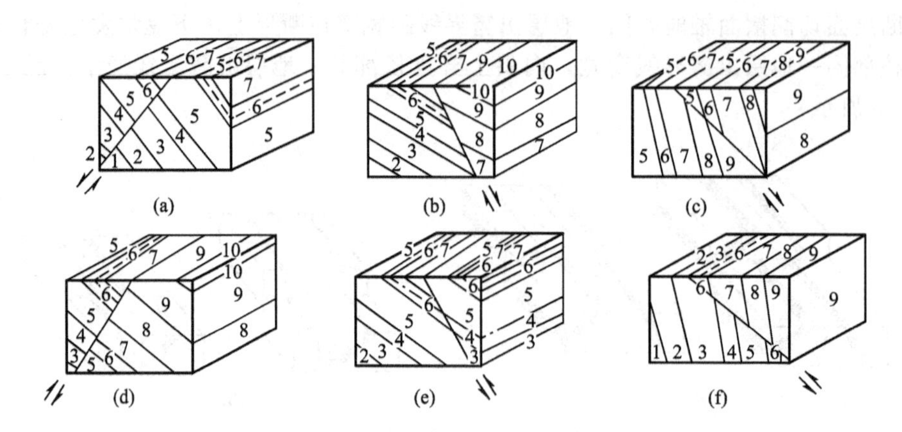

图 3.41　走向断层造成的地层重复和缺失

(a) 正断层重复；(b) 正断层缺失；(c) 正断层重复；

(d) 逆断层缺失；(e) 逆断层重复；(f) 逆断层缺失

3) 断层的伴生现象

当断层通过时，在断层面(带)及其附近常形成一些构造伴生现象，也可作为断层存在的标志。

(1) 擦痕、阶步和摩擦镜面。断层上、下盘沿断层面做相对运动时，因摩擦作用，在断层面上形成一些刻痕、小阶梯或磨光的平面，分别称为擦痕、阶步和摩擦镜面，如图 3.42 所示。

(2) 断层角砾岩（构造角砾岩）。因地应力沿断层面集中释放，常造成断层面处岩体十分破碎，形成一个破碎带，称为断层破碎带。破碎带宽十几厘米至几百米不等，破碎带内碎裂的岩、土体经胶结后称断层角砾岩。断层角砾岩中碎块颗粒直径一般大于 2mm；当碎块颗粒直径为 0.1～2mm 时称碎裂岩；当碎块颗粒直径小于 0.1mm 时称糜棱岩；当颗粒均研磨成泥状时称断层泥。

(3) 牵引现象。断层运动时，断层面附近的岩层受断层面上摩擦阻力的影响，在断层面附近形成弯曲现象，称为断层牵引现象，其弯曲方向一般为本盘运动方向，如图 3.43 所示。

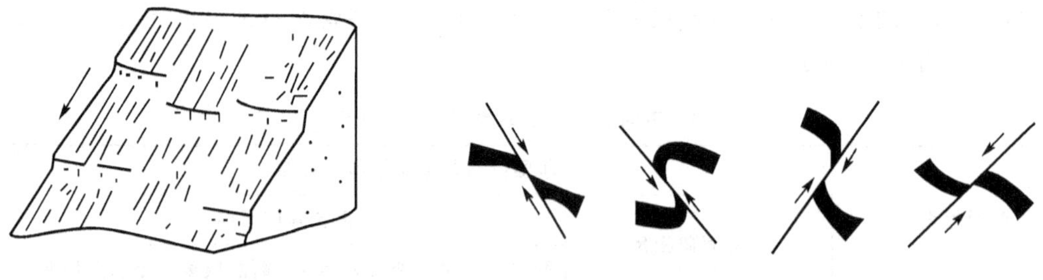

图 3.42　擦痕与阶步　　**图 3.43　牵引现象**

4) 地貌标志

在断层通过地区，沿断层线常形成一些特殊地貌现象。

(1) 断层崖和断层三角面。在断层两盘的相对运动中，上升盘常常形成陡崖，称为断层崖，如峨眉山金顶舍身崖、昆明滇池西山龙门陡崖。当断层崖受到与崖面垂直方向的地表流水侵蚀切割，使原崖面形成一排平行的三角形陡壁时，称为断层三角面。

(2) 断层湖、断层泉。沿断层带常形成一些串珠状分布的断陷盆地、洼地、湖泊、泉水等，可指示断层延伸方向。

(3) 错断的山脊、急转的河流。正常延伸的山脊突然被错断，或山脊突然断陷成盆地、平原，正常流经的河流突然产生急转弯，一些顺直深切的河谷，均可指示断层延伸的方向。

判断一条断层是否存在，主要是依据构造线不连续和地层的重复、缺失这两个标志。其他标志只能作为辅证，不能依此下定论。

4. 断层性质的判别

判别断层性质，首先要确定断层面的产状，从而确定出断层的上、下盘，再确定上、下盘的运动方向，进而确定断层的性质。断层上、下盘运动方向，可由以下几点判别。

(1) 地层时代。在断层线两侧，当地层时代不一致时，多数情况下上升盘出露地层较老，下降盘出露地层较新。地层倒转时相反。

(2) 地层界线。当断层横截褶曲时，背斜上升盘核部地层界线变宽，向斜上升盘核部地层界线变窄。

(3) 断层伴生现象。刻蚀的擦痕凹槽较浅的一端、阶步陡坎所指方向，均指示对盘运动方向。牵引现象弯曲方向指示本盘运动方向。

(4) 符号识别。在地质图上，断层一般用粗红线醒目地标示出来，断层性质用相应符号表示，如图 3.44 所示。正断层和逆断层符号中，箭头所指方向为断层面倾向，角度为断层面倾角，短齿所指方向为上盘运动方向。平移断层符号中箭头所指方向为本盘运动方向。

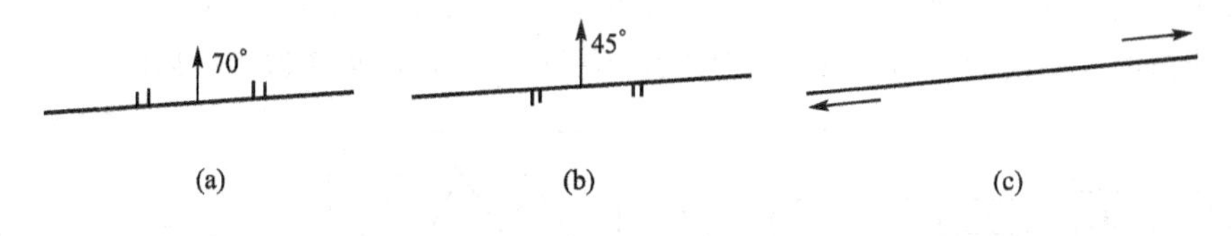

图 3.44 断层符号

(a) 正断层；(b) 逆断层；(c) 平移断层

3.6 地质构造对工程建筑物稳定性的影响

地质构造对工程建筑物的稳定有很大的影响，由于工程位置选择不当，误将工程建筑物设置在地质构造不利的部位，引起建筑物失稳破坏的实例时有发生，对此必须有充分认识。下面分别就边坡、隧道和桥基三种建筑物与地质构造的关系作一简要说明。

岩层产状与岩石路堑边坡坡向间的关系控制着边坡的稳定性。当岩层倾向与边坡坡向一致，岩层倾角等于或大于边坡坡角时，边坡一般是稳定的。若岩层倾角小于坡角，则岩层因失去支撑而有滑动的趋势产生；此时如果岩层层间结合较弱或有软弱夹层时，则易发生滑坡，如成昆铁路铁西滑坡就是因坡脚采石，引起沿黑色页岩软弱夹层滑动。当岩层倾向与边坡坡向相反时，若岩层完整、层间结合好，边坡是稳定的；若岩层层间结合差，有倾向坡外的节理发育，且倾角较大，贯通性好，则容易发生滑坡或崩塌。开挖在水平岩层或直立岩层中的路堑边坡，一般是稳定的，如图 3.45 所示。

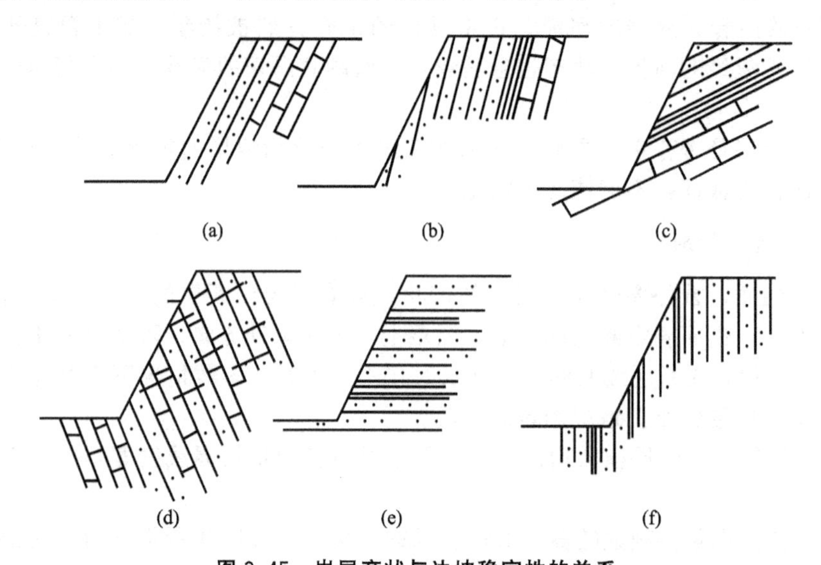

图 3.45　岩层产状与边坡稳定性的关系

(a)、(b) 稳定；(c) 易滑；(d) 易崩；(e)、(f) 稳定

隧道位置与地质构造关系密切。穿越水平岩层的隧道，应选择在岩石坚硬、层厚、完整性好的岩层中，如完整性好的石灰岩或砂岩等。在软、硬相间的情况下，隧道拱部应当尽量设置在硬岩中，设置在软岩中有可能发生坍塌。当隧道垂直穿越岩层时，在软、硬岩相间的不同岩层中，由于软岩层间结合差，在软岩部位，隧道拱顶常发生顺层坍方。当隧道轴线顺岩层走向通过时，倾向洞内的一侧岩层易发生顺层坍滑，边墙承受偏压，如图 3.46 所示。

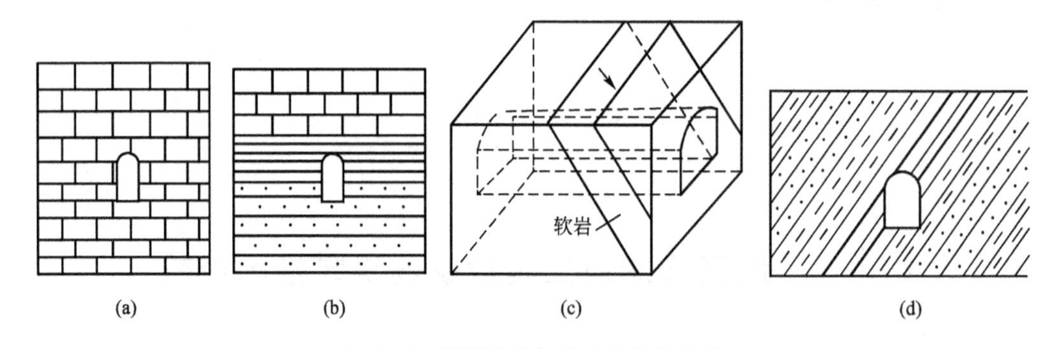

图 3.46　隧道位置与岩层产状的关系

(a) 水平岩层；(b) 水平的软、硬相间岩层；(c) 垂直走向穿越岩层；(d) 倾斜岩层

图 3.46(a)为水平岩层，隧道位于同一岩层中；图 3.46(b)为水平的软、硬相间岩层，隧道拱顶位于软岩中，易坍方；图 3.46(c)为垂直走向穿越岩层，隧道穿过软岩时易发生顺层坍方；图 3.46(d)为倾斜岩层，隧道顶部右上方岩层倾向洞内侧，岩层易顺层滑动，且受到偏压。

一般情况下，应当避免将隧道设置在褶曲的轴部，该处岩层弯曲，节理发育，地下水常常由此渗入地下，容易诱发坍方和突水，如图 3.47 所示。向斜轴部常为聚水构造，开挖隧洞常遇涌、突水和突泥。通常尽量将隧道位置选在褶曲翼部或横穿褶曲轴。隧道横穿背斜时，其两端的拱顶压力大，中部岩层压力小；隧道横穿向斜时，情况则相反，如图 3.48 所示。

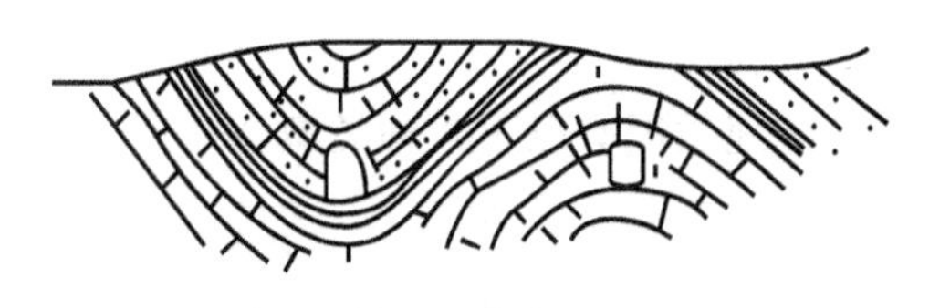

图 3.47 隧道沿褶曲轴通过

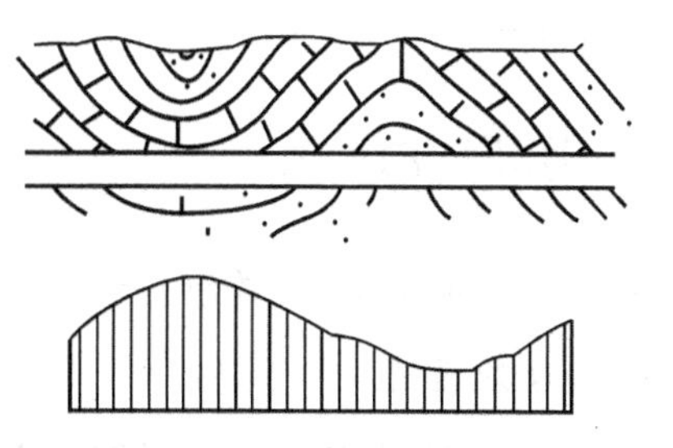

图 3.48 隧道横穿褶曲轴时岩层压力分布情况

断层破碎带岩石破碎，常夹有许多断层泥，断层附近的影响带节理裂隙发育，应尽量避免将工程建筑直接放在断层上或其附近。如京原线 10 号大桥位于几条断层交叉点，桥位选择极困难，多次改变设计方案，桥跨由 16m 改为 23m，又改为 43m，最后以 33.7m 跨越断层带，如图 3.49 所示。

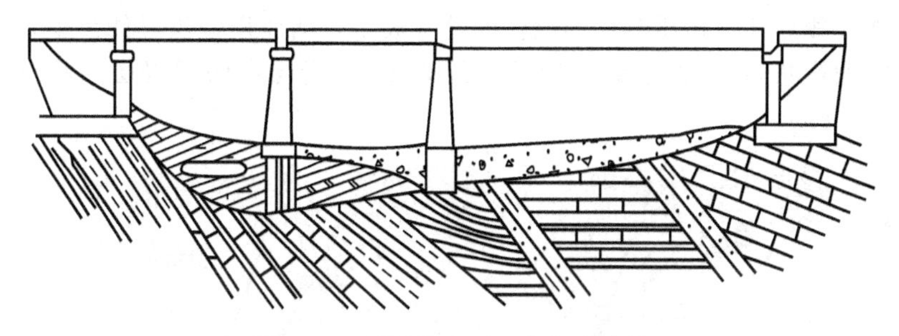

图 3.49 桥梁墩台避开断层破碎带

对于不活动的断层。墩台必须设在断层上时，应根据具体情况采用相应的处理措施。

(1) 桥高在 30m 以下，断层破碎带通过桥基中部，宽度在 0.2m 以上，又有断层泥等充填物，应沿断层带挖除充填物，灌注混凝土或嵌补钢筋网，以增加基础强度及稳定性。

(2) 断层带宽度不足 0.2m，两盘均为坚硬岩石时，一般可以不做处理。

(3) 断层带分布于基础一角时，应将基础扩大加深，再以钢筋混凝土补角加强，增加其整体性。

(4) 当基底大部分为断层破碎带，仅局部为坚硬岩层，构成软、硬不均地基时，在墩台位置无法调整的情况下，可炸除坚硬岩层，加深并换填与破碎带强度相当的土层，扩大基础，使应力均衡，防止因不均匀沉陷而使墩台倾斜破坏。

(5) 桥高超过 30m，且基底断层破碎带的范围较大时，一般采用钻孔桩或挖孔桩嵌入下盘，使基底应力传递到下盘坚硬岩层上。

铁路选线时，应尽量避开大断裂带，线路不应沿断裂带走向延伸，在条件不允许，必须穿过断裂带时，应大角度或垂直穿过断裂带。

此外，在活动断层上不宜修建筑物。

3.7 地质图的阅读与分析

地质图是把一个地区的各种地质现象，如地层岩性、地质构造等，按一定比例缩小，用规定的符号、颜色、花纹、线条表示在地形图上的一种图件。

3.7.1 地质图的种类

由于工作目的不同，绘制的地质图也不同，常见的地质图有以下几种类型。

1. 普通地质图

普通地质图通常简称为地质图，主要表示地区的地层分布、岩性及岩层产状、地质构造等基本地质内容的图件。一幅完整的普通地质图一般包括地质平面图、地质剖面图和综合地层柱状图，以及图名、比例、图例和接图等。地质剖面图和综合地层柱状图主要用于对地质平面图的补充和说明。

1）地质平面图

地质平面图反映地表相应位置分布的地质现象，主要反映地层岩性和地质构造。地层界线一般用细实线分开，地质时代用相应的符号表示，褶曲用地层界线反映，断层用断层线和相应的断面产状表示(断层线一般用红线表示)。岩层产状用岩层产状符号表示，如图 3.50 所示。

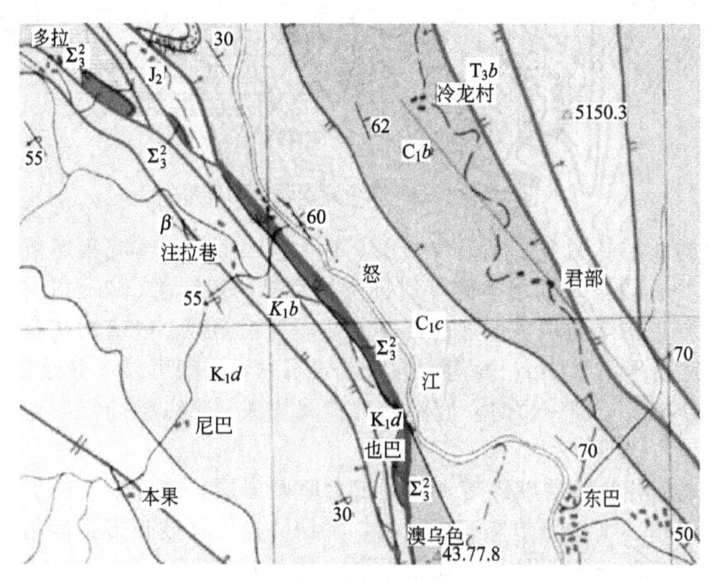

图 3.50 地质平面图

2）地质剖面图

地质剖面图反映某段地表以下的地质特征。一般在平面图中地质构造复杂的地段才做地质剖面图，主要用于帮助了解平面图中复杂地段的地质构造形态和相互关系，如图 3.51 所示。

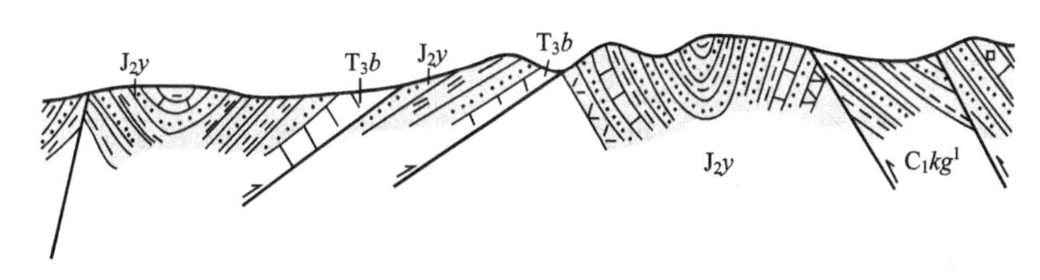

图 3.51 地质剖面图

3）综合地层柱状图

综合地层柱状图是以柱状图的方式综合反映测区内所有出露地层的时代、顺序、厚度、岩性和接触关系的一种图件。地层顺序按从上到下、由新到老的原则排列，如图 3.52 所示。综合地层柱状图中岩性用规定的花纹符号表示，地层接触关系用规定的接触界线表示。例如：整合接触用细实线，平行不整合接触用虚线，角度不整合用齿线，侵入接触用线 X 线，沉积接触用实线上方加点线。

界	系	统	岩石地层	符号	柱状图	厚度/m	岩性描述及化石
新生界	第四系	全新世		Q_4	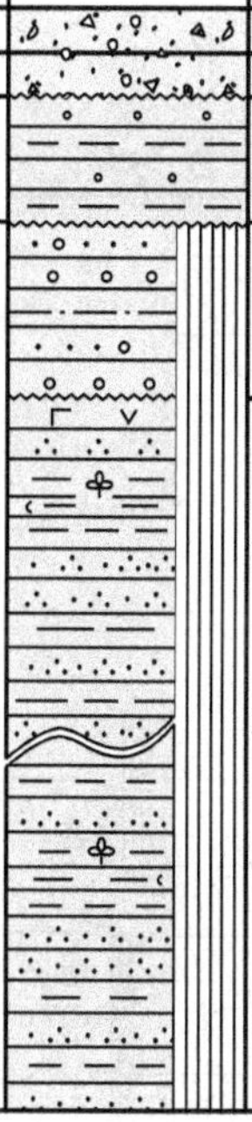	0¯8	冲积、洪积、坡残积、现代冰川堆积、粉砂、砂砾、砾石层
		更新世		Q_{1-3}		0¯00	冲积、洪积、冰碛物、砂砾、砾石层
	第三系	渐新世—始新世		E_{2-3}		>200	褐紫色砾岩，粘土岩
中生代	白垩系	下统	晚白垩世	K_2		>208	紫红色砾岩，含砾砂岩，粉砂质粘土岩
			早白垩世	K_1		>37.46	上部为深灰，灰色石英砾岩，粘土岩夹炭质页岩，顶部为玄武安山岩，含植物Weichselia reticulata及双壳类 下部为浅灰，灰色石英砾岩，粉砂岩，粘土岩壳夹炭质页岩与煤，含植物Weichselia reticulata，Klukia xizangensis

图 3.52 综合地层柱状图

2. 构造地质图

用规定的线条和符号，专门反映褶曲、断层等地质构造类型、规模和分布的图件。

3. 第四纪地质图

只反映第四纪松散沉积物的成因、年代、成分和分布情况的图件。

4. 基岩地质图

假想把第四纪松散沉积物“剥掉”，只反映第四纪以前基岩的时代、岩性和分布的图件。

5．水文地质图

反映地区水文地质资料的图件，可分为岩层含水性图、地下水化学成分图、潜水等水位线图、综合水文地质图等类型。

6．工程地质图

为各种工程建筑专用的地质图。如房屋建筑工程地质图、水库坝址工程地质图、矿山工程地质图、铁路工程地质图、公路工程地质图、港口工程地质图、机场工程地质图等。还可根据具体工程项目细分。如铁路工程地质图还可分为线路工程地质图、工点工程地质图。工点工程地质图又可分为桥梁工程地质图、隧道工程地质图、站场工程地质图等。各工程地质图有自己的平面图、纵剖面图和横剖面，如图 3.53 所示。

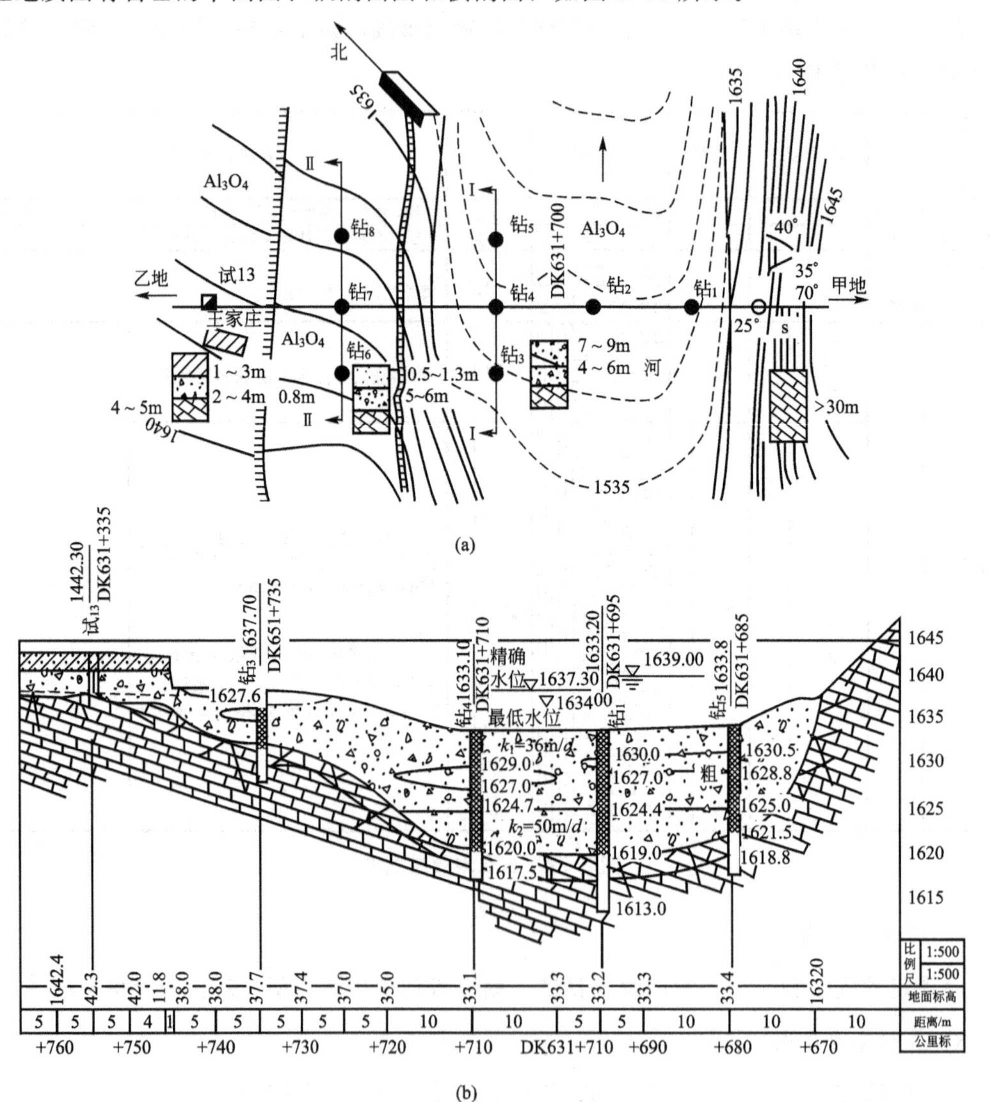

图 3.53　桥梁工程地质图

（a）平面图；（b）纵剖面图

工程地质图一般是在普通地质图的基础上，增加各种与工程建筑物及其有关的工程地质内容绘制而成。如在隧道工程地质纵剖面图上，表示出隧道位置、围岩类别、地下水位和水量、岩石风化界线、节理产状、影响隧道稳定性的各项地质因素等；在线路工程地质平面图上，绘出线路位置、滑坡、泥石流、崩塌落石等不良地质现象的分布情况等。

3.7.2 地质图的阅读步骤

1. 阅读步骤及阅读内容

地质图上内容多，线条、符号复杂，阅读时应遵循由浅入深、循序渐进的原则。一般步骤及内容如下。

1）图名、比例尺、方位

了解图幅的地理位置，图幅类别，制图精度。图上方位一般用箭头指北表示，或用经纬线表示。若图上无方位标志，则以图正上方为正北方。

2）地形、水系

通过图上地形等高线、河流径流线，了解地区地形起伏情况，建立地貌轮廓。地形起伏常常与岩性、构造有关。

3）图例

图例是地质图中采用的各种符号、代号、花纹、线条及颜色等的说明。通过图例，可对在地质图中的地层、岩性、地质构造建立起初步概念。

4）地质内容

一般按如下步骤进行。

(1) 地层岩性和接触关系。了解各时代地层及岩性的分布位置和地层间接触关系。

(2) 地质构造。了解褶曲及断层的位置、组成地层、产状、形态类型、规模、力学成因及相互关系等。

(3) 地质历史。根据地层、岩性、地质构造的特征，分析该地区地质发展历史。

2. 读图实例

阅读资治地区地质图，如图 3.54 所示。

1）图名、比例尺、方位

图名：资治地区地质图。

比例尺：1∶10000。图幅实际范围：1.8km×2.05km。

方位：图幅正上方为正北方。

2）地形、水系

本区有三条南北向山脉，其中东侧山脉被支沟截断。相对高差 350m 左右，最高点在图幅东南侧山峰，海拔 350m。最低点在图幅西北侧山沟，海拔 0m 以下。本区有两条流向北东的山沟，其中东侧山沟上游有一条支沟及其分支沟，支沟从北西方向汇入主沟。西侧山沟沿断层发育。

3）图例

由图例可见，本区出口的沉积岩由新到老依次为：二叠系(P)红色砂岩、上石炭系(C_3)石英砂岩、中石炭系(C_2)黑色页岩夹煤层、中奥陶系(O_2)厚层石灰岩、下奥陶系

(O_1)薄层石灰岩、上寒武系($\in_3$)紫色页岩、中寒武系($\in_2$)鲕状石灰岩。岩浆岩有前寒武系花岗岩(r_2)。地质构造方面有断层通过本区。

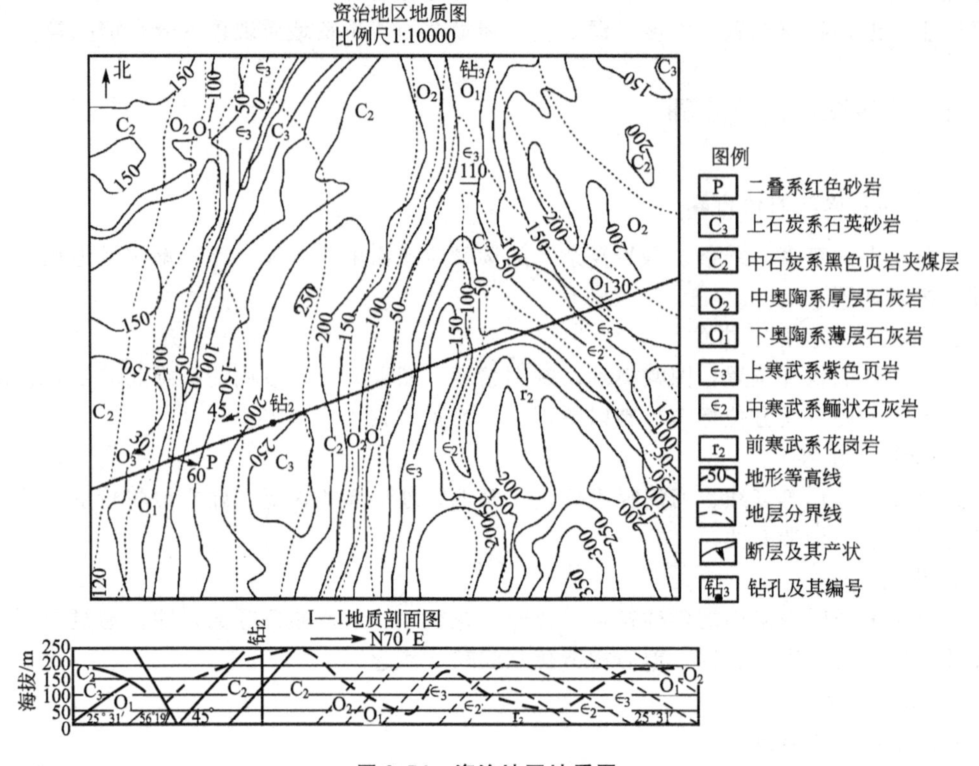

图 3.54　资治地区地质图

4）地质内容

(1) 地层分布与接触关系。

前寒武系花岗岩岩性较好，分布在本区东南侧山头一带。年代较新、岩性坚硬的上石炭系石英砂岩，分布在中部南北向山梁顶部和东北角高处。年代较老、岩性较弱的上寒武系紫色页岩，则分布在山沟底部。其余地层都依次位于山坡上。

从接触关系上看，花岗岩没有切割沉积岩的界线，且花岗岩形成年代老于沉积岩，其接触关系为沉积接触。中寒武系、上寒武系、下奥陶系、中奥陶系沉积时间连续，岩层产状彼此平行，是整合接触。中奥陶系与中石炭系之间缺失了上奥陶系、自留系、泥盆系、下石炭系的地层，沉积时间不连续，但岩层产状平行，是平行不整合接触。中石炭系、上石炭系、二叠系又为整合接触关系。本区最老地层为前寒武系花岗岩，最新地层为二叠系红色石英砂岩。

(2) 地质构造。

① 褶曲构造。由图 3.54 可见，图中以前寒武系花岗岩为中心，两边对称出现中寒武系至二叠系地层，其年代依次越来越新，故为一背斜构造。背斜轴线从南到北由北西转向正北。顺轴线方向观察，地层界线在北端封闭弯曲，沿弯曲方向凸出，所以这是一个轴线近南北，并向北倾伏的背斜，此倾伏背斜两翼岩层倾向相反，倾角不等，北东侧岩层倾角较缓(30°)，北西侧岩层倾角较陡(45°)，故为一倾斜倾伏背斜。轴面倾向北东东。

② 断层构造。本区西部有一条北北东向断层，断层走向与褶曲轴线大至平行，属纵断层。此断层的断层面倾向东，故东侧为上盘，西侧为下盘。断层面与岩层面倾向相反。比较断层线两侧的地层，东侧地层新，故为下降盘；西侧地层老，故为上升盘。因此该断层上盘下降，下盘上升，为正断层。由于断层线切割了二叠系的地层界线，断层生成年代应在二叠系后。由于断层两盘位移较大，说明断层规模大。断层带岩层破碎，沿断层形成沟谷。

③ 地质历史简述。根据以上读图分析，说明本地区在中寒武系至中奥陶系之间地壳下降，为接受沉积环境，沉积物的基底为前寒武系花岗岩。上奥陶系至下石炭系之间地壳上升，长期遭受风化剥蚀，没有沉积，缺失大量地层。中石炭系至二叠系之间地壳再次下降，接受沉积。中寒武系至中奥陶系期间以海相沉积为主，中石炭系至二叠系期间以陆相沉积为主。二叠系后遭受东西向挤压应力，形成倾斜倾伏背斜，并且地壳再次上升，长期遭受风化剥蚀，没有沉积。后来又遭受东西向拉张应力，形成纵向正断层。此后，本区趋于相对稳定至今。

3.7.3　地质剖面的制作

为分析判断复杂的地质构造，常制作地质剖面图。其制作步骤如下。

1. 选择剖面方位

剖面图主要反映图区内地下构造形态及地层岩性分布。制作剖面图前，首先要选定剖面线方向。剖面线应放在对地质构造有控制性的地区，其方向应尽量垂直岩层走向和构造线，这样才能表现出图区内的主要构造形态。选定剖面线后，应标在平面图上。

2. 确定剖面图比例尺

剖面图水平比例尺一般与地质平面图一致，这样便于作图。剖面图垂直比例尺可以与平面图相同，也可以不同。当平面图比例尺较小时，剖面图垂直比例尺通常大于水平比例尺。

3. 制作地形剖面图

按确定的比例尺作好水平坐标和垂直坐标。将剖面线与地形等高线的交点，按水平比例尺铅直投影到水平坐标轴上，然后根据各交点高程，按垂直比例尺将各投影点定位到剖面图相应高程位置，最后圆滑连接各高程点，就形成地形剖面图。

4. 制作地质剖面图

一般按如下步骤进行。

(1) 将剖面线与各地层界线和断层线的交点，按水平比例尺铅直投影到水平轴上，再将各界线投影点铅直定位在地形剖面图的剖面线上。如有覆盖层，下伏基岩的地层界线也应按比例标在地形剖面图上的相应位置。

(2) 按平面图示产状换算各地层界线和断层线在剖面图上的视倾角。当剖面图垂直比例尺与水平比例尺相同时，按下式计算：

$$\tan\beta = \tan\alpha \cdot \sin\theta \qquad (3-2)$$

式中：β——垂直比例尺与水平比例尺相同时的视倾角；

α——平面图上的真倾角；

θ——剖面线与岩层走向线所夹锐角。

当垂直比例尺与水平比例尺不同时，还要按下式再换算：

$$\tan\beta'=n\tan\beta \tag{3-3}$$

式中：β'——垂直比例尺与水平比例尺不同时的视倾角；

n——垂直比例尺放大倍数。

(3) 绘制地层界线和断层线。按视倾角的角度，并综合考虑地质构造形态，延伸地形剖面线上的各地层界线和断层线，并在下方标明其原始产状和视倾角。一般先画断层线，后画地层界线。

(4) 在各地层分界线内，按各套地层出露的岩性及厚度，根据统一规定的岩性花纹符号，画出各地层的岩层厚度和岩性花纹符号。

(5) 最后进行修饰。在剖面图上用虚线将断层线延伸，并在延伸线上用箭头标出上、下盘运动方向。遇到褶曲时，用虚线按褶曲形态将各地层界线弯曲连接起来，以恢复原始褶曲形态。在作出的地质剖面上，还要写上图名、比例尺、剖面方向和各地层年代符号，绘出图例和图签，即成一幅完整的地质剖面图，如图 3.54 所示。在工程地质剖面图上还需画出岩石强风化与中风化的界线、地下水位线、节理产状、钻孔等内容。

本章小结

本章主要介绍了地质作用的概念及类型、岩层产状、岩层产状的测量及表示、地层的概念、地质年代的确定、褶皱构造、断裂构造及地质图的识读等方面内容。

通过本章学习，应掌握地质作用的概念及类型；掌握岩层产状及产状要素的含义及岩层产状的测定和表示方法；掌握地层的概念、了解地质年代的确定方法、掌握岩层间各种接触关系的类型及特征；掌握褶皱构造的概念，了解褶皱构造的类型及判别方法；掌握断裂构造的概念及基本类型，了解断裂构造的识别；掌握地质图的含义、类型及各种地质构造在地质图上的表示方法。

岩层的形成历史及地质构造的发育情况通常对区域的稳定性及场地的稳定性有重要影响。

习题

1. 地壳运动及地质构造的定义是什么？

2. 地层间接触关系的类型及定义有哪些？在地质图上怎样判别地层新老关系和接触关系？

3. 岩层、岩层产状及要素的定义是什么？怎样记录和图示岩层产状？

4. 褶曲的定义、分类及分类依据是什么？在地质图上怎样判别褶曲的主要类型？

5. 节理的定义和主要类型有哪些？节理调查的内容有哪些？

6. 断层及断层要素的定义是什么？断层的主要类型及分类依据是什么？
7. 断层的判别标志有哪些？在地质图上怎样判别断层的主要类型？
8. 在地质图上怎样区别断层和地层不整合接触？
9. 如何制作一幅完整的地质剖面图？
10. 实习要求：地质图判读实习。

第4章
岩体的地质特征及质量评价

教学要点

知识要点	掌握程度	相关知识
岩体的风化及风化岩体的特征	(1) 掌握风化、风化作用的概念 (2) 掌握岩体风化程度的划分	(1) 风化作用的影响因素及其影响方式 (2) 风化作用类型
岩体结构特征	(1) 掌握结构面的概念，了解结构面的成因类型 (2) 掌握软弱夹层的概念 (3) 了解岩体结构类型	(1) 各类结构面的特征 (2) 软弱夹层的工程地质问题 (3) 岩体结构类型划分思路及目的
岩体质量评价	(1) 掌握岩体质量评价的概念，了解岩体质量评价的目的 (2) 掌握岩体坚硬程度分类、完整性分类、岩石质量指标(RQD)分类 (3) 了解岩体基本质量指标(BQ)分类	岩体工程分类

基本概念

岩体、结构面、岩体结构、岩体质量评价。

引例

长江链子崖危岩体位于湖北省秭归县新滩镇(现改称屈原镇)西陵峡河段兵书宝剑峡出口南岸，是一处由许多巨大的石灰岩分离体所组成的斜坡变形体，在南北长700m，东西长210m的岩体上，被58条宽大裂缝所切割。危岩体高耸陡峭，悬崖绝壁净高117m，倾角一27°～90°，总体积$330\times10^4m^3$。其底部为厚1.6～4.0m、向长江倾斜的含煤地层，它构成了链子崖危岩体的软弱基座。一旦危岩崩坍，链子崖将有8亿多立方米的岩石涌入长江，不仅将使“黄金水道”断航，沿江几十个城镇、上亿居民、无数房屋和农田都将毁于一旦，还将危及世界上最大的水利枢纽工程——三峡工程。

危岩体的形成既与地质作用有关，也受人类活动的影响。链子崖为一单斜构造层面坡，上部为坚硬灰岩体，下部为极易变形的马鞍段煤系地层。随着长江河谷不断下切，软弱岩层被切断，临江形成灰岩陡壁，岸边山体在卸荷作用下，底部软层产生压缩

变形，顶部受拉开裂。同时底部煤层乱挖、乱采也加剧了软层压缩变形，促使裂缝逐步延伸。随着采煤坑道不断向山内推进，采空面积增大，底部不均匀沉陷扩大，上部岩体拉力增加，裂缝发展加快，并伴随产生新的裂缝。尤其经过了近500年的采煤活动，底部煤层大面积采空，导致岩体急剧变形，产生数十条裂缝，主缝均深切至煤层，裂缝和断裂构造将岩体进一步肢解，逐渐形成彼此孤立的危岩块体。

1992—1999年，国家对链子崖危岩体的重点险段进行治理，并采取了4项措施。一是采用预应力锚索锚固，共施工193束锚索，将危岩体锚固在稳定的岩体上，避免裂缝继续加大；二是混凝土承重阻滑键施工，通过将钢筋混凝土填充进临江陡崖脚下采空区一侧，以阻止危岩体前缘基础继续下沉；三是在危岩体上修排水沟和裂缝护盖工程，以避免地表水渗入裂缝；四是修建拦石坝工程，以避免崩塌块石危及航运。至1999年底，以上措施基本完成。目前链子崖危岩体重点险段已处于基本稳定状态。

岩体是一定工程范围内的自然地质体，是指在地质历史中形成的、由一种或多种岩石和结构面网络组成的、具有一定的结构并赋存于一定的地质环境(地应力、地下水、地温)中的地质体。岩体在地质历史中经受各种内、外动力地质作用的改造和破坏，是被各种地质界面(断层、裂隙、层面等)切割所形成的一种多裂隙不连续介质。以岩体为工程建筑物地基或环境，并对岩体进行开挖和加固的工程(包括地面工程和地下工程)称为岩石工程。岩石工程范围内的岩体称为工程岩体。工程岩体按其荷载特征，可分为地基岩体、边坡岩体和地下洞室围岩三大类。

存在于岩体中的各种不同成因、不同特征的地质界面，包括各种破裂面(如断层面、节理等)、物质分异面(如层理、层面、不整合面、片理等)、软弱夹层及泥化夹层等称为结构面。每一个结构面都具有一定的方向、规模、形态和特征。不同方向结构面相互组合切割岩体形成的不同几何形状和大小的块体称为结构体。岩体结构主要指结构面和结构体的特性及它们之间的相互组合，是岩体在长期的成岩及形变过程中形成的产物，是岩体特性的决定因素。结构面和结构体是岩体结构的两个基本要素。

岩体和岩块是两种工程地质性质明显不同的介质。岩块可以近似看作为一个连续完整的各向同性的均质介质，其变形和强度性质完全取决于岩块本身的岩性及其结构。而岩体的变形和强度特性则取决于结构面和结构体的工程地质特性。从工程地质的观点，岩体的特征主要可以概括为以下几个方面。

(1) 岩体是地质体的一部分，因此各种地质因素(如岩性、地质构造、水文地质条件、天然应力状态等)对岩体稳定性有很大的影响。另外我们在进行岩体工程地质研究时，不仅要研究其现状，还要研究其地质历史。

(2) 岩体是包含不同岩石材料和各种不连续结构面的非均质各向异性的不连续介质。

(3) 岩体的变形和强度受结构面和结构体特性的控制，并且主要取决于结构面的性质及其组合形式。

(4) 岩体是一种流变体。在一定的应力作用下，岩体内部微观与宏观结构的滑移、位移和变形随时间而变化。

(5) 岩体中存在着复杂的地应力场。岩体中的地应力通常主要由自重应力和构造应力组成——这些地应力(尤其是高地应力)的存在，使岩体的工程地质条件复杂化。

4.1 岩体的风化及风化岩体的特征

4.1.1 风化及风化作用

岩体的风化是指长期裸露在地表的岩体，经受太阳辐射热、大气、水及生物等作用，使岩石结构逐渐破碎、疏松或矿物成分发生次生变化的过程(引起这种变化的作用称为风化作用)。根据风化作用的因素及性质，可以把风化作用分为物理风化作用、化学风化作用和生物风化作用 3 种。

(1) 物理风化作用。由于温度的变化、岩体中水的冻融或盐类物质的结晶膨胀使岩体机械破碎的过程称为物理风化作用。物理风化作用的结果，是使岩体或岩石结构破坏，形成大小不一的岩块或风化碎屑，这只是一种机械破碎；如由不同矿物组成的岩石，当温度发生变化时，岩石产生热胀冷缩，由于不同矿物具有不同的热导率，膨胀系数很不均匀，导致岩石内部产生应力，使晶体之间的联结力破坏，岩石逐渐破碎。另外，赋存于岩体裂隙中的水遇冷结冰，体积增大产生压力，使裂隙扩展，岩石破裂(冰劈作用)等。

(2) 化学风化作用。化学风化作用主要是指岩体在水、大气等因素的化学作用下所引起的破坏过程。其结果不仅使岩石结构破坏，而且会使化学成分发生变化，有新的次生矿物生成。

化学风化作用的主要因素是水和空气中的氧、二氧化碳及各种酸类。其作用方式有溶解、水化、水解和氧化作用等。如自然界的各种可溶性岩石(岩盐、石膏、石灰岩等)，遇到水和空气作用后，可溶性成分被溶解带走。岩溶的形成过程正是如此，如硬石膏($CaSO_4$)水化成石膏($CaSO_4 \cdot 2H_2O$)；黄铁矿(FeS_2)在水的参与下生成褐铁矿($Fe_2O_3 \cdot nH_2O$)和硫酸(H_2SO_4)，等等。

(3) 生物风化作用。主要是由于生物对岩石和岩体产生的破坏作用。生物风化作用可以是化学的，也可以是物理的。例如植物的根劈作用使岩石破坏，生物的新陈代谢及遗体腐烂所产生的酸类对岩石的腐蚀等。

自然界中上述三种风化作用往往是相互联系，相互影响的，有时甚至是同时存在的。一般在干寒气候条件下以物理风化作用为主，而在湿热环境中则以化学风化和生物风化作用为主。

4.1.2 影响岩石风化的因素

岩石风化是一个复杂的地质作用过程，是众多因素综合作用的结果。它不仅与风化作用的类型及风化营力的强弱有关，而且与岩石性质、地质构造、地下水、地形地貌及气候条件等因素有关。

(1) 岩性。岩石的矿物成分和化学成分影响着风化作用的速度、风化程度及其产物。一般说来，地下深处形成的岩浆岩较地表条件下形成的沉积岩、变质岩易风化。岩浆岩中富含暗色矿物的基性岩较中、酸性岩易风化。沉积岩中碎屑岩类的风化速度取决于胶结物和碎屑物成分，一般硅质胶结、钙质胶结、泥质胶结物抗风化能力依次减弱。多矿物组成岩石较单矿物岩石易风化。

(2) 岩石结构与地质构造。岩石结构影响风化作用的速度和风化程度：一般矿物成分相同的岩石，等粒结构的比不等粒结构抗风化能力要强些；细粒结构比粗粒结构抗风化能力强；晶质结构的岩石比非晶质结构的岩石抗风化能力差；深变质的比浅变质的要易风化；具有定向构造(片理、片麻理、流纹构造等)的岩石易风化。

地质构造破坏了岩体的完整性，增大透水性和风化作用的面积，促使了风化作用的深入，加快了岩石风化的速度。岩体中常见的球状风化、袋状风化深槽等都是风化作用沿地质构造发育的结果。

(3) 地下水。地下水是岩石风化过程中一个十分活跃的因素，物理、化学、生物风化作用几乎都与水有密切联系。地下水的化学成分及其循环条件，对风化速度和程度有较大的影响。因为地下水可以促使岩石溶滤、水化、水解等作用的进行，地下水循环条件良好地区，往往形成较厚的风化壳。

(4) 气候与地貌。气候湿热地区，温度很高，降水充沛，水溶液富含酸类物质，化学反应迅速，化学和生物风化作用就强烈。干寒地区温度低，降水少，含水岩石的冻融交替，物理风化作用较强。因此，特殊气候环境造成我国南方风化壳厚度一般比北方大，风化壳分带也比北方明显。地形上，高山地区比平原地区风化作用要强，向阳的山坡比阴坡风化作用要强。两岸阶地比河漫滩及河床风化层厚。

另外，我国南方地区的一些红色粘土岩、砂质粘上岩(红层)等，在地表常温条件下，风化速度较快、一般新鲜岩石暴露几个小时即产生裂缝和剥落，应予以注意。

4.1.3 岩体风化程度的划分

风化作用是一种外动力地质作用。因此，自地表向地下深处，随着深度的增加，风化作用逐渐减弱。这样，在地壳表层就形成了一定厚度的风化岩层(或风化壳)。在风化岩层中不同深度岩石的风化程度不同。工程实践证明，不同风化程度的风化岩石具有不同的工程地质性质。研究岩体的风化程度，目的在于合理地利用风化岩体和确定建基面的高程等。

关于岩体风化程度的划分，水利水电部门习惯把风化岩层自地表向下依次划分为全风化、强风化、弱风化和微风化四个带。若岩石严重风化后形成极少保持原岩性质的土状物，则称为残积土。适用于工业与民用建筑工程地质研究的《岩土工程勘察规范(2009年版)》(GB 50021—2001)，把风化岩划分为全风化、强风化、中等风化和微风化四个带(表4-1)，并对硬质岩(单轴饱和极限抗压强度 $R_c>30$MPa)、软质岩($R_c<30$MPa)及残积土分别列举了其风化特征及风化程度参数指标(表4-1)。《建筑地基基础设计规范》(GB 50007—2011)根据风化程度把风化岩划分为未风化、微风化、中等风化、强风化和全风化。

值得强调的是风化带的划分应定性描述与定量划分相结合，并且尽可能利用有关现场试验手段(如岩石点荷载试验、触探试验等手段)综合研究。

表 4-1 岩石按风化程度分类

风化程度	野外特征	风化程度参数指标	
		波速比 K_v	风化系数 K_f
未风化	岩质新鲜，偶见风化痕迹	0.9～1.0	0.9～1.0
微风化	结构基本未变，仅节理面有渲染或略有变色，有少量风化裂隙	0.8～0.9	0.8～0.9
中等风化	结构部分破坏，沿节理面有次生矿物，风化裂隙发育，岩体被切割成岩块。用镐难挖，岩芯钻方可钻进	0.6～0.8	0.4～0.8
强风化	结构大部分破坏，矿物成分显著变化，风化裂隙很发育，岩体破碎，用镐可挖，干钻不易钻进	0.4～0.6	<0.4
全风化	结构基本破坏，但尚可辨认，有残余结构强度，可用镐挖，干钻可钻进	0.2～0.4	—
残积土	组织结构全部破坏，已风化成土状，锹镐易挖掘，干钻易钻进，具可塑性	<0.2	—

注：① 波速比 K_v 为风化岩石与新鲜岩石压缩波速度之比。
② 风化系数 K_f 为风化岩石与新鲜岩石饱和单轴抗压强度之比。
③ 岩石风化程度，除按表列野外特征和定量指标划分外，也可根据当地经验划分。
④ 花岗岩类岩石，可采用标准贯入试验划分，$N \geqslant 50$ 为强风化；$50 > N \geqslant 30$ 为全风化；$N < 30$ 为残积土。
⑤ 泥岩和半成岩，可不进行风化程度划分。

4.2 岩体结构特征

4.2.1 结构面的成因类型及特征

结构面的成因不同，其性质及形态特征也不同。结构面按其地质成因，可分为原生结构面、构造结构面和次生结构面 3 大类。

原生结构面指岩体在成岩过程中形成的结构面。如沉积岩的层理、层面、原生软弱夹层，假整合、不整合接触面等；火成岩的原生节理及侵入接触面等；变质岩的片理、片麻理等。原生结构面还可以进一步分为沉积、火成和变质结构面。

构造结构面是在构造应力作用下岩体中形成的各种结构面。如断裂构造，由于其规模较大，性质较差，因此是最不利的软弱结构面之一。构造结构面中还有层间错动形成的软弱破碎带或挤压破碎带等，也是性质十分恶劣的构造结构面。

次生结构面是岩体受风化、卸荷及地下水等作用所形成的结构面。如风化裂隙、卸荷裂隙层间错动形成的泥化夹层等。各种结构面的特征见表 4-2。

上述各种成因类型的结构面，按其规模可以分为 5 级。

表4-2 岩体结构面的类型及其特征(据张咸恭，1979)

成因类型		地质类型	主要特征			工程地质评价
			产状	分布	性质	
原生结构面	沉积岩结构面	1. 层理层面 2. 软弱夹层 3. 不整合面、假整合面 4. 沉积间断面	一般与岩层产状一致，为层间结构面	海相岩层中此类结构面分布稳定，陆相岩层中呈交错状，易尖灭	层面、软弱夹层等结构面较为平整；不整合面及沉积间断面多由碎屑泥质物构成，且不平整	国内外较大的坝基滑动及滑坡很多是由此类结构面所造成的，如奥斯汀、圣·弗朗西斯、马尔帕塞坝的破坏，瓦依昂水库附近的巨大滑坡
	岩浆岩结构面	1. 侵入体与围岩接触面 2. 岩脉岩墙接触面 3. 原生冷凝节理	岩脉受构造结构面控制，而原生节理受岩体接触面控制	接触面延伸较远，比较稳定，而原生节理往往短小密集	与围岩接触面可具熔合及破碎两种不同的特征，原生节理一般为张裂面，较粗糙不平	一般不造成大规模的岩体破坏，但有时与构造断裂配合，也可形成岩体的滑移，如有的坝肩局部滑移
	变质岩结构面	1. 片理 2. 片岩软弱夹层	产状与岩层或构造方向一致	片理短小，分布极密，片岩软弱夹层延展较远，具固定层次	结构面光滑平直，片理在岩层深部往往闭合成隐蔽结构面，片岩软弱夹层具片状矿物，呈鳞片状	在变质较浅的沉积岩，如千枚岩等路堑边坡常见塌方。片岩夹层有时对工程及地下洞体稳定也有影响
构造结构面		1. 节理(X形节理、张节理) 2. 断层(冲断层、捩断层、横断层) 3. 层间错动 4. 羽状裂隙、劈理	产状与构造线呈一定关系，层间错动与岩层一致	张性断裂较短小，剪切断裂延展较远，压性断裂规模巨大，但有时为横断层切割成不连续状	张性断裂不平整，常具次生充填，呈锯齿状，剪切断裂较平直，具羽状裂隙，压性断层具多种构造岩，成带状分布，往往含断层泥、糜棱岩	对岩体稳定影响很大，在上述许多岩体破坏过程中，大都有构造结构面的配合作用。此外常造成边坡及地下工程的塌方、冒顶
次生结构面		1. 卸荷裂隙 2. 风化裂隙 3. 风化夹层 4. 泥化夹层 5. 次生夹泥层	受地形及原结构面控制	分布上往往呈不连续状，透镜状，延展性差，且主要在地表风化带内发育	一般为泥质物充填，水理性质很差	在天然及人工边坡上造成危害，有时对坝基、坝肩及浅埋隧洞等工程也有影响，但一般在施工中予以清基处理

Ⅰ级结构面：延伸几千米以下，破碎带宽度几米到几十米以上的区域性大断层，对区

域稳定起控制作用。

Ⅱ级结构面：延伸几百米到几千米，破碎带宽在几十厘米到几米的结构面，对山体稳定起控制作用。

Ⅲ级结构面：延伸几十米至几百米，破碎带宽度在1m以内的结构面，通常是工程岩体稳定的边界条件。

Ⅳ级结构面：一般延伸在几米范围内，未错动，不夹泥，往往控制和影响岩体结构类型，是岩体结构研究的重点。

Ⅴ级结构面：延伸性差、破碎带宽度小、分布随机的细小裂隙等，对岩体结构类型有一定影响。

对上述各种不连续结构面，野外调查的主要内容有：结构面的方位、间距、密度、延续性、粗糙度、侧壁强度、张开度、充填物、渗流特性及结构面组数、块体大小等。

4.2.2 软弱夹层及泥化夹层

软弱夹层及泥化夹层是岩体结构面中性质较差，对岩体变形和稳定性影响较大的一类结构面。

软弱夹层是指坚硬岩层之间所夹的力学强度低、泥炭质含量高、遇水易软化、厚度较薄、延伸较远的软弱岩层。软弱夹层受层间错动地质构造作用及地下水改造作用后被泥化的部分称为泥化夹层。泥化夹层一般发育在层间错面及断层面附近，是一种性质非常软弱的结构面。实践证明，软弱夹层、泥化夹层是控制岩体稳定(尤其是抗滑稳定)极端重要的因素，国内外很多工程失事皆与此有关。

1. 软弱夹层的成因和分类

软弱夹层按成因也可以划分为原生型、构造型和次生型几类。如沉积岩中的粘土岩夹层，火成岩中的基性、超基性岩脉，断层破碎带等。

软弱夹层的分类目前尚无统一标准，水利水电建设中常根据软弱夹层的形态及岩性组合等分类。如根据其形态可分为破碎夹层、破碎夹泥层、片状破碎层、泥化夹层等。根据其岩性组合可分为粘土岩夹层、粘土质砂岩夹层、炭质夹层、凝灰岩夹层、风化泥岩夹层、各种软弱片岩夹层及各种泥化夹层等。

2. 泥化夹层的形成及其特征

软弱夹层经过一系列地质作用变成塑泥的过程称为泥化。因此，泥化的标志是其粘粒含量增加，天然含水量大于或等于塑限，因而泥化夹层具有含水量高、密度小、强度低、变形大等特点。泥化夹层的形成过程比较复杂，最常见的层间错动泥化夹层的形成条件如下。

(1) 物质基础。泥化夹层形成的物质基础是粘土矿物含量较高的软弱夹层的存在。大量有关泥化夹层矿物成分的分析结果表明，泥化夹层的粘土矿物与其母岩(软弱夹层)的矿物组成具有明显的一致性。如葛洲坝工程坝基的泥化夹层以蒙脱石矿物为主，而小浪底泥化夹层的粘土矿物则以伊利石为主，这些都与其母岩中粘土矿物成分具有密切联系。

(2) 构造作用。缓倾角软硬相间的地层组合，在构造应力作用下易产生层间错动，错动面上的岩石被碾磨错碎成细粒或粉末状，遇水极易产生泥化。因此，层间错动构造作用是泥化夹层形成的控制性条件。

(3) 地下水的作用。岩体内地下水的作用，使层间错动带内被碾磨错碎的细粒物质进一步泥化形成泥化夹层。因此，地下水的泥化改造作用是泥化夹层形成的一个重要因素。

泥化夹层与其母岩软夹层相比较，其主要特征是粘粒含量明显增多，结构松散，密度变小，含水量接近或超过塑限，力学强度极为软弱。为了比较合理地确定泥化夹层的抗剪强度指标，通常根据泥化夹层中碎屑物质含量对其进行结构分类。如全泥型、泥夹碎屑型、碎屑火泥型、碎屑型等，然后确定不同结构类型的抗剪强度参数；再根据各种结构类型分布的权重等综合确定滑动面上的参数指标。

4.2.3 岩体结构类型

为了揭示岩体的力学特性及评价岩体稳定性的需要，根据结构面对岩体的切割程度及结构体的组合形式，岩体结构可以划分为不同的类型，各类型有其对应的岩体结构特征。岩体结构理论最早把岩体结构划分为整体块状结构、层状结构、碎裂结构、散体结构 4 大类 8 个亚类。《岩土工程勘察规范(2009 年版)》(GB 50021—2001)在此分类基础上，规定岩体按结构类型划分为整体状、块状、层状、碎裂状和散体状结构五种类型，其各类型特征见表 4-3。

表 4-3 岩体结构类型划分表(GB 50021—2001)

<table>
<tr><th>岩体结构类型</th><th>岩体地质类型</th><th>主要结构形状</th><th>结构面发育情况</th><th>岩土工程特征</th><th>可能发生的岩土工程问题</th></tr>
<tr><td>整体状结构</td><td>巨块状岩浆岩和变质岩，巨厚层沉积岩</td><td>巨块状</td><td>以层面和原生、构造节理为主，多呈闭合型，裂隙结构面间距大于 1.5m，一般不超过 1～2 组，无危险结构</td><td>岩体稳定，可视为均质弹性各向同性体</td><td rowspan="2">局部滑动或坍塌，深埋洞室的岩爆</td></tr>
<tr><td>块状结构</td><td>厚层状沉积岩、块状岩浆岩和变质岩</td><td>块状、柱状</td><td>有少量贯穿性节理裂隙，结构面间距 0.7～1.5m。一般为 2～3 组，有少量分离体</td><td>结构面互相牵制，岩体基本稳定，接近弹性各向同性体</td></tr>
<tr><td>层状结构</td><td>多韵律的薄层、中厚层状沉积岩，副变质岩</td><td>层状、板状</td><td>有层理、片理、节理，常有层间错动</td><td>变形及强度受层面控制，可视为各向弹塑性体，稳定性较差</td><td>可沿结构面滑塌，软岩可产生塑性变形</td></tr>
</table>

（续）

岩体结构类型	岩体地质类型	主要结构形状	结构面发育情况	岩土工程特征	可能发生的岩土工程问题
碎裂状结构	构造影响严重的破碎岩层	碎块状	断层、节理、片理、层理发育，结构面间距 0.25～0.5m，一般在 3 组以上，有许多分离体形成	整体强度很低，并受软弱结构面控制，呈弹塑性体，稳定性很差	易发生规模较大的失稳，地下水加剧失稳
散体状结构	断层破碎带，强风化带及全风化带	碎屑状、颗粒状	构造及风化裂隙密集，结构面错综复杂，多充填粘性土，形成无序小块和碎屑	完整性遭极大破坏，稳定性极差，接近松散体介质	易发生规模较大的岩体失稳，地下水加剧失稳

4.3 岩体质量评价

岩体质量评价就是针对不同类型岩体工程的特点，根据影响岩体稳定性的各种地质条件和组成岩体的岩石及结构面的物理力学特性，对工程岩体的综合性能进行评定、划分成若干工程特性等级、为岩体工程建设提供最基础的决策依据的过程。

对大型的和重要的岩体工程来说，事先必须进行相当详尽的工程地质勘察、物理力学试验研究和工程岩体稳定性的分析、判断及计算，获得充分的工程设计资料，再进行工程设计。但这种方法需要花费大量的人力、物力、财力和时间，对于一些临时的、小型的、简单的工程，特别是抢险工程来说往往是难以接受的。寻求一种能够根据少量简易的工程地质勘察和岩石力学试验，结合以往工程实践和大量岩石力学试验经验对工程岩体的稳定性作出评价，并获得这些岩体工程建设所需要的基本工程设计参数，减少勘察和试验工作量、缩短前期工作时间的方法一直是广大岩土工程技术人员的强烈愿望。自 20 世纪 50～60 年代以来，在国外提出了许多工程岩体的质量评价方法，其中有些方法已在国内外产生了很大的影响，并在许多工程中得到了不同程度的应用。70 年代以来，国内的有关部门也在各自工程经验的基础上制定了一些岩体质量评价方法，在本部门或本行业推行应用。

由于组成岩体的岩石的性质千差万别，岩体中结构面的性质及分布情况又复杂多变，致使国内外的岩体质量评价的原则、方法和标准不尽相同。目前，国内外的岩体分级方法已有数十种，其中我国的国家标准《工程岩体分级标准》(GB 50218—1994)是在充分吸收大量国内外岩体质量评价方法的优点和总结大量国内外岩体工程经验的基础上制定的，具有较高的准确性、可靠性和先进性。

岩体基本质量应由岩石坚硬程度和岩体完整程度两个因素确定。岩石坚硬程度和岩体完整程度划分又包括定性划分和定量指标两种确定方法。另一方面，岩体是由岩石和结构面相互组合而成的，因此，岩体质量评价应包括岩石的质量评价、结构面的质量评价、岩体被结构面切割后的综合质量的总体评价等几个步骤。

4.3.1 岩石质量评价

岩石的质量评价是工程岩体坚硬程度和风化程度的基础，它包括坚硬程度评价和风化程度评价两个部分。

1. 岩石坚硬程度

根据《岩土工程勘察规范(2009 年版)》(GB 50021—2001)及《工程岩体分级标准》(GB 50128—1994)，岩石坚硬程度应按表 4 - 4 划分。

表 4 - 4 岩石坚硬程度分类

坚硬程度	坚硬岩	较硬岩	较软岩	软岩	极软岩
饱和单轴抗压强度/MPa	$f_r>60$	$60\geqslant f_r>30$	$30\geqslant f_r>15$	$15\geqslant f_r>5$	$f_r\leqslant 5$

注：① 当无法取得饱和单轴抗压强度数据时，可用点荷载试验强度换算，换算方法按现行国家标准《岩体分级标准》(GB 50218—1994)执行。
② 当岩体完整程度为极破碎时可不进行坚硬程度分类。

当缺乏有关试验数据时，可按表 4 - 5 划分。

表 4 - 5 岩石坚硬程度等级的定性分类

<table>
<tr><th colspan="2">坚硬程度等级</th><th>定性鉴定</th><th>代表性岩石</th></tr>
<tr><td rowspan="2">硬质岩</td><td>坚硬岩</td><td>锤击声清脆，有回弹，震手，难击碎，基本无吸水反应</td><td>未风化～微风化的花岗岩、闪长岩、辉绿岩、玄武岩、安山岩、片麻岩、石英岩、石英、砂岩硅质、砾岩硅质石灰岩等</td></tr>
<tr><td>较硬岩</td><td>锤击声较清脆，有轻微回弹，稍震手，较难击碎，有轻微吸水反应</td><td>1. 微风化的坚硬岩
2. 未风化～微风化的大理岩、板岩、石灰岩、白云岩、钙质砂岩等</td></tr>
<tr><td rowspan="2">软质岩</td><td>较软岩</td><td>锤击声不清脆；无回弹，较易击碎，浸水后指甲可刻出印痕</td><td>1. 中等风化～强风化的坚硬岩或较硬岩
2. 未风化～微风化的凝灰岩、千枚岩、泥灰岩、砂质泥岩等</td></tr>
<tr><td>软岩</td><td>锤击声哑，无回弹，有凹痕，易击碎，浸水后手可掰开</td><td>1. 强风化的坚硬岩或较硬岩
2. 中等风化～强风化的较软岩
3. 未风化～微风化的页岩、泥岩、泥质砂岩等</td></tr>
<tr><td colspan="2">极软岩</td><td>锤击声哑，无回弹，有较深凹痕，手可捏碎，浸水后可捏成团</td><td>1. 全风化的各种岩石
2. 各种半成岩</td></tr>
</table>

2. 岩石风化程度的分级

风化作用一方面使岩石疏软以至松散，物理力学性质变坏，另一方面又使岩体中裂隙增多，对工程岩体的特性有很大影响，是影响工程岩体质量和稳定性的重要因素。

根据 GB 50218—1994，岩石风化程度按表 4-6 划分；根据 GB 50021—2001，岩石风化程度按表 4-1 划分。

表 4-6　岩石风化程度划分

名称	风化特征
未风化	结构构造未变，岩质新鲜
微风化	结构构造、矿物色泽基本未变，部分裂隙面有铁锰质渲染
弱风化	结构构造部分破坏，矿物色泽较明显变化，裂隙面出现风化矿物或存在风化夹层
强风化	结构构造大部分破坏，矿物色泽明显变化，长石、云母等多风化成次生矿物
全风化	结构构造全部破坏，矿物成分除石英外，大部分风化成土状

4.3.2　岩体的完整性评价

岩体的完整性评价是指对岩体被结构面切割的程度进行评价。由于岩体的完整程度既是判别岩体结构类型的基本要素，也是影响岩体工程性质的重要因素，因而几乎是国内外的所有岩体质量分类标准中共同包含的内容之一，我国的国家规范也不例外，在 GB 50218—1994 和 GB 50021—2001 中均对此作出了规定。

1. 岩体完整性指数分类

岩体完整性指数(K_v)是指岩体弹性纵波速度与同一岩体中所包含的岩石弹性纵波速度之比的平方，即

$$K_v=(V_{pm}/V_{pr})^2 \tag{4-1}$$

式中：V_{pm}——岩体弹性纵波速度，m/s；

V_{pr}——岩石弹性纵波速度，m/s。

岩体完整性指数与岩体完整程度之间的对应关系可按表 4-7 确定。

表 4-7　岩体完整程度分类

完整程度	完整	较完整	较破碎	破碎	极破碎
完整性指数	>0.75	0.75～0.55	0.55～0.35	0.35～0.15	<0.15

注：完整性指数为岩体压缩波速度与岩块压缩波速度之比的平方，选定岩体和岩块测定波速时，应注意其代表性。

当缺乏有关试验数据时，可按表 4-8 确定。

当工程岩体中包含不止一种岩石或不止一个不同的工程地质岩组时，应针对不同的工程地质岩组或岩性段，选择有代表性的点、段分别评价。

当无条件取得岩体完整性指数的实测值时，也可用单位体积岩体内的节理数，即岩体体积节理数(J_v)，按表 4-9 确定对应的 K_v值。

$$J_v=S_1+S_2+S_3+\cdots+S_n+S_k \tag{4-2}$$

式中：J_v——单位体积岩体内的节理数，条/m³；

S_n——第 n 组节理每米测线上的条数；

S_k——每立方米岩体中延伸长度大于1m的非成组节理条数。

表 4-8　岩体完整程度的定性分类

完整程度	结构面发育程度		主要结构面的结合程度	主要结构面类型	相应结构类型
	组数	平均间距/m			
完整	1～2	>1.0	结合好或结合一般	裂隙层面	整体状或巨厚层状结构
较完整	1～2	>1.0	结合差	裂隙、层面	块状或厚层状结构
	2～3	1.0～0.4	结合好或结合一般		块状结构
较破碎	2～3	1.0～0.4	结合差	裂隙、层面、小断层	裂隙块状或中厚层状结构
	≥3	0.4～0.2	结合好		镶嵌碎裂结构
			结合一般		中、薄层状结构
破碎	≥3	0.4～0.2	结合差	各种类型结构面	裂隙块状结构
		≤0.2	结合一般或结合差		碎裂状结构
结合很差	无序		结合很差		散体状结构

注：平均间距指主要结构面(1～2组)间距的平均值。

表 4-9　J_v与K_v对照表

J_v/(条·m^{-3})	<3	3～10	10～20	20～35	>35
K_v	>0.75	0.75～0.55	0.55～0.35	0.35～0.15	<0.15

需要说明的是，岩体体积节理数的统计过程中应针对不同的工程地质岩组或岩性段，选择有代表性的露头或开挖壁面进行节理(结构面)统计，每一测点的统计面积，不应小于2m×5m，且对已被硅质、铁质、钙质充填胶结的节理不应统计。

2. *岩石质量指标(RQD)分类*

RQD(Rock Quality Designation)指标在数值上等于用直径为75mm的双层岩芯金刚石钻头在钻孔中钻进，连续采取同一岩层的直径为54mm的岩芯，其中长度大于10mm的岩芯累计长度(L_p)与相应于该统计段的钻孔总进尺(L)之比，一般用去掉百分号的百分比值来表示，即

$$RQD=\frac{L_p}{L}\times 100\% \tag{4-3}$$

根据岩石质量指标RQD，可分为好的(RQD>90)、较好的(RQD=75～90)、较差的(RQD=50～75)、差的(RQD=25～50)和极差的(RQD<25)。

4.3.3　岩体基本质量指标(BQ)分类

岩体基本质量是岩体固有的，由岩石坚硬程度和岩体完整程度所决定的影响工程岩体稳定性的最基本属性。显然确定了岩石坚硬程度和岩体完整程度之后，就可以对岩体基本

质量进行判断。根据《工程岩体分级标准》(GB 50218—1994)中的标准，岩体基本质量可分5级，且可以采用定性和定量两种方法进行确定。

岩体基本质量的定性分类是指根据岩体的定性特征，即岩石坚硬程度和岩体完整程度进行的岩体基本质量分类。其具体确定方法见表4-10。

表4-10 岩体基本质量分级

基本质量级别	岩体基本质量的定性特征	岩体基本质量指标(BQ)
Ⅰ	坚硬岩，岩体完整	>550
Ⅱ	坚硬岩，岩体较完整 较坚硬岩，岩体完整	550～451
Ⅲ	坚硬岩，岩体较破碎 较坚硬岩或软硬岩互层，岩体较完整 较软岩，岩体完整	450～351
Ⅳ	坚硬岩，岩体破碎 较坚硬岩，岩体较破碎～破碎 较软岩或软硬岩互层，且以软岩为主，岩体较完整～较破碎 软岩，岩体完整～较完整	350～251
Ⅴ	较软岩，岩体破碎 软岩，岩体较破碎～破碎 全部极软岩及全部极破碎岩	≤250

岩体基本质量指标(BQ)，应根据分级因素的定量指标 R_c 的兆帕数值和 K_v，按下式计算：

$$BQ=90+3R_c+250K_v \tag{4-4}$$

注：使用式(4-4)时，应遵守下列限制条件：

(1) 当 $R_c>90K_v+30$ 时，应以 $R_c=90K_v+30$ 和 K_v 代入计算BQ值。

(2) 当 $K_v>0.04R_c+0.4$ 时，应以 $K_v=0.04R_c+0.4$ 和 R_c 代入计算BQ值。

在实际应用过程中，岩体基本质量分级应根据岩体基本质量的定性特征和岩体基本质量指标两者相结合确定，当根据基本质量定性特征和基本质量指标确定的级别不一致时，应通过对定性划分和定量指标的综合分析，确定岩体的基本质量级别。必要时，应重新进行测试。

本章小结

本章主要介绍岩体的概念、岩体的风化及风化程度划分、软弱结构面的成因及类型、岩体的结构类型及岩体的质量评价等内容。

通过本章学习，要求掌握岩体的概念、掌握岩体风化的概念、了解岩体风化程度的划分、了解软弱结构面的成因及类型、了解岩体的结构类型及岩体的质量评价。

岩体不同于岩石，是一种由岩石及结构面组合而成的结构体。工程建设中涉及的对象是自然的质体，是岩体而不是岩石，其工程特性更多的取决于结构面的发育特征及结构面的工程特性。

习　题

1. 岩体与岩石有何区别与联系？
2. 简述软弱结构面的成因类型及其在工程建设中的影响。
3. 简述岩体质量评价的意义及方法。

第5章 土的成因类型及特殊土

教学要点

知识要点	掌握程度	相关知识
风化作用及残积土	(1) 掌握风化作用的概念、了解风化作用类型及作用方式 (2) 了解残积土的工程地质特性	风化作用形式及特点
地表流水的地质作用及坡积土、洪积土、冲积土	(1) 了解地表流水地质作用形式、特点 (2) 了解坡积土、洪积土、冲积土的形成特点	沉积地貌
海洋的地质作用及海相沉积物	了解海洋的地质作用及海相沉积物特点	海蚀地貌
湖泊的地质作用及湖沼沉积物	了解湖泊的地质作用及湖沼沉积物特点	湖蚀地貌
冰川的地质作用及冰碛土	了解冰川的地质作用及冰碛土特点	冰蚀地貌
风的地质作用及风积物	了解风的地质作用及风积物特点	风蚀地貌
特殊土及其工程地质性质	了解特殊土的类型、成因、工程特性	特殊土的工程性质

基本概念

风化作用、第四纪沉积物、特殊土。

引例

青藏铁路是西部大开发的标志性工程。青藏铁路建成后，将填补我国西部铁路网空白，形成北京—兰州—拉萨的运输大通道。这对促进西藏和青海的资源开发，加强西藏与内地的联系，增进民族团结，维护社会稳定，都具有重要的意义。同时它以当今世界上海拔最高、线路最长的高原冻土铁路所具有的很高的技术含量和学术价值而备受国内外广泛关注。

青藏铁路位于世界屋脊的青藏高原腹地，在1142km正线中，海拔4000～4500m的路段长约

160km，海拔4500m以上路段长约800km。线路通过多年冻土长度约546km。青藏铁路的工程环境十分严酷，存在高寒缺氧、多年冻土、高地震烈度区和活动断裂，太阳辐射强烈，生态环境脆弱等特殊问题。高原、冻土、生态保护、高地震烈度区和活动断裂是青藏铁路建设面临的主要难题。把青藏铁路建成世界一流高原冻土铁路这一伟大目标的实现，在很大程度上依赖于冻土区、高地震烈度区和活动断裂区工程设计的科学性、合理性和可靠性，而冻土区、高地震烈度区和活动断裂工程地质勘察工作的成功与否是工程设计科学性、合理性、可靠性的基础。冻土区工程地质条件在空间分布上的不均匀性，冻土特征的季节性和时效性，多年冻土的不稳定性和受外界条件影响的敏感性，高地震烈度区分布的广泛性，加之青藏高原活动断裂规模大、分布密集、地震活动频繁、震级高、地表破裂带长及位移量大的特点，均需要高质量、高精度地完成青藏铁路的工程地质勘察工作，同时也是极富挑战性的一项工程地质工作。1958年特别是2000年以来，有关科技工作者以科学试验、研究为指导，采用以钻探为主的综合勘探手段，进行了详细的工程地质勘察，尤其是针对多年冻土地段，完成了大量的地质测试和试验，取得了显著的成果，满足了工程设计的要求。在攻克多年冻土区筑路这一世界性难题方面取得重大进展，通过精心地选线，不断优化线位，在比较准确的工程地质资料的基础上，确定了一系列科学的设计和施工原则，为建成这条世界上海拔最高、线路最长的高原铁路做出了重要贡献。

建筑物大多是建造在土层上的，地基土的好坏直接影响到建筑物的安全性和处理方式，因此对岩土的工程性状必须要有全面的了解。建造房屋前必须进行岩土层的详细勘察。

土是岩石在风化作用后经搬运作用或在原地或在异地各种环境下形成的堆积物。不同类型的土、不同区域的土、不同埋深的土、不同成因的土有着不同的工程地质性状。

地质年代中第四纪时期是距今最近的地质年代，距今时间约为200万～300万年。第四纪沉积物是指第四纪所形成的各种堆积物，是地壳表层坚硬岩石在漫长的地质年代里，经过风化、剥蚀等外力作用，破碎成大小不等的岩石碎块或矿物颗粒，这些岩石碎块在斜坡重力作用、流水作用、风力吹扬作用、剥蚀作用、冰川作用及其他外力作用下被搬运到适当的环境下沉积成各种类型的堆积体。由于第四纪时期沉积的历史相对较短，堆积体一般未经固结硬化成岩作用，因此在第四纪形成的各种沉积物通常是松散的、软弱的、多孔的，与岩石的性质有着显著的差异，有时就笼统称之为土。

在土体形成过程中，岩石碎屑物被搬运，沉积通常按颗粒大小、形状及矿物成分做有规律的变化，并在沉积过程中常因分选作用和胶结作用而在成分、结构、构造和性质上表现有规律性的变化。按形成土体的地质营力和沉积条件，可将土体划分成若干成因类型，如残积土、坡积土、洪积土、冲积土、风积土、湖积土、海洋沉积土和冰川沉积土、火山堆积土等。一定成因类型的土具有一定的沉积环境、具有一定的土层空间分布规律和一定的土类组合、物质组成及结构特征。但同一成因类型的土，在沉积形成后，可能遭到不同的自然地质因素和人为因素的作用，而具有不同的工程特性。

5.1 风化作用及残积土

5.1.1 风化作用

地表或接近地表的岩石在大气、水和生物活动等因素影响下，发生物理的和化学的变化，致使岩体崩解、剥落、破碎，变成松散的碎屑性物质，这种作用称为风化作用。风化作用在地表最为明显，往深处则逐渐消失。风化后的岩石改变了原有的物理力学性能，其强度大大降低，变形增加，直接影响作为建筑物地基的工程特性。风化作用使岩石产生裂隙，破坏岩石的整体性，影响地基边坡的稳定性。这种作用还破坏地势高低的基本形态。

根据风化作用的性质及其影响因素，岩石的风化可分为物理风化、化学风化和生物风化作用 3 种类型。

1. 物理风化作用

物理风化作用是指岩石破碎成各种大小的碎屑而成分不发生变化的机械破坏作用。昼夜及季节的温度变化是物理风化作用的主要因素。一方面，岩石是不良导体，白天温度升高，岩石表面受热膨胀，但内部尚处于较冷状态；夜间温度下降，表面冷却收缩，而内部余热未散，仍处于膨胀状态。由于内外胀缩不一致，岩石的外层与内层之间便产生裂隙，逐渐相互脱离，最后变成岩屑。另一方面，岩石大多数是由多种矿物组成的，各种矿物的膨胀系数不同，当温度变化时，矿物之间因膨胀不一而失去联结，岩体便崩解成松散的矿物或岩屑。除此之外，水在岩石裂隙中楔入、冻胀，也促使岩石崩解。

2. 化学风化作用

化学风化作用是指岩石在水和各种水溶液的作用下所引起的破坏作用。这种作用不仅使岩石在块体大小上发生变化，更重要的是使岩石成分发生变化。化学风化作用有水化作用、氧化作用、碳酸盐化作用及溶解作用等。

(1) 水化作用。水化作用是水和某种矿物结合，这种作用可使岩石因体积膨胀而招致破坏。例如：

$$\underset{\text{(硬石膏)}}{CaSO_4} + 2H_2O \longrightarrow \underset{\text{(石膏)}}{CaSO_4 \cdot 2H_2O}$$

(2) 氧化作用。这种作用是氧和水的联合作用，对氧化亚铁、硫化物、碳酸盐类矿物表现比较突出。例如：

$$\underset{\text{(黄铁矿)}}{2FeS_2} + 7O_2 + 2H_2O \longrightarrow \underset{\text{(硫酸亚铁)}}{2FeSO_4} + 2H_2SO_4$$

$$\underset{\text{(硫酸铁)}}{12FeSO_4} + 4O_2 + 6H_2O \longrightarrow 4Fe_2(SO_4)_3 + \underset{\text{(氢氧化铁)}}{4Fe(OH)_3}$$

黄铁矿风化后产生的硫酸对混凝土起腐蚀破坏作用。

(3) 碳酸盐化作用指岩石在二氧化碳和水的作用下形成碳酸盐化合物。例如：

$$\underset{\text{(正长石)}}{4KAlSi_3O_8} + 2CO_2 + 4H_2O \longrightarrow \underset{\text{(高岭土)}}{Al_4(Si_4O_{10})(OH)_8} + 8SiO_2 + 2K_2CO_3$$

正长石碳酸盐化作用后，碳酸钾被水溶解带走，剩下的是疏松的高岭土和石英混在一起。

(4) 溶解作用自然界的水能直接溶解岩石使岩石破坏，例如：

$$\underset{\text{(碳酸钙)}}{CaCO_3} + H_2O + CO_2 \longrightarrow \underset{\text{(重碳酸钙)}}{Ca(HCO_3)_2}$$

碳酸钙变成重碳酸钙后，被水溶解带走，结果石灰岩便形成溶洞。

3. 生物风化作用

生物风化作用是指岩石由生物活动所引起的破坏作用。这种破坏作用包括机械的作用(例如植物的根在岩石裂缝中生长，像楔子一样劈裂岩石)和化学作用(例如生物新陈代谢所析出的碳酸、硝酸及有机酸等对岩石的破坏作用)两种。应该指出，人类的工程活动对岩石的风化也产生一定的影响，例如：基槽或边坡的开挖使岩石的新鲜面暴露，爆破使岩石在一定的深度内产生裂隙，这些都对岩石的风化起促进作用。工业废水中的化学物质也对岩石起破坏作用。

在自然界中，各种岩石风化作用不是单独进行的，而是互相联系并同时存在的。在不同地区有主次之分而已，岩石的矿物成分是影响岩石风化的决定因素。分析常见原生矿物对化学风化的相对稳定性，结果表明，最稳定的如石英、白云母；稳定的如正长石、方解石、白云石；稍稳定的如角闪石、辉石，不稳定的如斜长石、黑云母、黄铁矿。因此，一般深色岩石的风化快于浅色岩石；含有较多不稳定矿物的岩石较易风化。另外，多种矿物的岩石，其风化一般快于单矿物的岩石。

5.1.2 岩石风化程度的划分和防止风化的措施

岩石风化后的强度显著降低，风化愈强烈强度降低幅度愈大，为了在工程设计中采取相应的措施和确定岩石地基承载力，根据我国《岩土工程勘察规范(2009 年版)》(GB 50021—2001)规定，岩石风化程度可分为未风化、微风化、中等风化、强风化和全风化 5 种，见表 4-1。

工程中防止岩石风化的措施有以下几种。

1) 覆盖防止风化营力入侵的材料

为防止水和空气侵入岩石，可用沥青、三合土、粘土以及喷射水泥浆或石砌护墙来覆盖岩石表面。施工时先将岩石表面已风化的部分清除，然后在新鲜岩面上进行覆盖。为防止温度变化对岩石的影响，可在其上铺一层粘土或砂，其厚度应超过年温度影响深度的 5～10cm，此方法主要起隔绝作用。

2) 灌注胶结和防水材料

将水泥、水玻璃、沥青或粘土浆通过高压将其灌入岩石的裂隙内及喷射于表面，不仅能起到隔绝作用，而且能提高岩石的强度和稳定性。

3) 加强排水

水是岩石风化的主要因素之一，将岩石与水隔绝能减少岩石的风化速度。

在实际工程中，为防止基岩的风化，特别是容易风化的岩石如泥岩、页岩及片岩等，特意不将基坑或路堑底部挖至所设计的深度，直到封闭基坑的施工前才挖至设计深度。

5.1.3 残积土

岩石风化后产生的碎屑物质，一部分被风和大气降水带走；另一部分残留在原地，这种残留在原地的岩石风化碎屑物称为残积土。

残积土主要分布在岩石暴露于地表而受到强烈风化作用的山区、丘陵及剥蚀平原。

残积土从地表向深处颗粒由细变粗，一般不具层理，碎块呈棱角状，土质不均，具有较大孔隙，厚度在山坡顶部较薄，低洼处较厚。残积土与它下面的母岩之间无明显的界限而是逐渐过渡的，其成分与母岩成分及所受风化作用的类型有密切的关系。例如：酸性岩浆岩地区的残积土中，除含有由长石等矿物分解的粘土矿物外，常以富含石英颗粒的砂土为其特征；石灰岩风化形成的残积土则多为含石灰岩碎石的红色或黄褐色的钙质粘性土(如云贵高原分布的红粘土)。

残积土由于山区原始地形变化较大和岩石风化程度不一，厚度变化很大(贵州省某单位职工住宅地勘资料显示，在一个单元内，有的地方岩石已露头，而有的地方岩石深达11m)，因而在其平面及空间上，分布很不均匀。因此在残积土上进行工程建设时，要特别注意地基土的不均匀性。当残积土由岩块、碎屑等组成时，施工开挖应考虑边坡的稳定性。如果残积土的厚度不大，最好是将其清除，将基础直接放置在基岩(连续于地壳内部的很厚的基本岩层称为基岩)上，因岩石的承载力高，在许多情况下将基础放在基岩上反而更安全经济，尤其是高层建筑。在我国南部亚热带地区由石灰岩经强烈风化而成的残积红粘土，其承载力较高，压缩性较低，是一种良好的地基。但应注意由于土层厚度不均匀而引起地基的不均匀沉降。

5.2 地表流水的地质作用及坡积土、洪积土、冲积土

分布在江河、湖泊、海洋内的液态水，或在陆地上的冰雪称为地表水。存在于地面以下土和岩石的孔隙、裂隙或溶洞中的水，称地下水。在陆地上有两种地表水：一种是时有时无的，称为暂时流水，如雨水、融雪水及山洪急流；另一种是终年不息的称为长期流水，如江水、河水。研究流水地质作用及其相应的堆积物具有重大意义，因为我国大部分城镇和各种工程建筑大多兴建在流水堆积物上。

5.2.1 地表暂时流水的地质作用及坡积土、洪积土

1. 雨水、溶雪水的地质作用及坡积土

雨水和溶雪水的地质作用以冲刷作用为主，它们沿着斜坡面流动，将地表的碎屑物质顺斜坡向下搬运或移动。通常冲刷作用是在整个斜坡面上进行的，就像是把地面剥去一层一样，其结果是使地形逐渐变得平缓，并造成水土流失。冲刷作用在地表无植物覆盖的情况下最强烈；在有茂密植物覆盖的地面上，则不显著。

高处的风化碎屑物由于雨水或溶雪水的搬运，或者由于本身的重力作用，运移到坡下或山麓堆积而成的土，称为坡积土，如图 5.1 所示。

坡积土随斜坡自上而下逐渐变缓，呈现由粗而细的分选作用。但由于每次雨、雪水搬运能力不大，故无明显区别，大小颗粒混杂，层理不明显。坡积土的矿物成分与下卧基岩

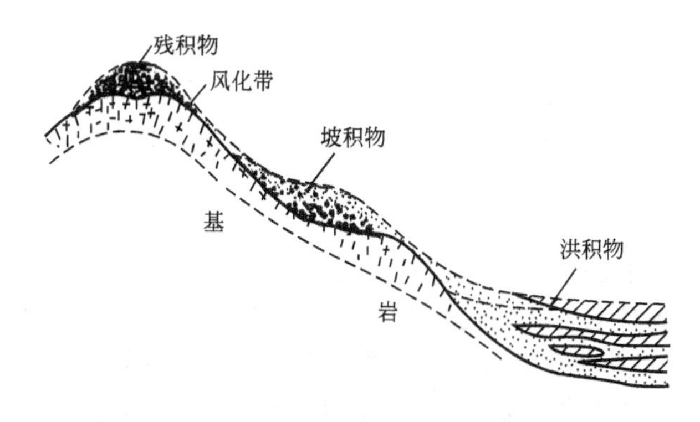

图 5.1　坡积土、洪积土、冲积土

没有直接过渡关系，这是与残积土明显区别之处。在坡积土上进行工程建设时，应注意以下几个问题。

1）下卧基岩表面的坡度及其形态

坡积土底部倾斜度取决于基岩的倾斜度，而表面的倾斜度则与生成的时间有关，时间越长，搬运、沉积在山坡下部的坡积土越厚，表面倾斜度就越小。故坡积土的厚度变化较大，由几厘米到一二十米，在斜坡较陡的地段厚度较薄，在坡脚地段堆积较厚。一般当斜坡的坡度越大时，坡脚堆积土的范围越大。一般基岩表面的坡度越大，坡积土的稳定性就越差。有时在地表很平缓的地区出现了坡积土滑动的情况，这主要是由于下卧基岩表面的坡度较大的缘故。所以不能单凭地表的坡度来判断坡积土的稳定性。在山区常可遇到坡积土覆盖在老的沟槽上，这种情况在沟槽的横方向上，坡积土由于受到空间的限制而不易产生滑动，因而它的稳定性主要取决于沿沟槽方向的基岩表面的坡度。下卧基岩表面形态对坡积土的稳定性也有影响，如果基岩的表面凹凸不平或成阶梯状，则对坡积土的稳定有利。

2）坡积土本身的性质

如坡积土含较多的粘土颗粒，雨季时它的含水量将大大增加，这不仅会使坡积土的自重增大，而且还会使坡积土变得稀湿，因而其稳定性就大大降低。

3）下卧基岩的性质

如坡积土下的基岩是不透水或弱透水的岩石，渗入土中的水就会在坡积土中聚集成地下水并沿基岩坡面向下运动，这对坡积土的稳定性是不利的。如果下卧基岩是遇水容易软化的岩石(如泥岩、页岩等)，将更容易引起坡积土的滑动。

4）坡积土的破坏情况

如果坡积土的坡脚受水冲刷或遭不合理的开挖(如挖坡脚、挖方路基等)，以及在堆积土上不合理堆载等，都可使坡积土滑动。

5）不均匀沉降问题

坡积土组成物质粗细混杂，土质不均匀，尤其是新近堆积的坡积土，土质疏松，压缩性较高，且坡积土的厚度多是不均匀的，因此在这种坡积土上修建建筑物时应注意不均匀沉降的问题。如遇薄的坡积土时可以采用挖除的办法。当坡积土层较厚时，应当尽量避免开挖，因为很不经济。这种情况下可以考虑采用桩基。根据一些实践经验，在不会产生滑动的情况下，坡积土可不进行处理而作为一般建筑物的地基。

2. 山洪急流的地质作用及洪积土

山洪急流是暴雨或骤然大量的融雪水形成的。山洪急流的流速和搬运力都很大，它能冲刷岩石，形成冲沟，并能把大量的碎屑物质搬运到沟口或山麓平原堆积成洪积土。

1）冲沟

冲沟是暂时性流水流动时冲刷地表所形成的沟槽。

冲沟形成的主要条件有：①较陡的斜坡；②斜坡由疏松的物质构成(如黄土、粘土等)；③降水量多，尤其是多暴雨和骤然大量融雪水的地区容易形成冲沟。此外，斜坡上无植被覆盖，人为地不合理的开发，以及废水排泄不当等也能促进冲沟的发生和发展。在我国黄土地区如甘肃、山西及陕西等地冲沟极为发育。

冲沟的发展可分为如下4个阶段(图5.2)。

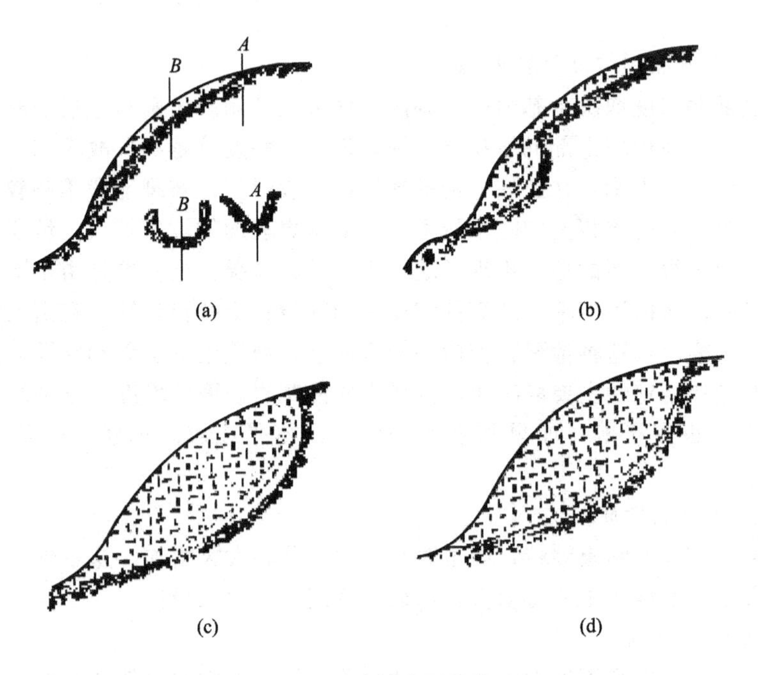

图5.2 冲沟的发展阶段

(a) 初始阶段；(b) 下切阶段；(c) 平衡阶段；(d) 衰老阶段

(1) 初始阶段：在斜坡上出现不深的沟槽，流水开始沿沟槽冲刷。

(2) 下切阶段：冲沟强烈加深底部，并向上游伸展。沟壁几乎直立，沟的纵剖面为凸形。这阶段冲沟发展最强烈，破坏性很大。

(3) 平衡阶段：沟的纵剖面已较平缓，沟底破坏基本停止，沟壁的坡度变缓，但沟的宽度仍在增加。

(4) 衰老阶段：沟底坡度平缓，沟谷宽阔，沟中的堆积物变厚，斜坡上有植物覆盖。

冲沟对建筑工程往往带来许多困难和危害：如修建铁路时常因冲沟的阻拦而只能进行填方或架设跨越的桥梁；冲沟不断增长可能切断已有线路，使交通中断；在选择建筑场地时也会带来困难。因此认识和研究冲沟对总图布置具有很大的意义。实践证明，在山沟河谷修建水库、谷坊，冲坝淤地，拦蓄山洪和泥砂，这些措施有力地防止了冲沟的发展及水土流失。

2）洪积土

当山洪急流携带大量石块泥砂在山口以外的平缓地带沉积下来便形成洪积土。当山洪挟带的大量石块泥砂流出沟谷口后，因为地势开阔，水流分散，搬运力骤减，所搬运的块石、碎石及粗砂就首先在沟谷口大量堆积起来；而较细的物质继续被流水搬运至离沟谷口较远的地方，离谷口的距离越远，沉积的物质越细。经过多次洪水后，在山谷口就堆积起锥形的洪积物，称为洪积扇，如图5.3所示。洪积扇逐渐扩大、延伸，与相邻沟谷的洪积扇互相连接起来，就形成洪积裙或洪积冲积平原，如成都平原。由于长年累月的重叠堆积便形成山前洪积平原，由山口向平地以缓和的坡度伸展出去，由于地形上的优点，这种地带常为城镇、工厂、道路的修建提供条件，如北京就位于山前倾斜平原上。

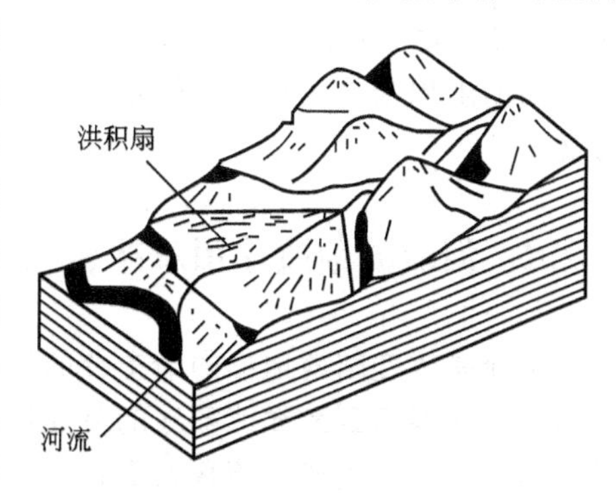

图5.3 洪积扇

洪积土的特征如下。

(1) 物质大小混杂，分选性差，颗粒多带有棱角。洪积扇顶部以粗大块石为多；中部地带颗粒变细，多为砂砾粘土交错；扇的边缘则以粉砂和粘性土为主。

(2) 洪积物质随近山到远山呈现由粗到细的分选作用，但碎屑物质的磨圆度由于搬运距离短而仍不佳。山洪大小交替的分选作用，常呈不规则的交错层状构造，交错层状构造往往形成夹层、尖灭及透镜体等产状(图5.4)。

用工程观点评价洪积土，可把全区分为3个工程地质分带(图5.5)。

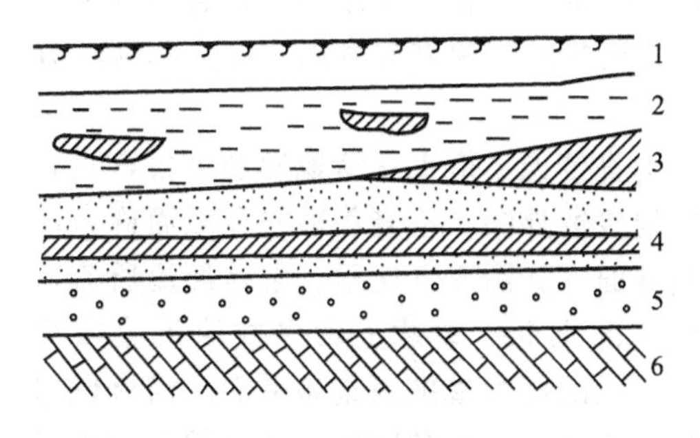

图5.4 土的层理构造

1—表土层；2—淤泥夹粘土透镜体；
3—粘土尖灭层；4—砂土夹粘土层；
5—砾石层；6—石灰岩层

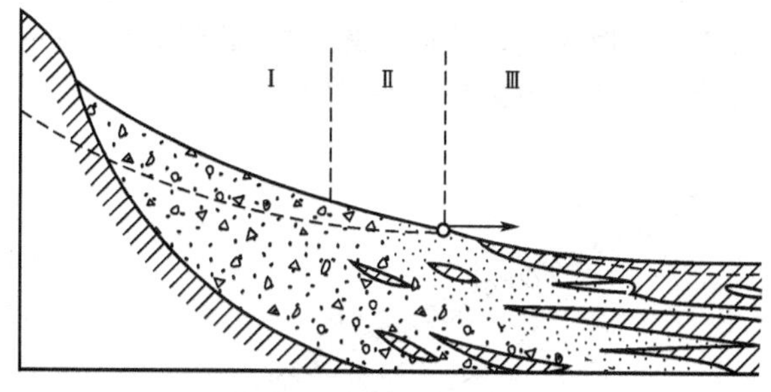

图5.5 洪积土剖面图

(1) 靠近山区地带(Ⅰ带)。土层为较粗的碎屑土，地势高，地下水位低，地基承载力较高，土质较均匀，故是良好的天然地基。

(2) 离山区远的(前沿)地带(Ⅲ带)。土层虽为粉土、粘土颗粒组成，但由于形成过程中受到周期性干燥，土粒被析出的可溶性盐类所胶结而较坚硬，承载力较高，也是较好的天然地基。

(3) 中间过渡地带(Ⅱ带)。由于受前沿地带细颗粒土(其渗透性极小)的影响，在此地带常有地下水溢出，有时还形成沼泽地带，故土质稀软而承载力较低，对工程建设不利。

另外，在洪积层中往往都有丰富的地下水可作为供水水源，但对于水工建筑就应注意粗碎屑物质的透水问题。此外，在高山边缘地区常有现代正在形成的洪积锥，当道路通过这类洪积锥时，由于洪积锥的发展、移动，能埋没道路，所以应该能够识别洪积锥是正在发展的，还是已经固定的。识别这两类洪积锥的方法之一是观察植物的生长情况，通常在正在发展的洪积锥上很少生长植物，已固定的洪积锥上则长有草或其他植物。线路经过正在发展的洪积锥地区时，最好是从洪积扇的顶部通过，这样可以避免道路遭到山洪泥砂的破坏。

5.2.2 河流的地质作用及冲积土

河流是改变陆地地形的最主要的地质作用之一。河流不断地对岩石进行破坏，并把破坏后的物质搬运到海洋或陆地的低洼地区堆积起来。河流的地质作用主要决定于河水的流速和流量。由于流速、流量的变化，河流表现出侵蚀、搬运和沉积 3 种性质不同但又相互关联的地质作用。

1. 河流的侵蚀作用

侵蚀作用是指河水冲刷河床，使岩石发生破坏的作用。破坏的方式有：水流冲击岩石，使岩石破碎(冲蚀)；河水所夹带的泥、砂、砾石等在运动的过程中摩擦破坏河床(磨蚀)；河水在流动的过程中溶解岩石(溶蚀)。

河流的侵蚀作用依照侵蚀作用的方向又可分为垂直侵蚀和侧方侵蚀两种。

1) 垂直侵蚀

在坡度较陡、流速较大的情况下，河流向下切割能使河床底部逐渐加深，这种侵蚀在河流上游地区表现得很显著。在向下切割的同时，河流并向河源方向发展，缩小和破坏分水岭。这种作用称为向源侵蚀。

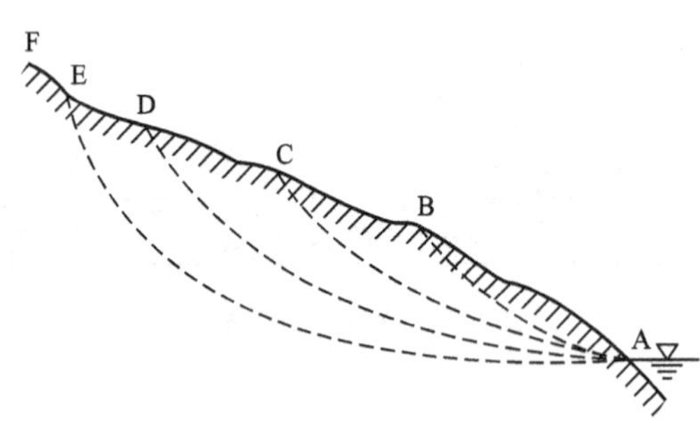

图 5.6 侵蚀基准面示意图

垂直侵蚀不能无止境地发展下去，它有一定的侵蚀界限，垂直侵蚀的界限面称为侵蚀基准面，如图 5.6 所示。它是河流所流入的水体的水面。地球上大多数河流流入海洋，它们的侵蚀基准面是海平面。河流仅河口部分能达到侵蚀基准面，其余部分只能侵蚀成高出海平面的平滑和缓的曲线，因为河床达到一定的坡度后，水流的能力仅能维持搬运的物质而无力再向下切割。

河流的垂直侵蚀使河床加深，能使桥台或桥墩基础遭到破坏。

2) 侧方侵蚀

在流水速度较小或河道弯曲时，流水冲刷两岸，则形成侧方侵蚀。这种侵蚀能使河床逐渐加宽。河水在运动过程中横向环流的作用，是促使河流产生侧蚀的经常性因素。

此外，如河水受支流或支沟排泄的洪积物及其他重力堆积物的障碍顶托，致使主流流向发生改变，引起对岸产生局部冲刷，这也是一种在特殊条件下产生的河流侧蚀现象。在天然河道上能形成横向环流的地方很多，但在河湾部分最为显著［图 5.7(a)］。当运动的河水进入河湾后，由于受离心力的作用，表层流束以很大的流速冲向凹岸，产生强烈冲刷，使凹岸岸壁不断坍塌后退，并将冲刷下来的碎屑物质由底层流束带向凸岸堆积下来［图 5.7(b)］。由于横向环流的作用，使凹岸不断受到强烈冲刷，凸岸不断发生堆积，结果使河湾的曲率增大，并受纵向流的影响，使河湾逐渐向下游移动，因而导致河床发生平面摆动。这样天长日久，整个河床就被河水的侧蚀作用逐渐地拓宽。通常侧方侵蚀是和垂直侵蚀同时进行的，但在垂直侵蚀十分强烈的情况下，侧方侵蚀不十分明显。随着垂直侵蚀的减弱，扩展河床的侧方侵蚀就很明显，甚至在垂直侵蚀完全停止的时候侧方侵蚀还仍然在继续。

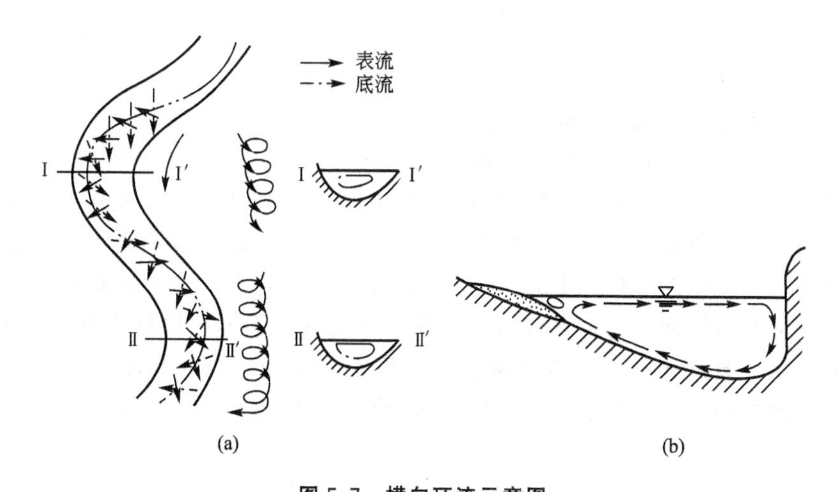

图 5.7 横向环流示意图

(a) 河流横向环流；(b) 河曲处横向环流断面图

河水侵蚀常造成下述结果。

1) 河谷

河流的流水切入地壳的槽形凹地叫做河谷。河谷在多数情况下都是由于流水的侵蚀作用形成的。大多数的河谷都有河漫滩及河岸阶地等地貌单元(图 5.8)。河谷的形态由于侵蚀作用的强弱变化及两岸岩石的性质和地质构造的不同，在上游、中游和下游地区是不一样的。在上游地区，由于坡度陡，流速大，垂直侵蚀作用强，河谷多成深狭的“V”字形，即所谓的峡谷。在“V”字形断面的情况下，水位容易高涨，因而有破坏性的急流。

在这种地区，宜于修建水电站，利用水能来发电。在中游地区，一般两岸受侧方侵蚀作用的冲刷较强，因而河谷斜坡的形状比较开展，谷底比较宽阔，成“U”字形河谷。卵石、砾石多分布在此宽谷地区，该区适宜于修建水库。在下游地区，冲刷作用弱而沉积作用强，河谷开展，成宽广的平谷。泥砂类的沉积物多，成广大平原，洪水容易泛滥，应注意防洪。

河谷的形状除宽狭之外，尚有两岸谷坡大致相等的对称河谷和两岸谷坡不等的不对称河谷，以及阶梯状的河谷。若按照成因、地质构造进行分类时，还有其他种种名称，可参阅有关专业书籍，本书从略。

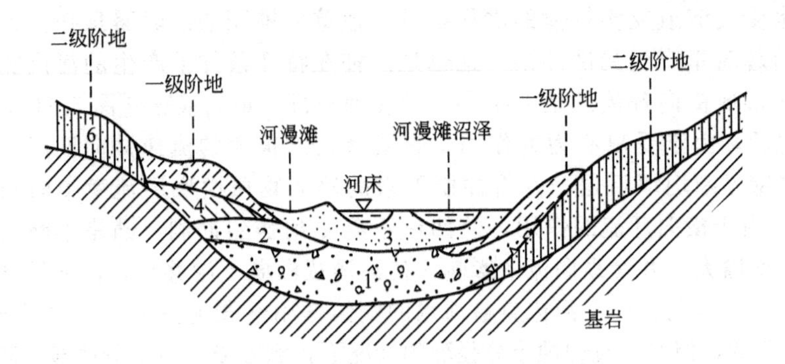

图 5.8　平原河谷横断面图

1—砾卵石；2—中粗砂；3—粉细砂；4—粉质粘土；

5—粉土；6—黄土；7—淤泥

2）河流的蛇曲和改道

当河流的垂直侵蚀减弱时，侧方侵蚀就明显表现出来。

天然河道本身就有弯曲。在河道弯曲处，河水最大流速的水流就直接指向河的凹岸，使凹岸冲刷破坏，同时河水又将凹岸冲刷下来的物质搬运到凸岸处堆积起来。这样凹岸被侵蚀，不断向后退，凸岸被堆积，不断向前发展，河道的弯曲就逐渐增大，在前一个弯曲刚刚结束的地方，又能产生另一个弯曲，最后河流就变成弯弯曲曲的蛇曲形状(图 5.9)。

河流的发展有时使两个河弯比较接近，洪水时河水的强烈冲刷终于使两个河弯连通，河流便裁弯取直，改道而行。河流改道后，老河床由于冲积物的逐渐填塞以及植物的生长，形成弯月形的湖泊，称为牛轭湖。牛轭湖干涸后便成为沼泽，如图 5.10 所示。

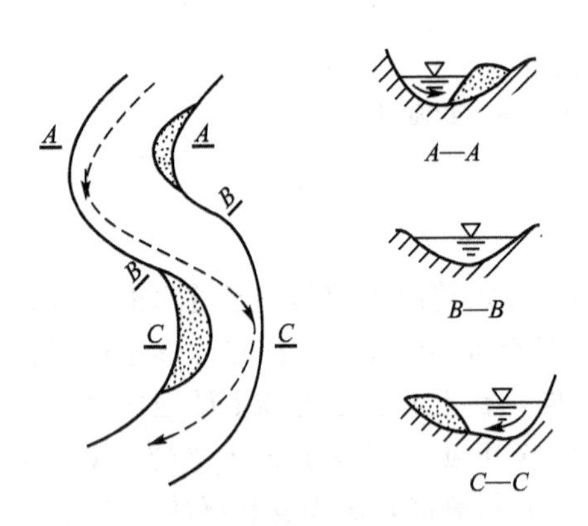

图 5.9　凹岸侵蚀凸岸沉积及水流图

注：细点范围为沉积物。

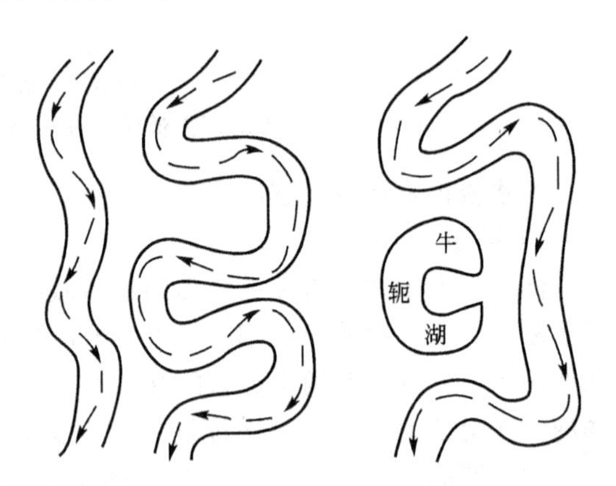

图 5.10　河曲的发展及河流的改道

2. 河流的搬运作用

河流的搬运作用是河水把冲刷下来的物质搬运到其他的地方，例如，把冲刷下来的物质从上游搬运到中游或下游，从陆地搬运到海洋。通常流水搬运力和搬运量的大小，决定于流速及流量的大小。由水力学可知，流水的搬运力与流速的六次方成正比，即流速如果增加一倍，搬运力就增加 64 倍。因此，流水搬运物质的颗粒大小和重量将随流速的变化而急剧变化。因此，所搬运物质的颗粒一般是上游颗粒较粗，越向下游颗粒越细。这就是河流的分选作用，即在一定河段内流水搬运物质的大小具有一定的范围。在搬运的过程中，被搬运的物质与河床摩擦，或相互之间碰撞，带棱角的颗粒就变成了圆形或亚圆形的颗粒，例如石块变成了卵石、圆砾。

3. 河流的沉积作用

河流在河床坡降平缓的地带及河口附近，河水的流速变缓，水流所搬运的物质便沉积下来，这种沉积过程称为河流的沉积作用，所沉积的物质称为冲积土或河流沉积物。

河流沉积的物质有粗碎屑的漂石、块石、卵石、砾石等及细碎屑的砂、粘性土、淤泥等。

冲积土的特征：物质有明显的分选现象。上游及中游沉积的物质多为大块石、卵石、砾石及粗砂等，下游沉积的物质多为中砂、细砂、粘性土等；颗粒的磨圆度较好；多具层理，并有尖灭、透镜体等产状。

河流冲积土在地表分布很广，可分为：平原河谷冲积物、山区河谷冲积物、山前平原冲积物、三角洲及溺谷沉积物等类型。

平原河谷通常深度不大，宽度很大，谷坡平缓，河床坡降小，而山区河谷的特点是深度大，谷坡陡，河床坡降大。因此，平原地区与山区的河流具有显著差别，河流的沉积物也有所不同。

1）平原河谷冲积物

平原河谷上游，河谷成“V”字形，不能形成固定的冲积层。所沉积的砂砾物质，在洪水期时多被流水带到中、下游。在河谷下游出现河曲，在凹岸处侵蚀，在凸岸处沉积砂、砾、卵石层。

平原河谷冲积层包括河床冲积物、河漫滩冲积物、牛轭湖沉积物、湖积物等。河床冲积物有卵石、砾石、砂、粘性土、淤泥等。河漫滩冲积物是洪水期河水溢出河床两侧时形成的泛滥沉积物，主要是沉积一些较细的物质，如细砂、粘性土。其主要特征是上部的细砂和粘性土与下部的河床沉积的粗粒土组成二元结构，具斜层理与交错层理。牛轭湖沉积物主要是有机沉积物，如淤泥、泥炭等。

一般河床冲积物是构成河谷谷底的最重要的沉积物，它分布在整个河谷谷底范围内，厚度较大。在河床冲积物上覆盖着厚度较小的河漫滩冲积物。而牛轭湖沉积物则以透镜体的产状分布在河床冲积物和河漫滩冲积物中。

在工程地质特征上，卵石、砾石及密实砂层的承载力较高，作为建筑物地基是比较稳定的。细砂具有不太大的压缩性，饱和时边坡不稳定。至于淤泥、泥炭和松软的粘性土，如作为地基时，建筑物会发生较大的沉降，而且沉降的完成需要很长时间。总的来说，牛轭湖及河漫滩地带因含松软的淤泥及粘性土，工程性质差。但河漫滩上升为阶地后，因干燥脱水，则工程性质能够改善，一般越老的阶地其工程性质越好。

2）山区河谷冲积土

山区河谷的冲积物大多由含纯砂的卵石、砾石等组成。分选性较平原河谷冲积物差，大小不同的砾石互相交替，成为水平排列的透镜体或不规则的袋状。由于山区河流流速大而河床的深度不大，故冲积物的厚度也不大(多不超过 10～15m)。一段山区河谷谷地是由单一的河床砾石组成，不像平原河谷冲积物那样复杂。山区冲积物透水性很大，抗剪强度高，实际上是不可压缩的，是建筑物的良好地基。当山区河谷宽广时，也会有河漫滩洪积物出现，主要为含泥的砾石，并具有交错层理。此外，山区河谷中还可能有泥石流沉积物。

3）山前平原冲积洪积物

常沿山麓分布，厚度有时能达数百米。这种沉积物有分带性，近山处由冲积和部分洪积成因的粗碎屑物质组成，向平原低地逐渐变为砾砂、砂以至粘性土。因此，山前平原的工程地质条件也随分带岩性的不同而变化。越往平原低处，工程地质条件越差。

4）三角洲及溺谷沉积物

三角洲沉积物是河流所搬运的大量物质在河口(河流入海或湖处)沉积而成。三角洲沉积物的厚度很大，能达几百米或几千米，面积也很大。三角洲沉积物可分为水上部分及水下部分。水上部分主要是河床及河漫滩冲积物——砂、粘性土及淤泥，产状一般为层状或透镜体。水下部分则由河流冲积物和海或湖的堆积物混合组成，呈倾斜沉积层如图 5.11 所示。

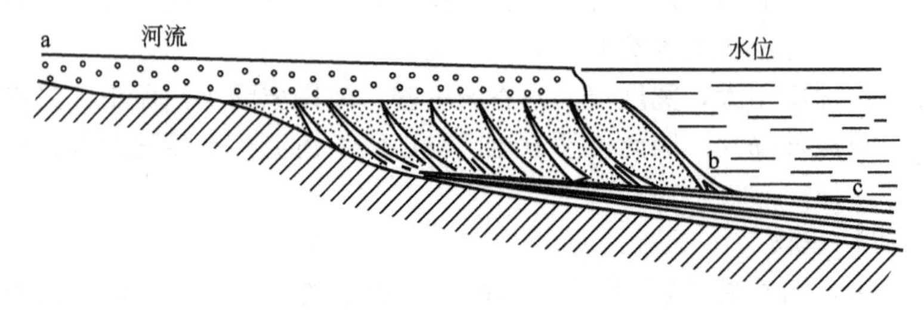

图 5.11　三角洲沉积层

a—顶积层；b—前积层；c—底积层

三角洲沉积物的颗粒较细，含水量大，呈饱和状态，承载力较低。有的还有淤泥分布。在三角洲沉积物的最上层，由于经过长期的干燥和压实形成所谓的硬壳，承载力较下面的为高，在工程建设中应该很好地利用这一层，另外，在三角洲上建筑时还应查明暗滨或暗沟的分布情况。

溺谷是被海水淹没的河谷。溺谷沉积物中大多含有有机混合物的淤泥物质，具有高的孔隙比，接近流动状态，压缩性高，抗剪强度低，不宜作为重型建筑物的地基。

由于河流沉积作用的影响，其结果能形成下列几种常见的冲积物地形。

冲积扇：由冲积物形成的扇形碎屑堆积，若为冲积洪积物堆积则称为冲积洪积扇。

三角洲：在河流入海处形成的堆积，如珠江三角洲、长江三角洲。

冲积平原：由冲积物所形成的平原，如华北平原、江汉平原。

沙洲：沙洲是在河身宽阔处，水流流速减小，由泥、砂、砾石等碎屑物沉积而成，如南京附近的江心洲。沙洲沉积多不稳定。

河岸阶地：河谷两岸由流水作用所形成的狭长而平坦的阶梯状的平台，称为河岸阶地。它是在流水的侵蚀、沉积及地壳的升降等作用相互配合的情况下形成的。如图 5.12 所示为河岸阶地的形成方式之一，如此多次变化，就能形成多级的河岸阶地。阶地主要有两种类型：一种是侵蚀阶地(图 5.13)，它的特点是阶面平缓，基岩出露，阶地上沉积物很薄甚至没有；另一种是沉积阶地(图 5.14)，它的特点是沉积物较厚，基岩不出露。阶地顺河流方向分布在河谷的两侧，地形比较平坦，常被选作建筑场地。

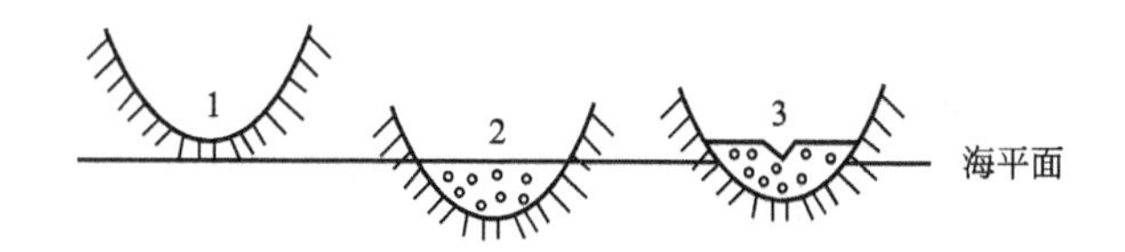

图 5.12　河岸阶地的形成过程

1—原来河谷的标高；2—当地壳下降时，河流坡度减小，形成厚的冲积物；
3—由于地壳上升，河流冲刷增大，便在河谷中冲刷出一条较狭的河床，在新河床的两侧便形成一级阶地

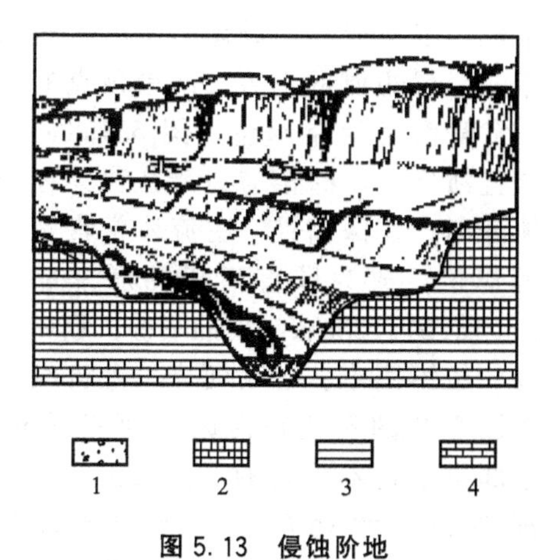

图 5.13　侵蚀阶地

1—冲积层；2—砂岩；3—页岩；4—石灰岩

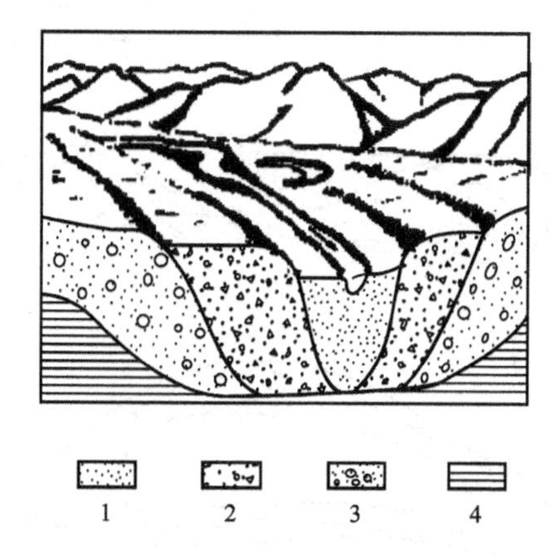

图 5.14　沉积阶地

1—河漫滩冲积层；2—第一阶地冲积层；
3—第二阶地冲积层；4—基岩

4. 河岸地区进行建筑应注意的工程地质问题

(1) 必须事先了解河流的最高洪水位，避免在洪水淹没区进行建筑。

(2) 应注意河岸的稳定性，不在有崩塌、滑坡等不稳定的地区建筑。如必须建筑，要对崩塌、滑坡进行处理。

(3) 河床上是不宜建厂的，如需要建设船台、码头及取水构筑物时，应考虑由于进行建设而改变河床断面后的最高洪水位、冲刷深度、含泥量，同时也要考虑河水对岸边及构筑物的冲刷。

(4) 河流的凹岸受冲刷，容易形成河岸的崩塌、滑坡，特别是松散沉积物构成的河岸更易被侵蚀后退，选择建筑场地时，建筑物距阶地边缘应留有适当的安全距离，必要时应采取保护河岸的措施。为阻止水流冲刷可用丁坝、导流堤等，加固河岸可用石笼、抛石块及挡墙护岸等。河流凸岸是沉积区，一般多可建筑，但可能存在淤积的问题。所以，建筑场地选在河岸平直的地段较好。

(5) 应注意冲积物的产状。冲积物中埋藏有粘性土的透镜体或尖灭层时，能使建筑物产生不均匀沉降。

(6) 阶地上有古老河床的沉积物和牛轭湖沉积物时，应注意它们的分布、厚度及工程地质性质。

(7) 冲积层中常有丰富的地下水，可作为供水水源。但在古河床地区，地下水多且水位较高，施工时排水较为困难。另外地下水可造成河岸阶地边缘的潜蚀现象，影响阶地的

稳定性。

5. 河流侵蚀、淤积作用的治理

1) 不同类型河床主流线与崩岸位置

河流的主流线靠近河岸时，河岸土层会发生崩塌。由于河床类型不同，主流线靠岸的位置不相同，崩岸的位置也不相同。在弯曲河床的上半段，主流线靠近凸岸上方，然后流入凹岸顶点；在弯曲河床的下半段，主流线靠向凹岸。所以在弯曲河床的凸岸边滩的上方、凹岸顶点的下方，常常都是崩岸部位［图 5.15(a)］。在顺直河床上，深槽与边滩往往犬牙交错地分布；在深槽处，主流线常常是靠近河岸的，成为顺直河床的崩岸部位［图 5.15(b)］，随着深槽的下移，崩岸的部位一般不固定。游荡河床，主流线也随着江心洲的变化在河床中动荡不定，崩塌部位也是不固定的。分叉河床，江心洲洲头常常处在主流顶冲的部位［图 5.15(c)］，常常都是护岸工程重点守护的地段。

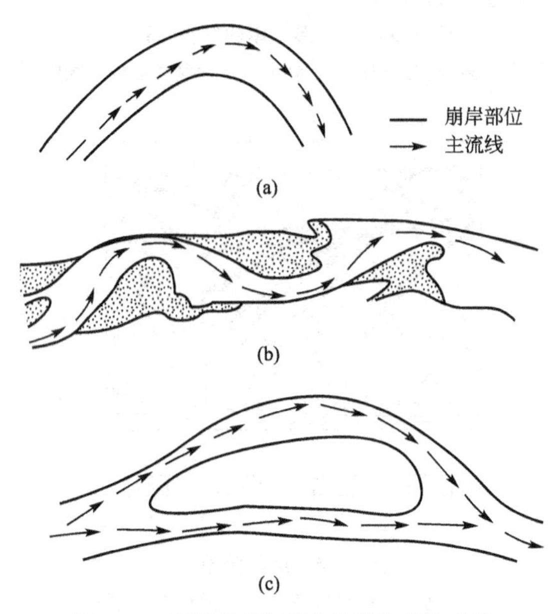

图 5.15　不同类型河床主流线与崩岸位置

2) 防护措施

全球悬河化现象在发展，治河问题研究有重要意义。对于河流侧向侵蚀及因河道局部冲刷而造成的坍岸等灾害，一般采用护岸工程或使主流线偏离被冲刷地段等防治措施。

(1) 护岸工程。

① 直接加固岸坡常在岸坡或浅滩地段植树、种草。

② 护岸有抛石护岸和砌石护岸两种。即在岸坡砌筑石块(或抛石)，以消减水流能量，保护岸坡不受水流直接冲刷。石块的大小，应以不致被河水冲走为原则。可按下式确定：

$$d \geqslant v^2/25 \tag{5-1}$$

式中：d——石块平均直径，cm；

v——抛石体附近平均流速，m/s。

抛石体的水下边坡一般不宜超过 1∶1，当流速较大时，可放缓至 1∶3。石块应选择未风化、耐磨、遇水不崩解的岩石。抛石层下应有垫层(图 5.16)。

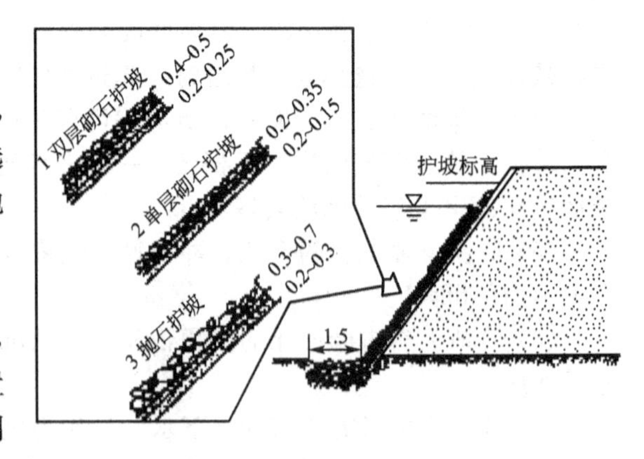

图 5.16　砌石护岸和抛石护岸

(2) 约束水流。

① 顺坝和丁坝。顺坝又称导流坝，丁坝又称半堤横坝。常将丁坝和顺坝布置在凹岸以约束水流，使主流线偏离受冲刷的凹岸。丁坝常斜向下游，夹角为 60°～

70°，它可使水流冲刷强度降低10%～15%(图5.17)。

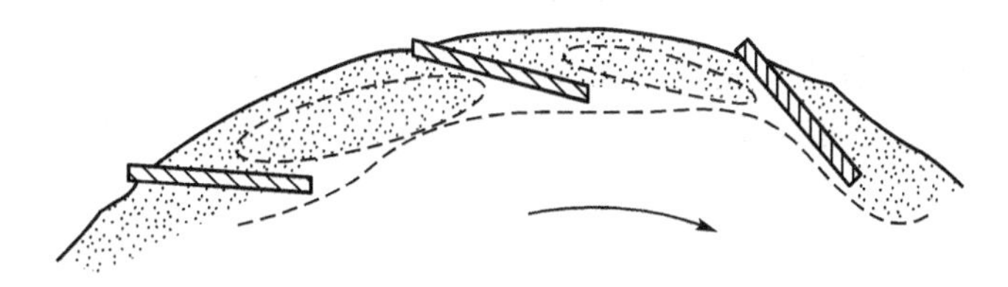

图5.17 丁坝

② 约束水流，防止淤积。束窄河道、封闭支流、截直河道、减少河流的输沙率等均可起到防止淤积的作用。也常采用顺坝、丁坝或两者组合使河道增加比降和冲刷力，达到防止淤积的目的。

5.3 海洋的地质作用及海相沉积物

5.3.1 海洋区域的划分

海洋的总面积为36×10^7km²，占地球表面面积的70.8%。

1. 大陆边缘

地壳表面的基本形态特征是大陆及海洋盆地。二者间的过渡地带是大陆边缘。在一个理想的典型剖面上，大陆边缘划分为三个单元：大陆架、大陆斜坡和陆基。大陆架是大陆在水下的延伸部分，其外线接大陆斜坡(平均坡度3°～5°)，大陆斜坡以下是一较平坦的海底，叫陆基，其外线平均深度达4km，与它相连的是大洋盆地。

2. 大陆架

据1953年国际委员会的定义，大陆架是指大陆周围的浅水地带。它从低潮位线开始以极缓的倾斜延至海底坡度显著增大的地方(图5.18)。岛屿周围的类似地带称为岛架。大陆架的外界边缘很不固定，一般外界边缘深度为20～550m，平均深度约30m；宽度为

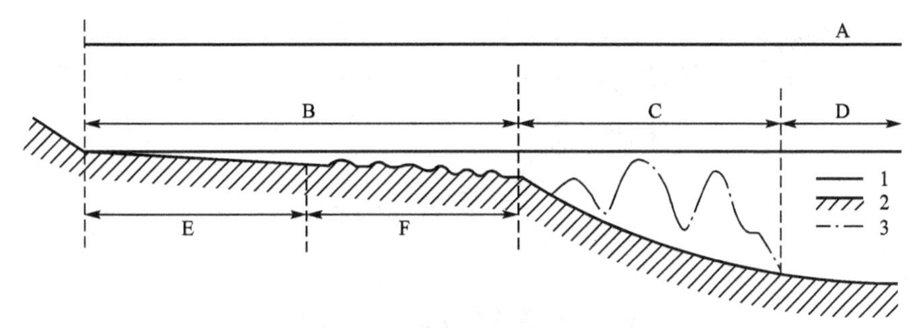

图5.18 大陆水下边缘底部地形要素示意图

1—海面；2—岸坡及底部表面；3—边缘地槽表面；A—大陆边缘；B—大陆架；C—大陆坡；D—大陆坡脚；E—内陆架；F—外陆架

10～1000km以上，平均宽度为65km，平均坡度为0.1°。世界上的大陆架约占海洋总面积的8%，占陆地面积的18%～20%，约相当于欧洲及南美洲的总和。联合国提出关于大陆架的法律界限为600m海水深度处。

从地质特征上讲，大陆架与大陆地质结构是一致的。在绝大多数情况下，大陆架具有大陆型地壳。

3. 海岸带

海岸带是指海陆相互作用最活跃的地带。海岸带一般包括海岸、潮间带和水下岸坡3部分(图5.19)。海岸是指现代海岸线以上狭窄的近海陆上地带，包括上升的古海岸带。而现代海岸线是指海水面与陆地接触的分界线。它随潮水涨落在随时变化着。潮间带是平均高潮位与平均低潮位之间的地带。水下岸坡是平均低潮位以下的地带，其下界一般为水深相当于2～3个波长处。简言之，海岸带上界是激浪达到的地方，下界是水深等于2～3个波长的位置。大陆架上生物资源非常丰富，并蕴藏着大量的石油、天然气和其他矿产资源。科学技术的发展使得在大陆架区广泛开展地质勘探及资源的开发成为可能。根据海水的深度及海底的地形可以把海洋区域分为以下几个带(图5.20)。

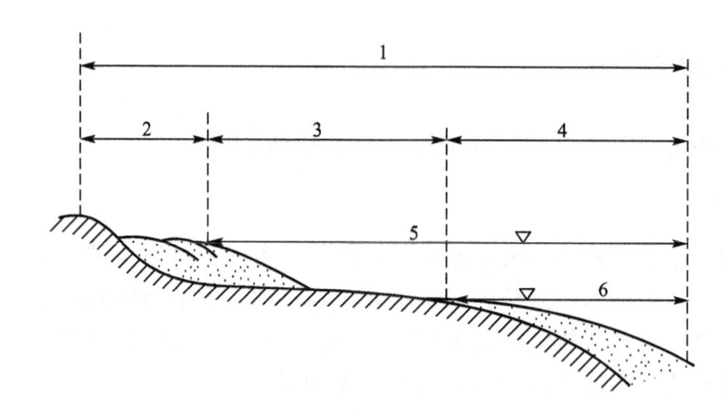

图5.19 海岸带结构示意图

1—海岸带；2—海岸；3—潮间带；4—水下岸坡；5—高潮位；6—低潮位

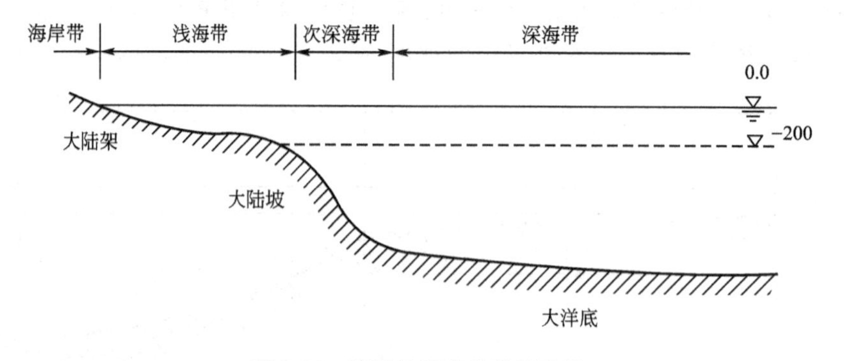

图5.20 海洋按深度分带示意图

(1) 海岸是海水高潮和低潮之间的地区，海水深度0～20m。

(2) 大陆架(或陆棚)浅海带：海水深度20～200m，坡度很平缓。

(3) 大陆坡次深海带：海水深度200～3000m，坡度一般自几度到二十几度。

(4) 深海带：海水深度3000～6000m，有时在接近大陆处有深达万米的海渊。

5.3.2 海洋的破坏作用及沉积作用

1. 海洋的破坏作用

海洋的破坏作用有冲蚀、磨蚀及溶蚀3种。海浪、潮汐和岸流等都能起破坏作用，其中海浪是破坏海岸的主要力量。波浪形成的原因有风力、洋流、潮汐、地震、海底火山喷发等，但最常见的及最有实际意义的是风成浪。

当风吹过水面时，对水面产生风压力，它迫使不可压缩并不具抗剪切强度的水质点作“相互补偿”的单向轨道运动，在水面产生峰谷。因此，人们将水质点的振动运动的发生与传播，称为波浪。海浪时刻都在冲击着海岸，风力越强，它的冲击力也越大。海浪冲击海岸岩石时，对岩石产生很大的压力，使其破坏。海浪可把海岸岩石掏成凹槽或形成洞穴，当这些凹槽和洞穴扩大到一定程度时，它上面悬空的岩石便会崩塌下来。海浪又将这些崩塌下来的岩块忽前忽后反复推动着，把它们当做撞击的工具，这就更加速了对海岸的破坏作用。海浪冲蚀作用进行得越久，海岸向后撤退就越远，而海滩也就变得越宽。陡岸向后撤退得越远，海浪要达到岸边就越困难，因为海浪前进的能量都消耗在对海滩的摩擦上了。当海滩增长到海浪达不到陡岸的时候，海浪的破坏作用也就暂告结束。

在浅水区不仅波浪对海底产生影响，海底同时也影响着波浪，当水深$H<\lambda/2$时(λ为波长)，将产生浅水波。水质点运动轨道由于海底摩擦影响而变形。在海底摩擦力最大，水质点几乎是一来一往的直线运动。随着摩擦力向海面方向逐渐减小，水质点轨道由直线形渐变为椭圆形。当$H=h$(h为波高)时，水质点在运行中，由于波峰比波谷受摩擦力弱，波浪上半部前进速度大于下半部后退速度，从而造成波峰前端陡峻，使波浪呈不对称形状。一旦波浪进入水深不及一个波高的浅海中部，遂不能形成完整的波峰。波峰前端弯曲过甚，甚至由重力而下坠，波浪完全破碎，形成拍岸浪，称之为激浪。向岸壅的水体称之为击浪流。击浪是冲击海岸的主要力量，尤其在强暴风力影响下，冲击力可达$(1\sim3)\times10^4$kg/m，对海岸的破坏作用很大，称之为海浪的磨蚀作用。

2. 海洋的沉积作用

绝大部分沉积岩是在海洋内沉积形成的，所以海洋的地质作用中最主要的是沉积作用。河水带入海洋的物质和海岸破坏后的物质在搬运过程中，随着流速的逐渐降低，就沉积下来。靠近海岸一带的沉积多是比较粗大的碎屑物，离海岸愈远，沉积物也就愈细小。这种分布情况，同时还与海水深度和海底的地形有直接的关系。海洋的沉积物质，有机械的、化学的和生物的3种，形成各类海相沉积物(或海相沉积层)。海相沉积物按分布地带的不同分为以下几种。

1) 海岸带沉积物

主要是粗碎屑及砂，它们是海岸岩石破坏后的碎屑物质组成的。粗碎屑一般厚度不大，没有层理或层理不规则。碎屑物质经波浪的分选后，是比较均匀的。经波浪反复搬运的碎屑物质磨圆度好。有时有少量胶结物质，以砂质或粘土质胶结占多数。海岸带砂土的特点是磨圆度好，纯洁而均匀，较紧密，常见的胶结物质是钙质、铁质及硅质。海岸带沉积物沿海岸往往成条带分布，有的地区砂土能伸延好几千米长，然后逐渐尖灭。此外，海岸带特别是在河流入海的河口地区常常有淤泥沉积，它是由河流带来的泥砂及有机物与海中的有机物沉积的结果。海岸地区的沉积物可以形成以下的地形(图 5.21)。①海滩：高潮与低潮间的沙滩。②砂坝：与海岸平行的天然堤坝。③砂嘴：在海岸弯曲处堆积成伸入海中的砂嘴，当砂嘴继续增长，把海湾与海水分开，这种水体称为泻湖，如杭州的西湖。一般在泻湖地区多堆积有淤泥和泥炭，建筑条件差。④海滨阶地：由海浪侵蚀和海水沉积造成的平台。由于海岸带沉积物在垂直方向和水平方向变化均很大，所以要求布置较密的勘探点及沿深度多取试样来进行研究，才能获得可靠的资料。

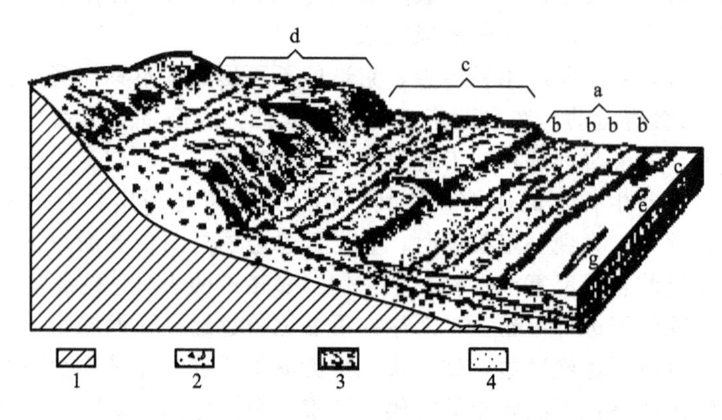

图 5.21　海滩、砂坝、海岸阶地

1—基岩；2，3—松散岩石；4—砂和卵石

a—海滩；b—海岸砂坝；c，d—海滨阶地；e—砂礁

主要是较细小的碎屑沉积(如砂、粘土、淤泥等)及生物化学沉积物(硅质沉积物、钙质沉积物)。在浅海环境里，由于阳光充足，从陆地带来的养料丰富，故生物非常发育。

在沉积物中往往保存有不少化石。浅海带砂土的特征是：颗粒细小而且非常均匀，磨圆度好，层理正常，较海岸带砂土为疏松，易于发生流砂现象。浅海砂土分布范围大，厚度从几米到几十米不等。浅海带粘土、淤泥的特征是：粘度成分均匀，具有微层理，可呈各种稠度状态，承载力也有很大变化。一般近代的粘土质沉积物密度小，含水量高，压缩性大，强度低；而古老的粘土质沉积物密度大，含水量低，压缩性小，承载力很高(有时可达 $5\sim10kg/cm^2$)，陡坡也能保持稳定，这种硬粘土常常有很多裂隙，因而具有透水的能力，也易于风化。浅海带沉积物的成分及厚度沿水平方向比较稳定，沿垂直方向变化较大，因此，在工程地质勘察时，水平方向可布置较稀的勘探点，但在沿深度方向上要求较多的试样，才能获得有代表性的资料。

2) 次深海带及深海带沉积物

主要由浮游生物的遗体、火山灰、大陆灰尘的混合物所组成，很少有粗碎屑物质出现。沉积物主要是一些软泥。

5.3.3　海岸稳定性的评价

海浪冲击海岸，能使海岸失去稳定，产生滑坡和崩塌，位于岸边的建筑如码头、道路及住宅等也随之破坏。因此，在海岸地区进行建筑时，必须对海岸的稳定性进行评价。

海岸的稳定性取决于构成海岸岩石的成分、产状和海浪冲蚀的情况等。松软的岩石比坚硬的岩石易受海浪的冲刷破坏。由松散沉积物所构成的海岸，常因稳定性不足而产生滑动。岩层的产状很重要。若组成海岸的岩层以较陡的倾角倾向海面时，受冲刷后岩层就较容易顺着层面滑动或崩塌。若岩层倾向海面但倾角很缓，这种海岸比较稳定，因为海浪是顺着层面向上滚动，它的冲击力都消耗在摩擦作用上了。如果岩层是水平的，组成的岩石又是软硬相间的，受海浪冲蚀后容易形成浪蚀阶地，这样就削弱了海浪的破坏力。若岩层倾向陆地时，海岸也较为稳定。在注意岩层产状的同时，也应研究岩石的裂隙发育情况。

海浪的破坏力不仅与风力大小密切相关，而且还受海水的深度及海底地形的影响。和海浪破坏作用相似的还有潮汐的破坏作用，在评价海岸的稳定性时也应加以考虑，例如，我国钱塘江口的潮汐破坏作用对于海塘工程的影响就很大。为了防止海岸受波浪的冲击，可砌筑护岸建筑，如突堤、防浪堤、海塘等。

5.3.4 海岸及沿岸建筑物的防护方法

一般护岸、护港措施有2个目的：①保护海岸、海港，使其免遭冲刷，并保护岸边建筑物的安全；②防止海岸、港口遭受淤积，保证建筑物及潮汐电站等正常运转。为达到上述目的，常采用下列两种方法。

1）整流工程

利用一定的水工建筑物调整水流，造成对防止冲刷或防止淤积的有利的水文动态条件，改变局部地区海岸形成作用的方向。例如建筑防波堤、破浪堤、丁坝等来防止冲刷。防波堤是一种有效的防淤建筑(图5.22)。它可以将泥砂截留在海港以外。建筑这样的防波堤造价很高。因此，目前有人试验用漂浮防波堤来促成砂嘴的形成，以截留冲积物(图5.23)。破浪堤(水下防波堤)是设置于距岸40～50m左右的水下长堤。当波浪向岸推进而达堤处时，由于水深变浅，波浪受到阻力，能量减弱(其能量可消失75%)。同时，泥砂堆积，形成新的平衡剖面，造成海滩的出现。海岸便被保护起来，堤本身也不致受波浪的巨大冲击而破坏。

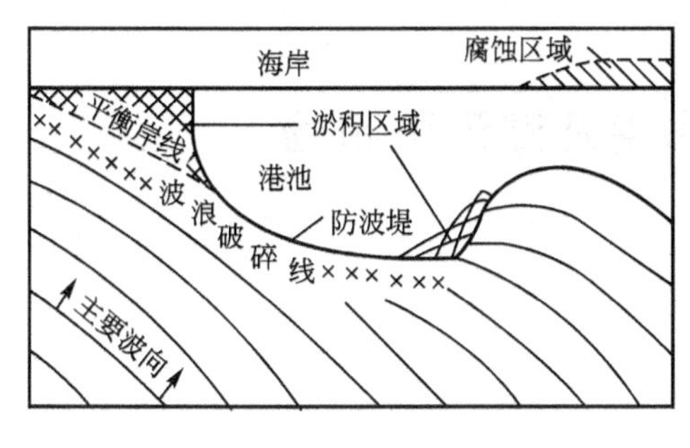

图5.22 防波堤及其作用示意图

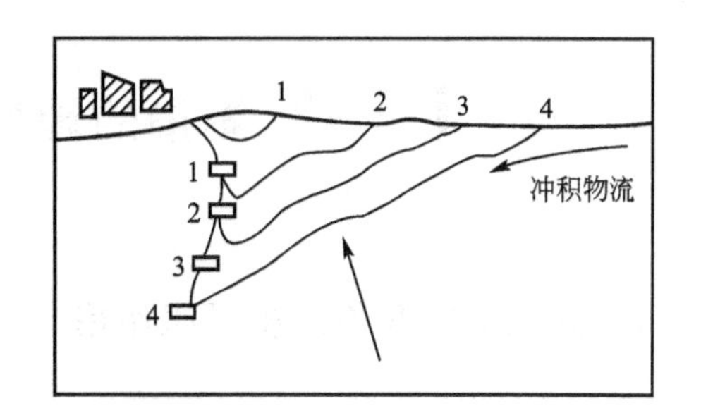

图5.23 漂浮防波堤

1～4—飘浮物的相继位置及历次形成的砂嘴位置

2）直接防蚀工程

修建一定的水工建筑物，直接保护海岸，免遭冲刷，如修筑护岸墙、护岸衬砌等。根据波浪动态和边岸的特点，修筑凹面石墙比直立护墙防掏蚀效果好。选择和设计所有这些防护措施，都要在深入研究地区的自然条件的基础上进行。这样，才会使护岸工程合理。此外，在选择和设计防护措施时，还必须考虑该工程的兴建对相邻地区海岸将发生怎样的影响，否则也常导致不良的后果。因此，需要对整个海岸或海湾作统筹规划，采取综合性的措施。

5.3.5 海岸带工程地质研究的一般原则

为了选择港口、海岸工程的位置，确定护岸护港措施，工程地质研究的主要任务是了解建筑地区海岸带形成作用的特点，以便进行工程地质评价。为此，必须研究现代海滨地貌的特征、沉积物的性质和分布，并结合河流阶地的研究及分析历史的记载等，找出其规律。同时，还需研究沿岸地区的水文气象条件、海岸的动态和专门性长期观测工作。一般海岸带工程地质测绘，应查明如下几个方面。

1）搜集水文气象资料

(1) 风向、风力及风作用的延续时间。

(2) 激浪及浅水浪的波浪要素及作用时间。

(3) 泥砂流的特点：补给区、堆积区的位置，流动方向，强度及物质组成。

(4) 潮汐运动特点。

2）野外地形调查

(1) 海岸带的地形地貌特征：海岸形状，海滩及水下斜坡的宽度及动态特征。

(2) 海岸带地质条件：地层岩性、地质构造、水文地质特征、岸边稳定性研究(海岸滑坡、崩坍等不良物理地质作用)。

(3) 沿岸被冲刷地带和接受沉积地带的分布情况及其强度。

(4) 已有的水工建筑物配置、类型、砌置深度及距海平面的距离及变形破坏情况。根据建筑工程规模和设计阶段的不同，工程地质测绘的比例尺可采用1：50000至1：10000，必要时可采用大比例尺。有时配合必要的勘探工作，以查明岸坡的地质结构和自然地质作用的性质等。在综合研究的基础上，应对海岸的区域稳定性、地基稳定性及工程建筑的适宜性提出工程地质评价。

5.4 湖泊的地质作用及湖沼沉积物

5.4.1 湖泊的破坏作用及沉积作用

1）湖泊的破坏作用

湖的面积较大，由于风的作用及湖水的涨落，能产生湖浪及湖流，冲蚀湖岸，使岸壁破坏。湖岸地区的地下水位常因湖水位的变化而升降，四周的岩土被水浸湿发生松软现象，能使建筑物的地基沉降，岸坡也可能出现崩塌或滑动。

2）湖泊的沉积作用

湖泊的沉积物称为湖相沉积层。通常在岸边沉积较粗的碎屑物质，湖底的中部多沉积细小颗粒的物质。湖相沉积的碎屑物质包括砾石、砂及粘土等，其中应当特别提出的是层状粘土。层状粘土主要是由夏季沉积的细砂薄层及冬季沉积的粘土薄层所交互沉积组成。这种粘土压缩性很高，容易滑动和产生不均匀沉降。在开挖基坑时，层状粘土易于隆起，或在地下水的动力作用下出现破坏现象。湖相沉积物中尚有淤泥和泥炭。它们的承载力低，压缩性高，是建筑物的不良地基。另外，在盐水湖中还有石膏、岩盐及碳酸盐等盐类沉积物，它们不同程度地溶解于水，所以对建筑物地基是有害的。

5.4.2 沼泽及沼泽沉积物

1）沼泽的形成

沼泽是上面覆盖有泥炭层的过分潮湿的地区。它是由于湖泊的泥炭化和陆地的沼泽化而形成的。在浅水湖或是水流缓慢的河岸地带，生长着喜水植物，这些植物死后就沉到水底，由于水下氧气少，它们不能充分分解而完全腐烂，这种残余物一年年地积累起来就形成了泥炭层。随着泥炭层的增加，湖水面积就逐渐缩小，水也变浅，最后就完全泥炭化，成为杂草丛生的沼泽。另外，在气候潮湿、地势低洼易积水的地区或地下水离地表很近的地区，地表土层长期被水饱和，也能形成沼泽。

2）沼泽沉积层的特征及处理措施

沼泽沉积层中，腐朽植物的残余堆积占主要地位，主要是分解程度不同的泥炭(有时可见到明显的植物纤维)、淤泥和淤泥质土，以及部分粘性土及细砂。它们具有不规则的层理。泥炭的有机质含量达60%以上，它的特征如下。

(1) 泥炭的含水量极高，可达百分之百甚至百分之几百，这是由于腐殖质吸水能力很强及泥炭固态物质比重小的缘故。

(2) 泥炭的透水性与腐殖质的分解程度及含量有关，分解程度高的泥炭不易排水。

(3) 泥炭的性质和含水量的关系很大，干燥的压实的泥炭很坚实，饱和的泥炭多呈流动状态，承载力极低。泥炭干燥后体积约缩小 67%～86%。它的压缩性很高，而且不均匀。

淤泥及淤泥质土的特征将在《土力学》中详细讨论。沼泽地区不宜修建大型建筑物。如果沼泽的泥炭层较厚，最好不要在上面建筑。修筑道路时如不能绕过沼泽区，应在沼泽的最窄的地方通过，并可考虑采取以下措施。

(1) 采用明渠或暗沟排水，并截除沼泽水的补给来源，疏干沼泽。

(2) 挖除泥炭，或借堆土及石块的自重挤开泥炭，也可用爆炸的方法排除泥炭，基底置于沼泽下的坚硬层上。

(3) 用打桩等方法将建筑荷载传到坚硬层上。

在处理前必须查明沼泽区的地形，水的补给来源，泥炭层的性质、厚度及分布等情况。

5.5 冰川的地质作用及冰碛土

5.5.1 冰川的地质作用

冰川的地质作用有刨蚀、搬运和沉积 3 种。

1) 刨蚀作用

冰川对岩石的破坏作用称为刨蚀作用。破坏的方式是：冰川的重力很大而且冰很坚硬，在它移动时就磨碎岩石，并像犁一样刨深地面，将沟谷刨宽刨平。另外，冰川移动时，因压力和摩擦的作用而使其底部发热，部分冰被融化成水而进入岩石裂缝，裂缝里的水结冰后体积增大而扩展裂缝，岩石被分裂成岩块。岩块被冰川挟带一起移动，便使摩擦作用更为加强，同时岩块本身也布满擦痕。冰川的刨蚀作用改变了地形地貌，形成特殊的冰蚀地形(图 5.24)。

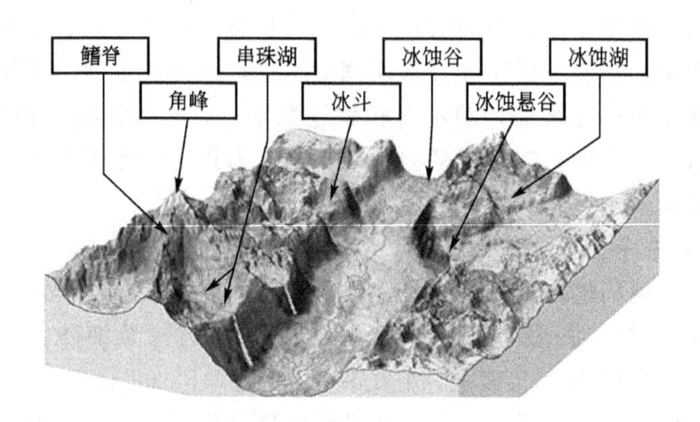

图 5.24 冰蚀地形

幽谷和悬谷：冰川将沟谷刨成陡壁，断面成“U”形，称为幽谷。大小两个冰川会合时，造成高低不等幽谷相接，小幽谷称为悬谷。

冰斗：冰川的源头多呈圆形，三面为陡壁，一面为低狭的洼地。

结脊：锯齿状的山脊。

2) 搬运作用

冰川的搬运作用有两种：一种是碎屑物质包裹在冰内随冰川移动；另一种是冰融化成冰水，冰水进行搬运。

3) 沉积作用

冰川的沉积作用同样有两种：一种是冰体融化，碎屑物直接堆积，称为冰碛土；另一种是冰水将碎屑物质搬运而堆积，称为冰水沉积土。冰碛土由于沉积的位置不同，而有底碛、中碛、侧碛(图 5.25)和终碛之分。

冰川能形成蛇形丘、鼓丘等沉积地形。

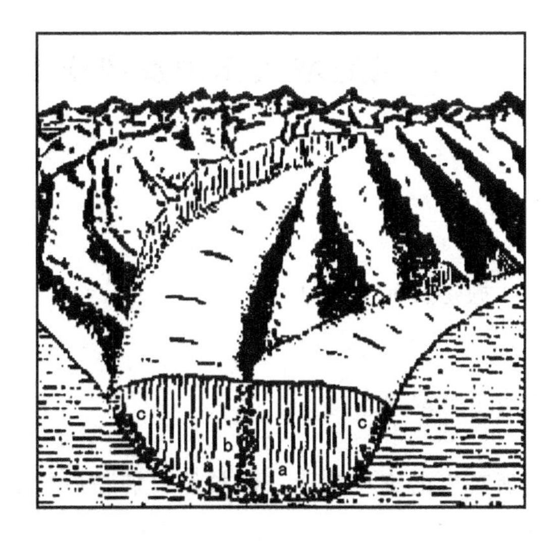

图 5.25　底碛、中碛、侧碛

a—底碛；b—中碛；c—侧碛

5.5.2　冰碛土的特征及其工程地质评价

冰碛土的特征如下。

(1) 冰碛土无层次，也没有分选，而是块石、砾石、砂及粘性土杂乱堆积，分布也不均匀。

(2) 冰碛土虽经磨耗但仍然保持有棱角的外形。

(3) 块石、砾石表面上具有不同方向的擦痕。

(4) 岩块的风化程度很轻微，冰碛层中无有机物及可溶盐类等物质。

冰碛层中的粘性土，如位于冰川底部，则因上部冰层的巨大压力的压实作用，变成密实而强度较高的压结冰碛土。冰碛土在新鲜状态下为蓝灰色，风化时呈红色，常夹有卵石及漂石。冰碛土在干燥状态非常坚硬，当被水饱和时往往极为粘滞。

在冰碛土上进行工程建设时，应注意冰川堆积物的极大的不均匀性。冰川堆积物中有时含有大量的岩末，这些岩末的粘结力很小，透水性弱，在开挖基坑时，如果遇到地下水较大的水头，坑壁容易坍塌。

冰碛土多位于低洼地带，一般常蓄有大量的地下水，可作为供水水源。

当冰碛土作为建筑物的地基时，必须详细进行勘察，因为个别的漂石可能被误认为是基岩。

冰水沉积土有分选现象，在冰川末端附近的冰水沉积是由漂石和卵石等粗碎屑组成，随着离末端距离的增加，逐次变为砾石和砂，一直到粘土。它们多具有层理。冰水沉积土的透水性较大，而且含水较多，在开挖基坑时比较困难。

5.6 风的地质作用及风积土

5.6.1 风的地质作用

风的地质作用有破坏、搬运及沉积3种。

1. 风的破坏作用

风力破坏岩石的方式有下列两种。

1）吹扬作用

风把岩石表面风化后所产生的细小尘土、砂粒等碎屑物质吹走，使岩石的新鲜面暴露，岩石又继续遭受风化。

2）磨蚀作用

风所夹带的砂、砾石，在移动的途中对阻碍物进行撞击摩擦，使其磨损式破坏。风的磨蚀作用可形成“石烂牙”和“石蘑菇”等奇特的地形。

2. 搬运作用

风能将碎屑物质搬运到他处，搬运的物质有明显的分选作用，即粗碎屑搬运的距离较近，碎屑越细，搬运就越远。在搬运途中，碎屑颗粒因相互间的摩擦碰撞，逐渐磨圆变小。风的搬运与流水的搬运是不同的，风可向更高的地点搬运，而流水只能向低洼的地方搬运。

3. 沉积作用

风所搬运的物质，因风力减弱或途中遇到障碍物时，便沉积下来形成风积土。风力沉积时，是依照搬运的颗粒大小顺序沉积下来的。在同一地点沉积的物质，颗粒大小很相近。在水平方向上有着十分完善的分选特征。

在干燥的气候条件下，岩石的风化碎屑物质被风吹起，搬运到一定距离堆积而成风积土。风积土主要有两种类型，即风成砂和风成黄土。

1）风成砂

在干旱地区，风力将砂粒吹起，其中包括粗、中、细粒的砂，吹过一定距离后，风力减弱，飞飕的砂粒坠落堆积而成风成砂，一般统称为沙漠。应当指出，沙漠不完全是风的沉积作用而形成的，但大部分沙漠都与风的作用有关。

风成砂常由细粒或中粒砂组成，矿物成分主要为石英及长石，颗粒浑圆。风成砂多比较疏松，当受振动时，能发生很大的沉降，因此，作为建筑物地基时必须事先进行处理。砂在风的作用下，可以逐渐堆积成大的砂堆，称为砂丘。砂丘的向风面平缓，背风面陡。砂丘有不同的形状，如外形成弯月状的称为新月砂丘，新月的弯角指向与风向一致。砂丘的高度可达几十米。它的位置是不固定的，在风的作用下经常移动，移动的速度因各地的风力不同而不等。

2）风成黄土

随风飘飞的微粒尘土，在干旱气候条件下，随着风的停息而沉积成的黄色粉土沉积物称风成黄土，或简称黄土。还有除风力以外而形成的黄土，称为次生黄土或黄土状土。黄土在我国分布较广，达64多万平方千米，一般分布在北纬30°～48°，而以34°～45°的黄河中游地区最为发育，几乎遍及西北、华北各省区。

黄土无层次，质地疏松，雨水易于渗入地下，有垂直节理，常在沟谷两侧形成峭壁陡立，从河南灵宝一带至潼关，常见黄土峭壁屹立数十年而不倒；再加上黄土地区较干旱，当地居民常在土壁上开凿窑洞而居。

天然状态下的黄土，如未被水浸湿，其强度一般较高，压缩性也小，是建筑物的良好地基。

但也有一些黄土，在自身重力或土层自重加建筑物荷载作用下，受水浸湿，将发生显著的沉降，称为湿陷性黄土。否则，称为非湿陷性黄土。非湿陷性黄土作为建筑物地基时可按一般粘性土地基进行设计和施工。湿陷性黄土受水浸湿后在土自重压力下发生湿陷的，称为自重湿陷性黄土(如兰州地区的黄土)；受水浸湿后在土自重压力下不发生湿陷的，称为非自重湿陷性黄土(如西安地区大部分的黄土)。因此，当黄土作为建筑物地基时，为了恰当考虑湿陷对建筑物的影响，从而采取相应的措施，首先就要判别它是湿陷性的，还是非湿陷性的。如果是湿陷性的，还要进一步判别它是自重湿陷性的，还是非自重湿陷性的。在湿陷性黄土地区进行建筑时，必须注意防水措施。我国对黄土地基的研究和实践，取得了极其丰富的成果，现已制定出有关设计规范，并已颁布执行。

5.6.2 风砂的危害及其防治

风砂可掩埋建筑物及道路，掩没农田，危害极大，因此，必须防治。我国劳动人民在长期的生产实践中积累了丰富的治砂经验，可概括为一句话："封"、"植"、"灌"和"因地制宜，综合治理"。"封"，即封砂育草。就是在一定时期内不许在沙漠地区乱砍、乱垦、乱牧，以保护植物的自然生长，并通过人工播种使砂区的植物茂密起来，这样就可以使砂丘逐步得到固定。"植"，即植树造林。在沙漠地区营造大面积的防风林带和护田林。其作用是减弱风速，阻止沙漠向前移动，改善砂地的水分状况。"灌"，就是引水灌溉。在沙漠地区修建水库、水渠，发展灌溉，改变沙漠的土质和气候。

在工程上，有用机械的方法来固定砂，如用粘土、石块、藤条及芦草等覆盖砂的表面，或用沥青乳剂固定砂层，也可设置防砂栏等来阻止砂的移动。

在防止风砂的危害时，由于各地沙漠的自然条件不同，必须因地制宜，采取综合治理的原则。

5.7 特殊土及其工程地质性质

特殊性岩土是指某些具有特殊物质成分和结构，而工程性质也较特殊的岩土体。这些特殊性岩土都是在特定的生成条件下形成的，或是由于目前所处的自然环境逐渐发生变化而形成的。特殊性岩土包括软土、湿陷性黄土、膨胀土、冻土、红土、盐渍土、人工土等，此处仅介绍几种分布广、与工程建设关系密切的特殊性岩土。

5.7.1 软土

软土一般指天然孔隙比大于或等于1.0，且天然含水率大于液限、抗剪强度低、压缩性高、渗透性低、灵敏度高的一种以灰色为主的细粒土。由于它有特殊的工程性质，稍有不慎，就会使其上的建筑物和结构物发生问题，甚至破坏。

1. 软土的分布及成因类型

我国软土分布：软土在中国沿海地区广泛分布，内陆平原和山区也有。以滨海相沉积为主的软土层，如湛江、厦门、香港地区、温州湾、舟山、连云港、天津塘沽、大连湾等地均有此层；泻湖相沉积的软土以温州、宁波地区的软土为代表；溺谷相软土则在福州、泉州一带；三角洲相软土如长江下游的上海地区、珠江下游的广州地区；河漫滩相沉积软土如长江中下游、珠江下游、淮河平原、松辽平原等地区；内陆软土主要为湖相沉积，如洞庭湖、洪泽湖、太湖、鄱阳湖四周及昆明的滇池地区，贵州六盘水地区的洪积扇和煤系地层分布区的山间洼地等。

我国软土有下列特征。

(1) 软土的颜色多为灰绿、灰黑色，手摸有滑腻感，能染指，有机质含量高时有腥臭味。

(2) 软土的颗粒成分主要为粘粒及粉粒，粘粒含量高达60%～70%。

(3) 软土的矿物成分，除粉粒中的石英、长石、云母外，粘土矿物主要是伊利石，高岭石次之。此外软土中常有一定量的有机质，可高达8%～9%。

(4) 软土具有典型的海绵状或蜂窝状结构，其孔隙比大，含水量高，透水性小，压缩性大，是软土强度低的重要原因。

(5) 软土具层理构造，软土和薄层粉砂、泥炭层等相互交替沉积，或呈透镜体相间沉积，形成性质复杂的土体。

2. 软土的工程性质

1) 软土的孔隙比和含水量

软土的颗粒分散性高，联结弱，孔隙比大，含水量高，孔隙比一般大于1，可高达5.8，如云南滇池淤泥，含水量大于液限达50%～70%，最大可达300%。沉积年代久、埋深大的软土，孔隙比和含水量降低。

2) 软土的透水性和压缩性

软土孔隙比大，孔隙细小，粘粒亲水性强，土中有机质多，分解出的气体封闭在孔隙中，使土的透水性很差，渗透系数 $k<10^{-6}\text{cm/s}$；荷载作用下排水不畅，固结慢，压缩性高，压缩系数 $a=0.7\sim20\text{MPa}^{-1}$，压缩模量 E_s 为1～6MPa。软土在建筑物荷载作用下容易发生不均匀下沉和大量沉降，而且下沉缓慢，完成下沉的时间很长。

3) 软土的强度

软土强度低，无侧限抗压强度在10～40kPa之间。不排水直剪试验的 $\varphi=2°\sim5°$，$c=10\sim15\text{kPa}$；排水条件下 $\varphi=10°\sim15°$，$c=20\text{kPa}$。所以在确定软土抗剪强度时，应据建筑物加载情况选择不同的试验方法。

4) 软土的触变性

软土受到振动，颗粒联结破坏，土体强度降低，呈流动状态，称为触变，也称振动液化。触变可以使地基土大面积失效，导致建筑物破坏。触变的机理是吸附在土颗粒周围的水分子的定向排列被破坏，土粒悬浮在水中，呈流动状态。当振动停止后，土粒与水分子相互作用的定向排列恢复，土强度可慢慢恢复。软土触变用灵敏度 S_r 表示：

$$S_r=\frac{\tau_f}{\tau_f'} \tag{5-2}$$

式中：τ_f——天然结构的抗剪强度；

τ_f'——结构扰动后的抗剪强度。

软土的灵敏度一般为 3～4，个别达 8～9，灵敏度越大，强度降低越明显，造成的危害也越大。

5）软土的流变性

在长期荷载作用下，变形可延续很长时间，最终引起破坏，这种性质称为流变性。破坏时土强度低于常规试验测得的标准强度。软土的长期强度只有平时强度的 40%～80%。

3. 软土的变形破坏和地基加固

1）软土的变形破坏

软土地基变形破坏的主要原因是承载力低，地基变形大或发生挤出。建筑物变形破坏的主要形式是不均匀沉降，使建筑物产生裂缝，影响正常使用。修建在软土地基上的公路、铁路路堤高度受软土强度的控制，路堤过高，将导致挤出破坏，产生坍塌。如浙江萧甬铁路线，经过厚 62m 的淤泥层，8m 高的桥头路堤一次整体下沉 4.3m，坡脚隆起 2m，变形范围波及路堤外 56m 远。

2）软土地基的加固措施

软土地基采用以下加固措施。

(1) 砂井排水。在软土地基中按一定规律设计排水砂井(图 5.26)，井孔直径多在 0.4～2.0m，井孔中灌入中、粗砂，砂井起排水通道作用，可加快软土排水固结过程，使地基土强度提高。

(2) 砂垫层。在建筑物(如路堤)底部铺设一层砂垫层(图 5.27)，其作用是在软土顶面增加一个排水面。在路堤填筑过程中，由于荷载逐渐增加，软土地基排水固结，渗出的水可以从砂垫层排走。

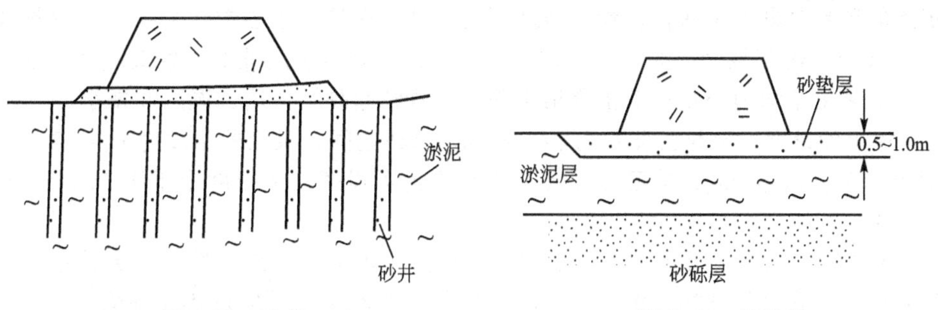

图 5.26　砂井　　　　图 5.27　砂垫层

(3) 生石灰桩。在软土地基中打生石灰桩的原理是，生石灰水化过程中强烈吸水，体积膨胀，产生热量，桩周围温度升高，使软土脱水压密强度增大。

（4）强夯法。强夯法是目前加固软土常用的方法之一。强夯法采用10～20t重锤，从10～40m高处自由落下，夯实土层，强夯法产生很大的冲击能，使软土迅速排水固结，加固深度可达11～12m。

（5）旋喷注浆法。将带有特殊喷嘴的注浆管置入软土层的预定深度，以20MPa左右压力高压喷射水泥砂浆或水玻璃和氯化钙的混合液，强力冲击土体，使浆液与土搅拌混合，经凝结固化，在土中形成固结体，形成复合地基，从而提高地基强度，加固软土地基。

（6）换填土。将软土挖除，换填强度较高的粘性土、砂、砾石、卵石等渗水土。这一方法从根本上改善了地基土的性质。此外，还有化学加固、电渗加固、侧向约束加固、堆载预压等加固方法。

5.7.2 湿陷性黄土

黄土以粉粒为主，富含碳酸钙，有肉眼可见到的大孔，垂直节理发育，部分浸湿后土体显著沉陷。具有上述全部特征的土即为“典型黄土”，与之相类似但有的特征不明显的土就称为“黄土状土”。典型黄土和黄土状土统称为“黄土类土”，习惯上常简称为“黄土”。湿陷性黄土约占黄土分布总面积的3/4。黄土湿陷性类别的确定及湿陷等级划分应按现行国家标准《湿陷性黄土地区建筑规范》(GB 50025—2004)执行。

1）黄土的成因

黄土按生成过程及特征可划分为风积、坡积、残积、洪积、冲积等成因类型。

（1）风积黄土。分布在黄土高原平坦的顶部和山坡上，厚度大，质地均匀，无层理。

（2）坡积黄土。多分布在山坡坡脚及斜坡上，厚度不均，基岩出露区常夹有基岩碎屑。

（3）残积黄土。多分布在基岩山地上部，由表层黄土及基岩风化面成。

（4）洪积黄土。主要分布在山前沟口地带，一般有不规则的层理，厚度不大。

（5）冲积黄土。主要分布在大河的阶地上，如黄河及其支流的阶地上。阶地越高，黄土厚度越大；有明显层理，常夹有粉砂、粘土、砂卵石等；大河阶地下部常有厚数米及数十米的砂卵石层。

2）黄土的工程性质

（1）黄土的颗粒成分。黄土中粉粒约占60％～70％，其次是砂粉和粘粒，各占1％～29 ％和8％～26％我国从西向东，由北向南黄土颗粒有明显变细的分布规律。陇西和陕北地区黄土的砂粒含量大于粘粒含量，而豫西地区粘粒含量大于砂粒含量。粘土颗粒含量大于20％的黄土，湿陷性明显减小或无湿陷性。因此。陇西和陕北黄土的湿陷性通常大于豫西黄土，这是由于均匀分布在黄土骨架中的粘土颗粒起胶结作用，湿陷性减小。

（2）黄土的密度。土粒密度在2.54～2.84g/cm^{3}之间，黄土的密度为1.5～1.8g/cm^3，干密度为1.3～1.6g/cm^3。干密度反映了黄土的密实程度，干密度小于1.5g/cm^{3}的黄土具有湿陷性。

（3）黄土的含水量。黄土天然含水量一般较低。含水量与湿陷性有一定关系。含水量低，湿陷性强，含水量增加，湿陷性减弱，当含水量超过25％时就不再湿陷了。

（4）黄土的压缩性。黄土多为中压缩性土；近代黄土为高压缩性土；老黄土压缩性较低。

（5）黄土的抗剪强度。一般黄土的内摩擦角为15°～25°，凝聚力为30～40kPa，抗剪强度中等。

(6) 黄土的湿陷性和黄土陷穴。天然黄土在一定的压力作用下，浸水后产生突然的下沉现象，称为湿陷。这个一定的压力称为湿陷起始压力。在饱和自重压力作用下的湿陷称为自重湿陷；在自重压力和附加压力共同作用下的湿陷，称为非自重湿陷。黄土湿陷性评价多采用浸水压缩试验的方法，将原状黄土放入固结仪内，土样原始高度为 h_0，在无侧限膨胀条件下进行压缩试验。当变形稳定后，测出试样高 h_2，再测当浸水饱和、变形稳定后的试样高度 h_2'，计算相对湿陷性因数 δ_s。

δ_s 的计算公式如下：

$$\delta_s=\frac{h_2'-h_2}{h_2}\approx\frac{h_2'-h_2}{h_0}$$

$\delta_s<0.02$　　非湿陷性黄土

$0.02\leqslant\delta_s\leqslant0.03$　　轻微湿陷性黄土

$0.03<\delta_s\leqslant0.07$　　中等湿陷性黄土

$\delta_s>0.07$　　强湿陷性黄土

此外，黄土地区常常有天然或人工洞穴，由于这些洞穴的存在和不断发展扩大，往往引起上部建筑物突然塌陷，称为陷穴。黄土陷穴的发展主要是由于黄土湿陷和地下水的潜蚀作用造成的。为了及时整治黄土洞穴，必须查清黄土洞穴的位置、形状及大小，然后有针对性地采取有效的整治措施。

5.7.3 膨胀土

膨胀土是一种富含亲水性粘土矿物，并且随含水量增减，体积发生显著胀缩变形的高塑性粘土。其粘土矿物主要是蒙脱石和伊利石，两者吸水后强烈膨胀，失水后收缩，长期反复多次胀缩，强度衰减，可能导致工程建筑物开裂、下沉、失稳破坏。膨胀土全世界分布广泛，我国是世界上膨胀土分布广、面积大的国家之一，20 多个省市自治区都有分布。我国亚热带气候区的广西、云南等地的膨胀土，与其他地区相比，胀缩性强烈。形成时代自第三纪的上新世(N_2)开始到上更新世(Q_3)，多为上更新统地层。成因有洪积、冲积、湖积、坡积、残积等。

1. 膨胀土的工程性质

(1) 膨胀土多为灰白、棕黄、棕红、褐色等，颗粒成分以粘粒为主，含量在 35%～50%以上，粉粒次之，砂粒很少。粘粒的矿构成分多为蒙脱石和伊利石，这些粘土颗粒比表面积大，有较强的表面能，在水溶液中吸引极性水分子和水中离子，呈现强亲水性。

(2) 天然状态下，膨胀土结构紧密、孔隙比小，干密度达 1.6～1.8g/cm^3，塑性指数为 18～23，天然含水量接近塑限，一般为 18%～26%，土体处于坚硬或硬塑状态，有时被误认为良好地基。

(3) 膨胀土中裂隙发育，是不同于其他土的典型特征，膨胀土裂隙可分为原生裂隙和次生裂隙两类。原生裂隙多闭合，裂面光滑，常有蜡状光泽，次生裂隙以风化裂隙为主，在水的淋滤作用下，裂面附近蒙脱石含量增高，呈白色，构成膨胀土中的软弱面，膨胀土边坡失稳滑动常沿灰白色软弱面发生。

(4) 天然状态下膨胀土抗剪强度和弹性模量比较高，但遇水后强度显著降低，凝聚力一般小于0.05MPa，有的c值接近于零，φ值从几度到十几度。

(5) 膨胀土具有超固结性。超固结性是指膨胀土在历史上曾受到过比现在的上覆自重压力更大的压力，因而孔隙比小，压缩性低，一旦被开挖外露，则会卸荷回弹，产生裂隙，再遇水膨胀，则会导致强度降低，造成破坏。膨胀土固结度用固结比R表示：

$$R=P_c/P_0 \tag{5-3}$$

式中：P_c——土的前期固结压力；

P_0——目前上覆土层的自重压力。

正常土层$R=1$，超固结膨胀土$R>1$，如成都粘土$R=2\sim4$。成昆铁路的狮子山滑坡就是由成都粘土组成，施工后强度衰减，导致滑坡。

2. 膨胀土的胀缩性指标

常见的膨胀土胀缩指标有以下几个。

(1) 膨胀率(C_{sw})。

在室内试验，膨胀率是烘干土在一定压力(P_{sw})下，而且不允许侧向膨胀的条件下浸水膨胀测定的，膨胀变形仅反映在高度上的变化。可用下式计算：

$$C_{sw}=\frac{\Delta h}{h_0}\times100\%=\frac{h-h_0}{h_0}\times100\% \tag{5-4}$$

式中：h_0——土样原始高度，cm；

Δh——土样变形后的高度增量，cm；

h——土样膨胀后的高度，cm；

$C_{sw}>4\%$，$P_{SW}>0.025$MPa时为膨胀土。

(2) 自由膨胀率(F_s)。

自由膨胀率是烘干土粒全部浸水膨胀后增加的体积ΔV与原体积V_0之比，以百分数表示：

$$F_s=\frac{\Delta V}{V_0}=\frac{V-V_0}{V_0}\times100\% \tag{5-5}$$

式中：V——烘干土样浸水膨胀后的体积。

$F_s\geqslant40\%$为膨胀土；铁道部还规定$F_s>40\%$、液限含水量$\omega_L>40\%$时为膨胀土。

(3) 线缩率(e_{sl})。

饱水土样收缩后高度减小量(h_0-h)与原高度(h_0)之比：

$$e_{sl}=\frac{h_0-h}{h_0}\times100\% \tag{5-6}$$

式中：h_0——饱水土样高度，cm；

h——收缩后土样高度，cm。

$e_{sl}\geqslant50\%$时为膨胀土。

3. 膨胀土的防治措施

1) 地基的防治措施

(1) 防水保湿措施。防止地表水下渗和土中水分蒸发，保持地基土湿度稳定，控制胀缩变形。在建筑物周围设置散水坡，设水平和垂直隔水层；加强上下水管道防漏措施及热力管道隔热措施；建筑物周围合理绿化，防止植物根系吸水造成地基土不均匀收缩；选择合理的施工方法，基坑不宜暴晒或浸泡，应及时处理夯实。

(2) 地基土改良措施。地基土改良的目的是消除或减少土的胀缩性能，常采用的方法有：①换土法，挖除膨胀土，换填砂、砾石等非膨胀性土；②压入石灰水法，石灰与水相互作用产生氢氧化钙，吸收周围水分，氢氧化钙与二氧化碳形成碳酸钙，起胶结土粒的作用；③阴离子与土粒表面的阳离子进行离子交换，使水膜变薄脱水，使土的强度和抗水性提高。

2) 边坡的防治措施

(1) 地表水防护。防止水渗入土体，冲蚀坡面，设截排水天沟、平台纵向排水沟、侧沟等排水系统。

(2) 坡面加固。植被防护，植草皮、小乔木、灌木，形成植物覆盖层，防止地表水冲刷。

(3) 骨架护坡。采用浆砌片石方形及拱形骨架护坡，骨架内植草效果更好。

(4) 支挡措施。采用抗滑挡墙、抗滑桩、片石垛等。

5.7.4 冻土

冻土是指温度等于或低于零摄氏度，并含有冰的各类土。冻土可分为多年冻土和季节冻土。多年冻土是冻结状态持续三年以上的土。季节冻土是随季节变化周期性冻结融化的土。

1. 季节冻土及其冻融现象

我国季节冻土主要分布在华北、西北和东北地区。随着纬度和地面高度的增加，冬季气温越来越低，季节冻土厚度增加。季节冻土对建筑物的危害表现在冻胀和融沉两个方面。冻胀是冻结时水分向冻结部位转移、集中、体积膨胀，对建筑物产生危害。融化时，地基土局部含水量增大，土呈软塑或流塑状态，出现融沉，严重时会使建筑物开裂变形。季节冻土的冻胀和融沉与土的颗粒成分和含水量有关。按土的颗粒成分可将土的冻胀性分为四类，见表5-1；按土的含水量可将土的冻胀性分为四级，见表5-2。

表5-1　土的冻胀性分类

分类	土的名称	冻胀		融化后土的状态
		冻结期内胀起/cm	为2m冻土层厚的百分数/(%)	
不冻胀土	碎石—砾石层、胶结砂砾层			固态外部特征不变
稍冻胀土	小碎石、砾石、粗砂、中砂	3～7以下	1.5～3.5以下	致密的或松散的，外部特征不变
中等冻胀土	细砂、粉质粘土、粘土	10～20以下	5～10以下	致密的或松散的，可塑结构常被破坏
极冻胀土	粉土、粉质黄土、粉质粘土、泥炭土	30～50以下	15～20以下	塑性流动，结构扰动，在压力下变为流砂

表 5-2 土的冻胀性分级

土的名称	天然含水量 ω/(%)	潮湿程度	冻结期间地下水位低于冻深的最小距离 /m	冻胀性分级
粉、粘粒含量≤15%的粗颗粒土	$\omega \leqslant 12$	稍湿、潮湿	不考虑	不冻胀
	$\omega > 12$	饱和		弱冻胀
粉、粘粒含量>15%的粗颗粒土，细砂、粉砂	$\omega \leqslant 12$	稍湿	>1.5	不冻胀
	$12 < \omega \leqslant 17$	潮湿		弱冻胀
	$\omega > 17$	饱和		冻胀
粘性土	$\omega < \omega_p$	半坚硬	>2.0	不冻胀
	$\omega_p < \omega \leqslant \omega_p + 7$	硬塑		弱冻胀
	$\omega_p + 7 < \omega \leqslant \omega_p + 15$	软塑		冻胀
粘性土	$\omega > \omega_p + 15$	流塑	不考虑	强冻胀

从表 5-1 和表 5-2 可知，土的细颗粒(粉粒和粘粒)含量越多、含水量越大，冻胀越严重，对建筑物危害越大。在地下水埋藏较浅时，季节冻土区能得到地下水的不断补充，地面明显冻胀隆起，形成冻胀土丘，又称冰丘。冰丘是冻土区的一种不良地质现象。

2. 多年冻土及其工程性质

1) 多年冻土的分布及其特征

我国多年冻土可分为高原冻土和高纬度冻土。高原冻土主要分布在青藏高原及西部高山(天山、阿尔泰山、祁连山等)地区；高纬度冻土主要分布在大、小兴安岭，满洲里—牙克石—黑河以北地区。多年冻土埋藏在地表面以下一定深度。从地表到多年冻土，中间常有季节冻土分布。高纬度冻土由北向南厚度逐渐变薄。从连续的多年冻土区到岛状多年冻土区，最后尖灭于非多年冻土区，其分布剖面如图 5.28 所示。

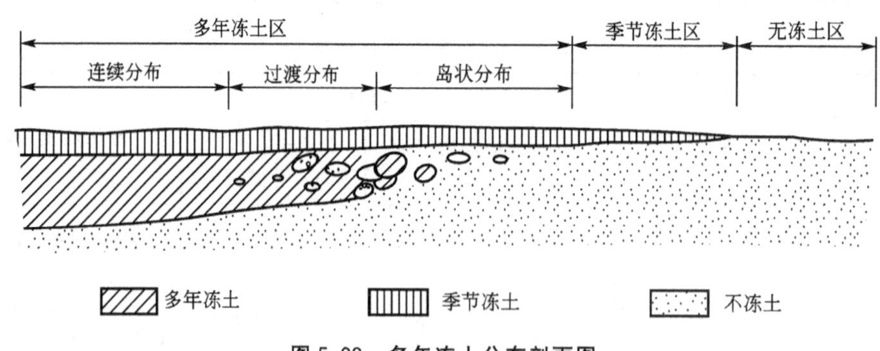

图 5.28 多年冻土分布剖面图

多年冻土具有以下特征。

(1) 组成特征。冻土由矿物颗粒、冰、未冻结的水和空气组成。其中矿物颗粒是主体，它的大小、形状、成分比表面积、表面活动性等对冻土性质及冻土中发生的各种作用都有重要影响。冻土中的冰是冻土存在的基本条件，也是冻土各种工程性质的形成基础。

(2) 结构特征。冻土结构有整体结构、网状结构和层状结构3种。

① 整体结构是温度降低很快，冻结时水分来不及迁移和集中，冰晶在土中均匀分布，构成整体结构。

② 网状结构是在冻结过程中，由于水分转移和集中，在土中形成网状交错冰晶，这种结构对土原状结构有破坏，融冻后土呈软塑和流塑状态，对建筑物稳定性有不良影响。

③ 层状结构是在冻结速度较慢的单向冻结条件下，伴随水分转移和外界水的充分补给，形成土层、冰透镜体和薄冰层相间的结构，原有土结构完全被分割破坏，融化时产生强烈融沉。

(3) 构造特征。多年冻土的构造是指多年冻土层与季节冻土层之间的接触关系。

衔接型构造是指季节冻土的下限，达到或超过了多年冻土层的上限的构造。这是稳定的和发展的多年冻土区的构造。

非衔接型构造是季节冻土的下限与多年冻土上限之间有一层不冻土。这种构造属退化的多年冻土区。

2) 多年冻土的工程性质

(1) 物理及水理性质。为了评价多年冻土的工程性质，必须测定天然冻土结构下的重度、密度、总含水量(冰及未冻水)和相对含冰量(土中冰重与总含水量之比)四项指标。其中未冻结水含量采用下式计算：

$$\omega_c = K\omega_p$$

式中：ω_c——未冻结水含量；

ω_p——土的塑限含水量。

K——温度修正系数(由表5-4选用)。

总含水量和相对含水量分别按式(5-7)和式(5-8)计算：

$$\omega_n = \omega_b + \omega_c \tag{5-7}$$

$$\omega_i = \omega_b / \omega_n \tag{5-8}$$

式中：ω_b——在一定温度下冻土中的含冰量，%；

ω_c——在一定温度下冻土中的未冻水量，%。

表5-4 温度修正系数 K 值表

土的名称	塑性指数	地温/℃							
		−0.3	−0.5	−1.0	−2.0	−4.0	−6.0	−8.0	−10.0
砂类土、粉土	$I_p \leqslant 2$	0	0	0	0	0	0	0	0
粉土	$2 < I_p \leqslant 7$	0.6	0.5	0.4	0.35	0.3	0.28	0.26	0.25
粉质粘土	$7 < I_p \leqslant 13$	0.7	0.65	0.6	0.5	0.45	0.43	0.41	0.4
粉质粘土	$13 < I_p \leqslant 17$	0	0.75	0.65	0.55	0.5	0.48	0.46	0.45
粘土	$I_p > 17$	0	0.95	0.9	0.65	0.6	0.58	0.56	0.55

(2) 力学性质。多年冻土的强度和变形主要反映在抗压强度、抗剪强度和压缩系数等方面。由于多年冻土中冰的存在，使冻土的力学性质随温度和加载时间而变化的敏感性大大增加。在长期荷载作用下，冻土强度明显衰减，变形显著增大。温度降低时，土中含冰

量增加，未冻结水减少，冻土在短期荷载作用下强度大增，变形可忽略不计。

(3) 多年冻土的分类。多年冻土的冻胀和融沉是重要的工程性质，按冻土的冻胀率和融沉情况对其进行分类。

冻胀率 n 是土在冻结过程中土体积的相对膨胀量，以百分数表示：

$$n=\frac{h_2-h_1}{h_1}\times 100\% \tag{5-9}$$

式中：h_1，h_2——土体冻结前、后高度，cm。

按冻胀率 n 值的大小，可将多年强冻胀土分为四类。

① 强冻胀土：$n>6\%$。

② 冻胀土：$6\%\geq n>3.5\%$。

③ 弱冻胀土：$3.5\%\geq n>2\%$。

④ 不冻胀土：$n\leq 2\%$。

冻土融化下沉包括两部分：一部分是外力作用下的压变形；另一部分是温度升高引起的自身融化下沉。

3) 多年冻土的工程地质问题

(1) 道路边坡及基底稳定问题。在融沉性多年冻土区开挖道路路堑，使多年冻土上限下降，由于融沉可能产生基底下沉，边坡滑塌；如果修筑路堤，则多年冻土上限上升，路堤内形成冻土结核，发生冻胀变形，融化后路堤外部会沿冻土上限发生局部滑塌。

(2) 建筑物地基问题。桥梁、房屋等建筑物地基的主要工程地质问题包括冻胀、融沉及长期荷载作用下的流变，以及人为活动引起的热融下沉等问题。

(3) 多年冻土区主要不良地质现象——冰丘和冰锥。多年冻土区的冰丘和冰锥与季节冻土区的类似，但规模更大，而且可能延续数年不融。它们对工程建筑有严重危害，基坑工程和路堑应尽量绕避。

3. 冻土病害的防治措施

1) 排水

水是影响冻胀融沉的重要因素，必须严格控制土中的水分。在地面修建一系列排水沟、排水管，用以拦截地表周围流来的水，汇集、排除建筑物地区和建筑物内部的水，防止这些地表水渗入地下。在地下修建盲沟、渗沟等拦截周围流来的地下水，降低地下水位，防止地下水向地基土集聚。

2) 保温

应用各种保温隔热材料，防止地基土温度受人为因素和建筑物的影响，最大限度地防止冻胀融沉。如在基坑、路堑的底部和边坡上或在填土路堤底面上铺设一定厚度的草皮、泥炭、苔藓、炉渣或粘土，都有保温隔热作用，使多年冻土上限保持稳定。

3) 改善土的性质

(1) 换填土。用粗砂、砾石、卵石等不冻胀土代替天然地基的细颗粒冻胀土，是最常采用的防治冻害的措施。一般基底砂垫层厚度为0.8～1.5m，基侧面为0.2～0.5m。在铁路路基下常采用这种砂垫层，但在砂垫层上要设置0.2～0.3m厚的隔水层，以免地表水渗入基底。

(2) 物理化学法。在土中加入某种化学物质，使土粒、水和化学物质相互作用，降低土中水的冰点，使水分转移受到影响，从而削弱和防止土的冻胀。

5.7.5 填土

填土是指在一定的社会历史条件下，由于人类活动而形成的土。

1. 填土的分类

对填土主要是根据其组成物质和堆填方式形成的工程性质的差异，划分为素填土、杂填土、冲填土和压实填土四类。

1) 素填土

主要由碎石、砂土、粉土或粘性土等一种或几种材料组成的填土，其中不含杂质或杂质很少。按其组成物质可分为碎石素填土、砂性素填土、粉性素填土和粘性素填土。

2) 杂填土

杂填土为含有大量建筑垃圾、工业废料或生活垃圾等杂物的填土。按其组成物质成分和特征可分为以下几种。

(1) 建筑垃圾土：主要由碎砖、瓦砾、朽木等建筑垃圾夹土石组成，有机质含量较少。碎砖、石、砂等含量越多，土质越松散。

(2) 工业废料土：由现代工厂生产的废渣、废料，诸如矿渣、煤渣、电石渣等及其他工业废料夹少数土类组成。

(3) 生活垃圾土：由大量从居民生活中抛弃的废物，诸如炉灰、布片、菜皮、陶瓷片等杂物夹土类组成。一般含有机质和未分解的腐殖质较多，组成物质混杂、松散。

3) 冲填土

冲填土(也称吹填土)是由水力冲填泥砂形成的沉积土，它是我国沿海一带常见的人工填土之一，主要是在整理和疏通江河航道，有计划地用挖泥船，通过泥浆泵将泥砂夹大量水分，吹送至江河两岸而形成的一种填土。在我国长江、上海黄浦江、广州珠江等河流两岸及滨海地段，都分布有不同性质的冲填土。

4) 压实填土

经分层压实的填土称为压实填土。

2. 填土的工程特性及工程地质问题

填土的性质与天然沉积土比较起来有很大不同。由于填土的埋积条件、堆填时间、特别是物质来源和组成成分的复杂和差异，造成填土的性质很不均匀，分布和厚度变化缺乏规律性，带有极大的人为偶然性。一般是任意堆填，未经充分压实，故土质松散，空洞、孔隙极多。因此，填土的最基本特点是不均匀性、低密实度、高压缩性和低强度，有时具有湿陷性。现对以上各种填土的工程特性及工程地质问题分别叙述如下。

1) 素填土

素填土的工程性质取决于它的密实度和均匀性，在堆填过程中，未经人工压实者，一般密实度较差，但堆积时间较长，由于土的自重压密作用，也能达到一定密实度。如堆填时间超过 10 年的粘性土，超过 5 年的粉土，超过 2 年的砂土，均具有一定的密实度和强度，可以作为一般建筑物的天然地基。

素填土地基的不均匀性，反映在同一建筑场地内，填土的各项指标(干重度、强度、压缩模量等)一般均具有较大的分散性，因而防止建筑物不均匀沉降问题是利用填土地基的关键。

2) 杂填土

杂填土颗粒成分复杂，有天然土的颗粒、有碎砖、瓦片、石块，以及人类生产、生活所抛弃的各种垃圾。从化学性质来说，某些杂填土颗粒是稳定的，如其中的天然土颗粒；而另一些成分则是不稳定的，如某些岩石碎块的风化，或炉渣的崩解及有机质的腐烂等。从土颗粒的物理力学性质来说，一般天然土颗粒强度大于土的结构强度很多倍，地基承载力受土的结构强度控制，土颗粒不致遭受破坏，即使个别颗粒破坏，其土的孔隙比的改变率比由于土颗粒破坏所产生的影响大得多，因此对一般天然地基土不考虑颗粒变形问题，而对杂填土则应考虑颗粒本身强度，如炉渣之类工业垃圾，颗粒本身多孔质轻，在不很高的压力下即可能破碎；而含大量瓦片的杂填土，除瓦片间空隙很大，可压密外，当压力达到一定程度时，往往由于瓦片的破坏而引起建筑物的沉陷。

由于杂填土颗粒成分复杂，排列又无规律，造成杂填土密实程度的不均匀性。而瓦砾、石块、炉渣间常有较大空隙，且充填程度不一，这更加剧了杂填土密实程度的不均一。

杂填土的分布和厚度变化，不像自然沉积土一样有一定的规律性，其往往变化悬殊，但杂填土的分布和厚度变化一般与填积前的原始地形密切相关。

就其变形特点而言，杂填土往往是一种欠压密土，一般具有较高的压缩性。对部分新的杂填土，除正常荷载作用下的沉降外，还存在自重压力下沉降及湿陷变形的特点，杂填土在自重下的沉降稳定速度决定于很多因素，如杂填土的颗粒大小、级配、填土厚度、降雨及地下水情况，以及外部荷载情况等；对生活垃圾土还存在因进一步分解腐殖质而引起的变形。干或稍湿的杂填土一般具有浸水湿陷性，杂填土形成时间短，结构松散，这是引起浸水湿陷和变形大的主要原因。其次当杂填土中含可溶盐较多时，对杂填土浸水湿陷也有一定影响。杂填土的物质成分异常复杂，不同物质成分直接影响土的工程性质。当建筑垃圾土的组成物以砖块为主时，则优于以瓦片为主的土。建筑垃圾土和工业废料土，在一般情况下优于生活垃圾土。因生活垃圾土物质成分杂乱，含大量有机质和未分解腐殖质，各种有机质的腐化速度彼此不同，加之埋藏条件不同，地下水情况各异，难以确定其中的复杂过程，但是当填土中腐殖质主要部分是半分解或未分解的植物遗体，且仅仅经过了短时间的腐化，或当杂填土中腐殖量过大时，不仅会影响沉降稳定的时间，而且具有很大的压缩性和很低的强度。

3) 冲填土

冲填土的颗粒组成随泥砂来源而变化，有砂粒也有粘粒和粉粒。在吹填的出口外，沉积的颗粒较粗，甚至有石块，顺着出口向外围则逐渐变细。在冲填过程中由于泥砂来源的变化。则会造成在纵横方向上的不均匀性，土层多呈透镜体状或薄层状构造，并常形成1/1000 左右的坡度，砂性较重的土，坡度也较大。

冲填土的含水率大，当为粘性土或粉土时，一般大于液限，透水性较弱，排水固结差，一般呈软塑或流塑状态。特别是当粘粒含量较多时，水分不易排出，土体形成初期呈流塑状态，后来土层表面虽经蒸发干缩龟裂，但下面土层由于水分不易排出，仍处于流塑状态，稍加扰动即发生触变现象。因此冲填土多属于未完成自重固结的高压缩性软土，土的结构需要有一定时间进行再组合，土的有效应力要在排水固结条件下才能提高。

土的排水固结条件，也决定于原始地面的形态。如原地面高低不平或局部低洼，冲填后土内水分不易排出，长时间仍处于饱和状态，如冲填于易排水地段或采取排水措施时，则固结进程加快。

冲填土一般比同类自然沉积饱和土的强度低，压缩性高。冲填土的工程性质与其颗粒组成、均匀性、排水固结条件及冲填形成的时间均有密切关系。

4）压实填土

压实填土的工程性质，取决于填土的均匀性、压实时的含水率和密度，以及压实时的质量检验情况等。利用压实填土作地基时，不得使用淤泥、耕土、冻土、膨胀性土及有机物含量大于5%的土作填料，当填料内含有碎石土时，其粒径一般不大于200mm。若填料的主要成分为易风化的碎石土时，应加强地面排水和表面覆盖等措施。

本章小结

本章主要介绍土的成因类型及常见的特殊土。

通过本章学习，要求掌握风化作用的概念、了解风化作用的类型及作用方式、了解残积土的工程地质特性；了解地表流水地质作用的形式、特点；了解坡积土、洪积土、冲积土的形成特点；了解海洋的地质作用及海相沉积物的特点，了解湖泊的地质作用及湖沼沉积物的特点，了解冰川的地质作用及冰碛土的特点，了解风的地质作用及风积物的特点；掌握常见特殊土的类型，了解特殊土的成因及其工程特性。

土是工程建设中的两大类物质基础(岩石、土)之一，其形成原因不同，工程性质也不同。特殊土是有着特殊工程性质的土，其特殊的工程性质往往对工程建设有重大影响。

习　　题

1. 简述冲积物与洪积物的异同点，残积物与坡积物的异同点。
2. 简述风积土的类型和主要工程性质。
3. 试说明无粘性土和粘性土在抗剪强度指标上的区别。
4. 简述我国特殊性岩土的主要类型及其各自的典型特征。

第6章 地下水及其工程影响

教学要点

知识要点	掌握程度	相关知识
岩土中的空隙与岩土的水理性质	(1) 掌握岩土中的空隙类型 (2) 了解岩土的水理性质	地下水的赋存与运动方式
地下水的分类	(1) 掌握地下水分类的基本思想 (2) 掌握包气带水、潜水及承压水的概念及特点	地下水的类型
地下水运动的基本规律	掌握达西定律	渗流
地下水的物理性质与化学成分	(1) 了解地下水的物理性质 (2) 了解地下水的化学成分	地下水质量评价
地下水对土木工程地影响	(1) 了解地下水的渗透变形类型 (2) 了解地下水的腐蚀性	渗透破坏

基本概念

空隙、地下水、渗流、达西定律、渗透破坏。

引例

美国 Teton 大坝为土质肥心墙坝，最大坝高 126.5m(至心墙齿槽底)，坝顶高程 1625m，坝顶长 945m。该坝于 1972 年 2 月动工兴建，于 1975 年 11 月建成开始蓄水。1976 年春季库水位迅速上升。由于降雨，水位上升速率在 5 月份达到每天 1.2m。至 6 月 5 日溃坝时，库水位达 1616.0m，低于溢流堰顶 0.9m，低于坝顶 9.0m。在大坝溃决前 2 天，即 6 月 3 日，在坝下游右岸高程1532.5～1534.7m 处发现有清水自岩石垂直裂隙流出；6 月 4 日高程 1585.0m 处冒清水，6 月 5 日晨该渗水点出现窄长湿沟；稍后在上午 7 点右侧坝趾高程 1537.7m 处发现流出混水，流量达 0.56～0.85m^3/s，在高程 1585.0m 也有混水出露，两股水流有明显加大趋势；上午 10 点 30 分，有流量达 0.42m^3/s 的水流自坝面流出，新的渗水迅速增大，并从与坝轴线大致垂直、直径约 1.8m 的“隧洞”中流出；上午 11 点，在上游附近水库中出现漩涡；11 点 30 分，靠

近坝顶的下游坝出现下陷孔洞，流出的泥水开始冲击坝趾处的设施。11点55分，洞口扩大加速，坝顶开始破坏，形成水库泄水沟槽；11点57分坝坡坍塌，泥水狂泻而下。洪水扫过下游谷底，附近所有设施被彻底摧毁，大坝溃决。Teton心墙坝溃决共淹没土地60余万亩，冲毁铁路32千米，造成14人死亡、2.5万人无家可归，总计损失达4亿美元。事后经反复查证，确认事故系坝基岩石节理发育、库水流经岩石裂隙使心墙齿槽土体发生管涌而导致溃坝。

6.1 岩土中的空隙与岩土的水理性质

6.1.1 岩土中的空隙

地壳表层十余公里深的范围内，都或多或少存在着空隙，特别是浅部一二千米范围内，空隙分布较为普遍。这就为地下水的赋存和运动提供了必要的空间条件。岩土中的空隙既是地下水的储存场所，又是地下水的运移通道，空隙的多少、大小、形状、连通情况及其分布规律，决定着地下水的分布与运动。将岩土的空隙作为地下水的储存场所和运移通道研究时，可分为孔隙、裂隙和溶穴3类。

(1) 孔隙。是指组成岩石或土的颗粒或颗粒集合体之间的空隙。孔隙的多少是影响岩土储存地下水能力大小的重要因素，而孔隙的大小直接影响地下水的运动。

(2) 裂隙。固结的坚硬岩石，包括沉积岩、岩浆岩和变质岩，一般不存在或只保留一部分颗粒间的孔隙，而主要发育各种应力作用下岩石破裂变形产生的裂隙。裂隙按其成因可分为成岩裂隙、构造裂隙和风化裂隙3种。裂隙的多少、方向、宽度、延伸长度及充填情况，都对地下水的运动产生重要影响。

(3) 溶穴。可溶的沉积岩，如岩盐、石膏、石灰岩和白云岩等，在水的作用下会产生空洞，这种空洞称为溶穴(隙)。其规模相差悬殊，大的宽达数十米，高达数十米至百余米，长达几千米至几十千米，而小的溶穴直径仅几毫米。

6.1.2 岩土空隙中的水

岩土空隙(图6.1)中的水，除了因岩土固体颗粒表面带有电荷而吸引的一部分结合水外，它以液态、固态和气态3种形式存在着，我们按水存在的相态将其称为液态水、固态水和气态水。其中对土木工程有重大影响的液态水，又分为毛细水和重力水。

1) 毛细水

在岩土细小的孔隙和裂隙中，受毛细作用控制的水叫做毛细水，它是岩土中三相界面上毛细力作用的结果。对于土体来说，毛细水上升的快慢及高度决定于土颗粒的大小。土颗粒越细，毛细水上升高度越大，上升速度越慢。粗砂中的毛细水上升速度较快，几昼夜可达到最大高度，而粘性土要几年。

2) 重力水

岩土空隙中在重力作用下可以自由运动的水称为重力水。一般来讲，井泉所取的地下水就是重力水。

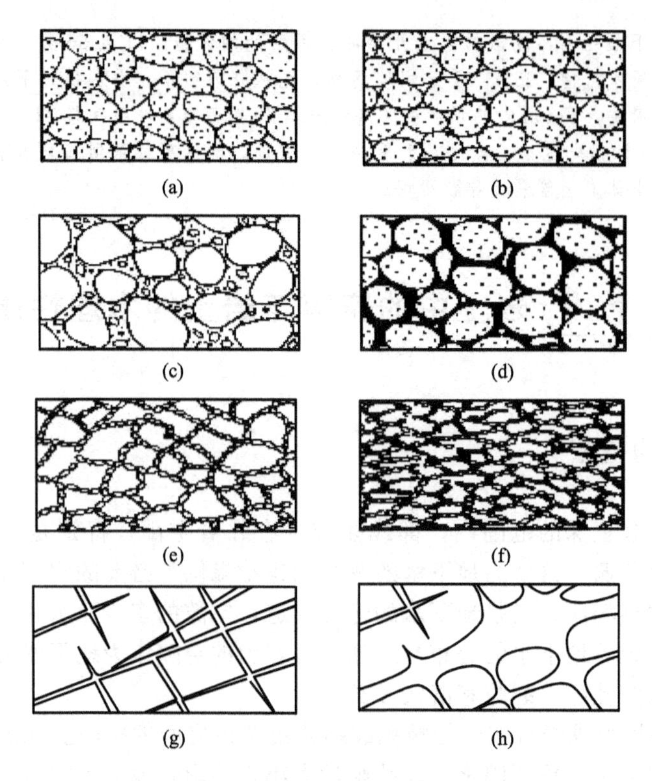

图 6.1　岩土中的各种空隙

（据迈因策尔修改补充）

（a）分选良好，排列疏松的砂；（b）分选良好，排列紧密的砂；

（c）分选不良，含泥、砂的砾石；（d）经过部分胶结的砂岩；

（e）具有结构性孔隙的粘土；（f）经过压缩的粘土；

（g）具有裂隙的岩石；（h）具有溶隙及溶穴的可溶岩

3）与水分的储存和运移有关的岩土性质

岩土空隙的大小和多少与水分的储存和运移有密切的关系，特别是空隙的大小具有决定意义。在一个足够大的空隙中，从空隙壁面向外，依次分布着强结合水、弱结合水和自由水。空隙越大，自由水所占比例越大；反之，结合水所占比例就越大。当空隙直径小于结合水层厚度的两倍时，空隙中全部充满结合水，而不存在自由水了。例如，粘土的细微孔隙中或基岩的闭合裂隙中，几乎全部充满着结合水；而砂砾和具有较大裂隙或溶穴的岩层中，自由水所占比例很大，结合水的数量微不足道。因此，空隙大小和数量不同的岩土，容纳、保持、释出及透过水的能力有所不同。

（1）容水度。岩土空隙完全被水充满时所能容纳的最大水体积与岩土体积之比，以小数或百分数表示。显然，容水度在数值上与孔隙度(或空隙率)基本相等。但是，对于具有膨胀性的粘土来说，充水后体积扩大，容水度可以大于孔隙度。

（2）持水度。饱水岩土在重力作用下释水时，一部分水从空隙中流出；另一部分水仍保持在空隙中。饱水岩土在重力作用下释水后，岩土中保持的水的体积与岩土体积之比，称为持水度。其中滞留在岩石空隙中不能自由释出的水包括结合水和毛细水。

(3) 给水度。饱水岩土在重力作用下排出的水的体积与岩土体积之比，称为给水度。给水度在数值上等于容水度减去持水度。岩土给水度的大小与空隙大小及空隙多少密切相关，其中空隙大小对给水度的影响更为显著。例如，粗粒松散岩石及其具有比较宽大裂隙与溶穴的坚硬岩石，重力释水时，滞留在岩石空隙中的结合水和毛细水很少，给水度在数值上接近于容水度；颗粒细小的粘性土，给水度往往只有百分之几。

(4) 岩土的透水性。岩土的透水性是指岩土允许重力水透过的能力，通常用渗透系数表示。重力水在岩土空隙中流动时，由于结合水对重力水以及重力水质点之间存在着摩擦阻力，最靠近空隙边缘的重力水流速趋近于零，向中心流速逐渐变大，至中心部分流速最大。因此，空隙越小，重力水所能达到的最大流速便越小，透水性也越差。空隙的大小和多少决定着岩石透水性的好坏，且空隙大小经常起主要作用。例如，砂性土的孔隙度小于粘性土，但前者的渗透系数大于后者。

6.1.3 包气带和饱水带

地表以下一定深度内存在着地下水面。地下水面以上，称为包气带；地下水面以下，称为饱水带(图 6.2)。

在包气带中，空隙表面吸附有结合水，在细小的空隙中保持着毛细水，空隙未被液态水占据的部分包含空气及气态水。空隙中的水超过吸附力和毛细力所能支持的量时，剩余的水便以重力水的形式下降。所有上述水统称为包气带水。

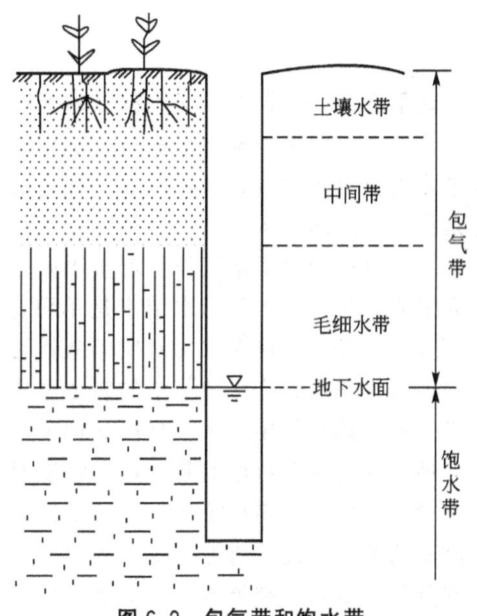

图 6.2 包气带和饱水带

自上而下包气带可分为 3 部分：土壤水带、中间带和毛细水带(图 6.2)。包气带顶部植被根系活动带发育土壤层，其中所含的水称为土壤水。土壤富含有机质，具有团粒结构，能以毛细水形式大量保持水分，维持植物生长。由地下水面上升的形式支持毛细水，在包气带底部构成毛细水带。毛细水带通常也是饱和的，但由于毛细力呈现负压，其压强小于大气压强，故这部分水在重力作用下不能自由运动。

饱水带岩土的空隙全部被液态水充满，既有重力水，也有结合水。由于饱水带中的地下水连续分布，能够传递静水压力，在水头差的作用下可以发生连续运动。

饱水带岩土层按其透过和给出水的能力，可以划分为含水层和隔水层。含水层是指能够透过并能给出相当数量水的岩土层。隔水层则是不能透过并给出水，或者透过和给出水的数量微不足道的岩土层。划分含水层和隔水层的标志并不在于岩土层是否含水。因为，自然界中完全不含水的岩土层是不存在的，关键在于所含水的性质。空隙细小的岩土层(如致密粘土、裂隙闭合的页岩)，含的几乎全是结合水，结合水在通常条件下是不能移动的，这类岩土层实际上起着阻隔水透过的作用，所以是隔水层。而空隙较大的岩土层(如砂砾层、发育溶穴的可溶岩)，主要含有重力水，在重力作用下，能够透过和给出水，就构成了含水层。

含水层和隔水层的划分是相对的，并不存在截然的界限和绝对的定量标准。从某种意义上讲，含水层和隔水层是相比较而存在的。例如，粗砂岩中的泥质粉砂夹层，由于粗砂的透水和给水能力比泥质粉砂强得多，相对来说，后者就可以视为隔水层。同样的泥质粉砂夹在粘土层中，由于其透水和给水能力均比粘土强，就应当作为含水层了。由此可见，同一岩土层在不同条件下可能具有不同的水文地质意义。

含水层和隔水层在一定条件下可以转化。例如，致密粘土主要含有结合水，透水和给水能力均很弱，通常是隔水层。但在较大水头差作用下，部分结合水也能发生运动，也能透过和给出一定数量的水，在这种情况下再将其视为隔水层就不恰当了。实际上，粘土层往往在水力条件发生不大变化时，就可以由隔水层转化成含水层。

自然界岩土层的透水性往往还具有各向异性的特征，即沿不同方向岩土层的透水性具有明显的差异。例如，薄层页岩和石灰岩互层的沉积岩，页岩中裂隙闭合，而灰岩中裂隙张开，因而具有顺层透水、垂直层面隔水的特征。

6.2 地下水分类

地下水这一名词有广义和狭义的两种概念。广义的地下水是指赋存于地面以下岩土空隙中的水，包气带和饱水带中所有赋存于空隙中的水均属之。狭义的地下水仅指赋存于饱水带岩土空隙中的水。通常，在工程地质勘察报告的水文地质条件章节中所提到的地下水都是指狭义的地下水。

长期以来，地下水工作者着重于研究饱水带岩土空隙中的重力水。但是，越来越多的研究表明，包气带水和饱水带水是不可分割的统一整体，它们之间有着千丝万缕的联系，不研究包气带水，许多水文地质问题就无法解决。可以说，现代水文地质学正处于由研究狭义地下水向研究广义地下水的转变之中。考虑到这一趋势，同时考虑到地下水在土木工程实践中的具体作用，我们从广义地下水角度进行分类。

地下水的赋存特征对其水量、水质时空的分布等有决定意义，其中最重要的是埋藏条件和含水介质。所谓地下水的埋藏条件，是指含水层在地质剖面中所处的部位及受隔水层限制的情况。据此可将地下水分为包气带水、潜水及承压水。根据含水介质类型，可将地下水分为孔隙水、裂隙水及岩溶水。将两者组合可分出9类地下水(表6-1)。

表6-1　地下水分类表

含水介质类型 埋藏条件	孔隙水	裂隙水	岩溶水
包气带水	土壤水上层滞水毛细水	裂隙岩层浅部季节性存在的重力水及毛细水	裸露岩溶化岩层上部岩溶通道中季节性存在的重力水
潜水	各类松散沉积物浅部的水	裸露于地表的各类裂隙岩层中的水	裸露于地表的岩溶化岩层中的水

（续）

埋藏条件 \ 含水介质类型	孔隙水	裂隙水	岩溶水
承压水	山间盆地及平原松散沉积物深部的水	组成构造盆地、向斜构造或单斜断块的被掩覆的各类裂隙岩层中的水	组成构造盆地、向斜构造或单斜断块的被掩覆的岩溶化岩层中的水

1. 潜水、承压水及上层滞水(图 6.3)

1) 潜水

埋藏在地表以下第一个较为稳定的隔水层之上具有自由表面的重力水叫潜水。潜水没有隔水顶板，或只有局部的隔水顶板。潜水的水面为自由水面，称为潜水面。从潜水面到隔水底板的距离称为潜水含水层厚度。潜水面到地面的距离称为潜水埋藏深度。

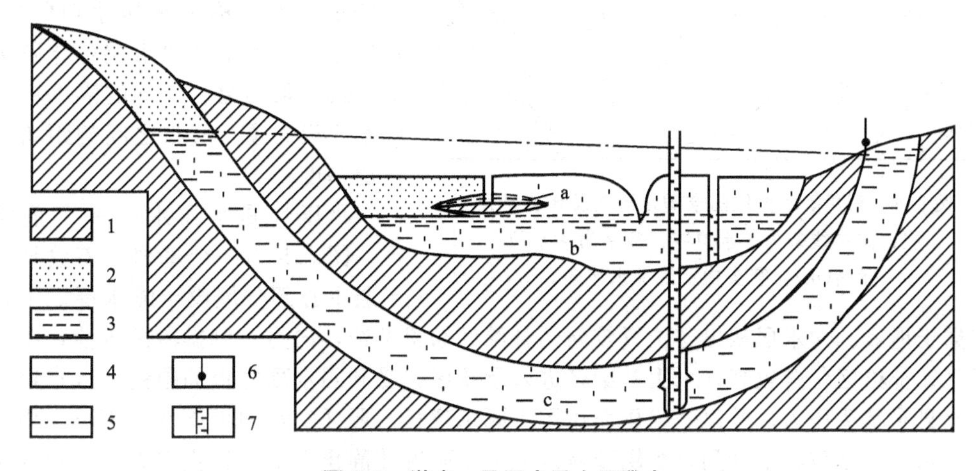

图 6.3 潜水、承压水及上层滞水

1—隔水层；2—透水层；3—饱水部分；4—潜水位；5—承压水侧压水位；6—泉(上升泉)；
7—水井(实线表示井壁不进水)；a—上层滞水；b—潜水；c—承压水

由于潜水含水层上面不存在隔水层，直接与包气带相连，所以潜水在其全部分布范围内都可以通过包气带接受大气降水、地表水或凝结水的补给。潜水面不承压，通常在重力作用下由水位高的地方向水位低的地方径流。潜水的排泄方式有两种：一种是径流到适当地形处，以泉、渗流等形式泄出地表或流入地表水，这便是径流排泄；另一种是通过包气带或植物蒸发进入大气，这是蒸发排泄。潜水直接通过包气带与大气圈及地表水圈发生联系。所以，气象、水文因素的变动，对它影响显著，丰水季节或年份，潜水接受的补给量大于排泄量，潜水面上升，含水层厚度增大，埋藏深度变小。干旱季节排泄量大于补给量，潜水面下降，含水层变薄，埋藏深度加大。因此，潜水的动态有明显的季节变化。潜水积极参与水循环，易于补充恢复，但容易受到污染。由于受气候影响大及含水层厚度有限，潜水一般缺乏多年调节性。

潜水的水质变化很大，主要取决于气候、地形及岩性条件。湿润气候及地形切割强烈的地区，利于潜水的径流排泄，而不利于蒸发排泄，往往形成含盐量不高的淡水。干旱气候及低平地形区，潜水以蒸发排泄为主，常形成含盐量高的咸水。

一般情况下，潜水面不是水平的，而是向排泄区倾斜的曲面，起伏大体与地形一致，但常较地形起伏缓和。潜水面上各点的高程称作潜水位。将潜水位相等的各点连线，即得潜水等水位线图(图 6.4)，该图能反映潜水面形状。相邻两等水位线间作一垂直连线，即为此范围内潜水的流向。用此垂线长度去除两端的水位差，即得潜水水力坡度(图 6.4)。根据等水位线可以判断潜水与地表水的相互补给关系。

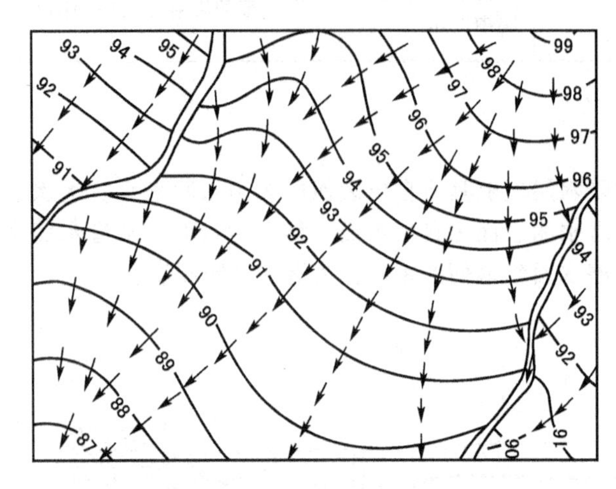

图 6.4　利用等水位线图求潜水流向及水力坡度

注：图中线条为等水位线，数字为潜水位标高(m)，箭头指示地下水流向。

综上所述，潜水的基本特点是与大气圈及地表水圈联系密切，积极参与水循环。产生此特点的根本原因是其埋藏特征——位置浅，其上无连续隔水层。

2）承压水

充满于两个隔水层之间的含水层中的重力水，称为承压水(图 6.5)。承压含水层上部的隔水层称作隔水顶板，或叫限制层。下部的隔水层叫做隔水底板。顶、底板之间的距离为含水层厚度。

承压性是承压水的一个重要特征。图 6.5 为一个基岩向斜盆地，含水层中心部分埋没于隔水层之下，两端出露于地表。含水层从出露位置较高的补给区获得补给，向另一侧排泄区排泄，中间是承压区。补给区位置较高，水由补给区进入承压区，受到隔水顶底板的限制，含水层充满水，水自身承受压力，并以一定压力作用于隔水顶板。要证实水的承压性并不难，用钻孔揭露含水层，水位将上升到含水层顶板以上一定高度才静止下来。静止水头高出含水层顶板的距离便是承压水头。井中静止水位的高程就是含水层在该点的测压水位。测压水位高于地表时，钻孔能够自喷出水。

承压水受到隔水层的限制，与大气圈、地表水圈的联系较弱。当顶底板隔水性能良好时，它主要通过含水层出露地表的补给区(这里的水实际上已转为潜水)获得补给，并通过范围有限的排泄区排泄。当顶底板为半隔水层时，它还可通过半隔水层，从上部或下部的含水层获得补给，或向上部或下部含水层排泄。无论在哪一种情况下，承压水参与水循环都不如潜水那样积极。因此，气候、水文因素的变化对承压水的影响较小，承压水动态比较稳定。

承压水在很大程度上和潜水一样，来源于现代渗入水(大气降水、地表水的入渗)。但是，由于承压水的埋藏条件使其与外界的联系受到限制，在一定条件下，在含水层中可以保留年代很古老的水，有时甚至保留沉积物沉积时的水(例如，在海相沉积物中保留下当时的海水，在湖相沉积物中保留当时的湖水)。总的说来，承压水不像潜水那样容易补充、恢复，但由于其含水层厚度一般较大，往往具有良好的多年调节性能。

将某一承压含水层测压水位相等的各点连线，即得等水压线(等测压水位线)。在图上

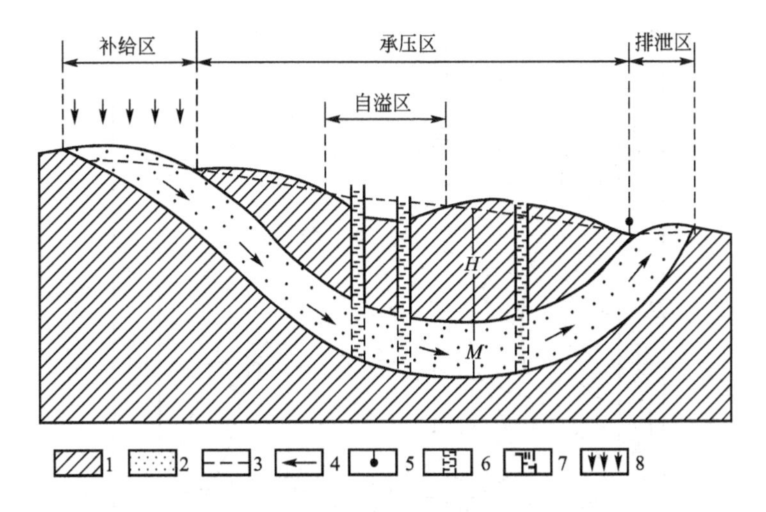

图 6.5　承压水

1—隔水层；2—含水层；3—地下水位；4—地下水流向；5—泉(上升泉)；
6—钻孔，虚线为进水部分；7—自喷孔；8—大气降水补给；
H—承压水头(压力水头)；M—含水层厚度

根据钻孔水位资料绘出等水压线，便得到等水压线图(图 6.6)。和潜水等水位线图一样，根据等水压线可以确定承压水的流向和水力坡度。对于潜水，等水位线既表示地下水面，又代表含水层顶面。而承压水的测压水位，只有当井孔穿透上覆隔水层达到含水层顶面时，地下水才会在井孔中出现。在测压水位高度上，并不存在实际的地下水面，等测压水位面是一个虚拟的面，钻孔打到这个高度是见不到水的，必须打到含水层顶面才能见水。因此，等水位线图通常要附以含水层顶板等高线(图 6.6)。

仅仅根据等水压线图，还无法判定承压含水层和其他水体的补给关系。任一承压含水层接受其他水体的补给，必须具备两个条件，缺一不可：第一，水体(地表水、潜水或其他承压含水层)的水位必须高出此承压含水层的测压水位；第二，水体与含水层之间必须有联系通道。同样，在排泄时也应具备这两个条件，只不过承压含水层的测压水位必须高于其他水体的水位罢了。承压含水层在地形适宜处露出地表时，可以以泉或溢流形式排向地表或地表水体。也可以通过导水断裂带向地表或其他含水层排泄。当承压含水层的顶底板为半隔水层时，只要有足够的水头差，也可以通过半隔水层与其上下的含水层发生水力联系。

在接受补给或进行排泄时，承压含水层对水量增减的反应与潜水含水层不同。潜水获得补给时，随着水量增加，潜水位抬高，含水层厚度加大；进行排泄时，水量减少，水位下降，含水层厚度变薄。对于潜水来说，含水层中的水，不承受除大气压力以外的任何压力。承压含水层则不同，由于隔水顶底板的限制，水充满于含水层中呈承压状态，上覆岩土层的压力是由含水层骨架与含水层中的水共同承受的，上覆岩土层的压力方向向下，含水层骨架的承载力及含水层中水的浮托力方向向上，方向相反的力彼此相等，保持平衡。当承压含水层接受补给时，水量增加，静水压力加大，含水层中的水对上覆岩土层的浮托力随之增大。此时，上覆岩土层的压力并未改变，为了达到新的平衡，含水层空隙扩大，将含水层骨架原来所承受的一部分上覆岩土层的压力转移给水来承受，从而测压水位上

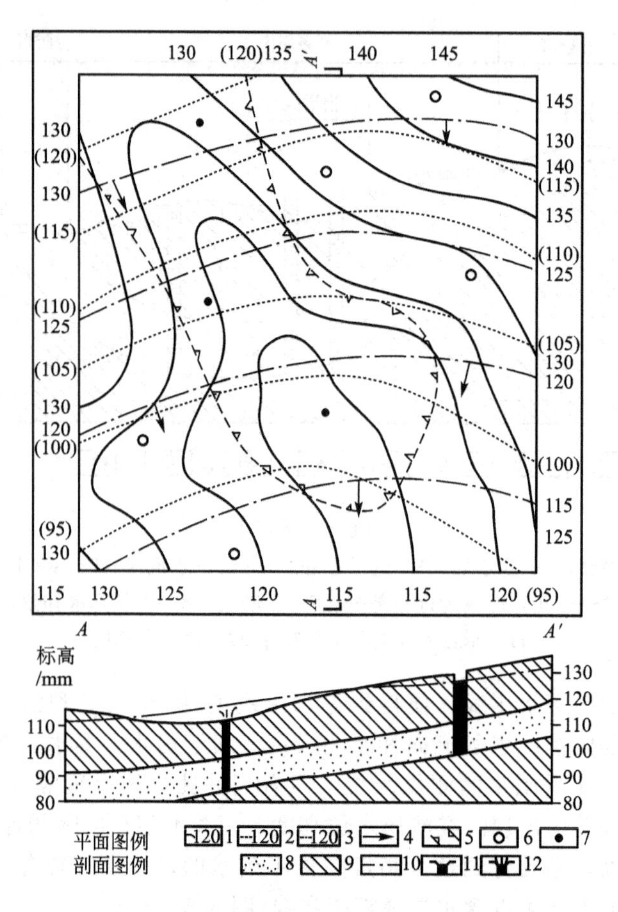

图 6.6 等水压线图(附含水层顶板等高线)

1—地形等高线(m)；2—含水层顶板等高线(m)；3—等测压水位线(m)；

4—地下水流向；5—承压水自溢区；6—钻孔；7—自喷孔；

8—含水层；9—隔水层；10—测压水位线；11—钻孔；12—自溢孔

升，承压水头加大。由此可见承压含水层在接受补给时，主要表现为测压水位上升，而含水层的厚度加大很不明显。增加的水量通过水的压密及空隙的扩大而储容于含水层之中。当然，如果承压含水层的顶底板为半隔水层，测压水位上升时，一部分水将由含水层通过半隔水层转移到相邻含水层中去。

因排泄而减少水量时，承压含水层的测压水位降低。这时，上覆岩土层的压力并无改变，为了恢复平衡，含水层空隙必须作相应的收缩，将水少承受的那部分压力转移给含水层骨架承受。当顶底板为半隔水层时，还将有一部分水由半隔水层转移到含水层中。

上面的说法并不仅仅是理论上的解释，完全可以从实际现象中得到证实。例如，铁道旁边的承压水井，在火车通过时可以看到井中水位上升，火车通过后，水位又恢复正常。这说明，由于火车的重力加大了对含水层的压力，含水层骨架压缩，从而使水承受了更多的压力。

承压水的水质变化很大，从淡水到含盐量很高的卤水都有。承压水的补给、径流、排泄条件越好，参加水循环越是积极，水质就越接近入渗的大气降水及地表水，多为含盐量低的淡水。补给、径流、排泄条件越差，水循环越是缓慢，水与含水岩层接触时间越长，从岩层中溶解得到的盐类越多，水的含盐量就越高。有的承压水含水层，与外界几乎不发生联系，保留着经过浓缩的古海水，含盐量可以达到数百克/升。

3）上层滞水

当包气带中存在局部隔水层时，在局部隔水层上积聚的具有自由水面的重力水，称为上层滞水。上层滞水分布最接近地表，接受大气降水的补给，以蒸发形式排泄或向隔水底板边缘排泄。雨季获得补充，积存一定水量，旱季水量逐渐耗失。当分布范围较小而补给较少时，不能终年保持有水。上层滞水一般水量不大，动态变化显著。

2. 孔隙水、裂隙水和岩溶水

1）孔隙水

孔隙水主要赋存于松散沉积物颗粒之间，是沉积物的组成部分。在特定沉积环境中形成的不同类型的沉积物，受到不同水动力条件的制约，其空间分布、粒径与分选均各具特点，从而控制着赋存于其中的孔隙水的分布及它与外界的联系。

2）裂隙水

埋藏在基岩裂隙中的地下水叫裂隙水。这种水运动复杂，水量变化较大，这与裂隙发育及成因有密切关系。裂隙水按基岩裂隙成因分类有：风化裂隙水、成岩裂隙水、构造裂隙水。

(1) 风化裂隙水。分布在风化裂隙中的地下水多数为层状裂隙水，由于风化裂隙彼此相连通，因此在一定范围内形成的地下水也是相互连通的，水平方向透水性均匀，垂直方向随深度而减弱，多属潜水，有时也存在上层滞水。如果风化壳上部的覆盖层透水性很差时，其下部的裂隙带有一定的承压性，风化裂隙水主要接受大气降水的补给，常以泉的形式排泄于河流中。

(2) 成岩裂隙水。具有成岩裂隙的岩层出露地表时，常赋存成岩裂隙潜水。岩浆岩中成岩裂隙水较为丰富。玄武岩经常发育柱状节理及层面节理，裂隙均匀密集，张开性好，贯穿连通，常形成储水丰富、导水畅通的潜水含水层。成岩裂隙水多呈层状，在一定范围内相互连通。具有成岩裂隙的岩体为后期地层覆盖时，也可构成承压含水层，在一定条件下可以具有很大的承压性。

(3) 构造裂隙水。由于地壳的构造运动，岩石受挤压、剪切等应力作用下形成的构造裂隙，其发育程度既取决于岩石本身的性质，也取决于边界条件及构造应力分布等因素。构造裂隙发育很不均匀，因而构造裂隙水的分布和运动相当复杂。当构造应力分布比较均匀且强度足够时，则会在岩体中形成比较密集、均匀且相互连通的张开性构造裂隙，赋存层状构造裂隙水。当构造应力分布相当不均匀时，岩体中张开性构造裂隙分布不连续，互不沟通，则赋存脉状构造裂隙水。具有同一岩性的岩层，由于构造应力的差异，一些地方可能赋存层状裂隙水，另一些地方则可能赋存脉状裂隙水。反之，当构造应力大体相同时，由于岩性变化，裂隙发育不同，张开裂隙密集的部位赋存层状裂隙水，其余部位则赋存脉状裂隙水。层状构造裂隙水可以是潜水，也可以是承压水。柔性与脆性岩层互层时，前者构成具有闭合裂隙的隔水层，后者成为发育张开裂隙的含水层。柔性岩层覆盖下的脆性岩层中便赋存承压水。脉状裂隙水，多赋存于张开裂隙中。由于裂隙分布不连续，所形成的裂隙各有自己独立的系统、补给源及排泄条件，水位不一致。但是，不论是层状裂隙水还是脉状裂隙水，其渗透性常常显示各向异性。这是因为，不同方向的裂隙性质不同，某些方向上裂隙张开性好，而另一些方向上的裂隙张开性差，甚至是闭合的。

综上所述，裂隙水的存在、类型、运动、富集等受裂隙发育程度、性质及成因控制，所以只有很好地研究裂隙发生、发展的变化规律，才能更好地掌握裂隙水的规律性。

3）岩溶水

赋存和运移于可溶岩的溶穴中的地下水叫岩溶水。我国岩溶的分布十分广泛，特别是在南方地区。因此，岩溶水分布很普遍，其水量丰富，对供水极为有利，但对矿床开采、地下工程和建筑工程等都会带来一些危害。根据岩溶水的埋藏条件可分为：岩溶上层滞水、岩溶潜水及岩溶承压水。

(1）岩溶上层滞水。在厚层灰岩的包气带中，常有局部非可溶的岩层存在，起着隔水作用，在其上部形成岩溶上层滞水。

(2）岩溶潜水。在大面积出露的厚层灰岩地区广泛分布着岩溶潜水。岩溶潜水的动态变化很大，水位变化幅度可达数十米，水量变化可达几百倍。这主要是受补给和径流条件影响，降雨季节水量很大，其他季节水量很小，甚至干枯。

(3）岩溶承压水。岩溶地层被覆盖或岩溶地层与砂页岩互层分布时，在一定的构造条件下，就能形成岩溶承压水。岩溶承压水的补给主要取决于承压含水层的出露情况。岩溶水的排泄多数靠导水断层，经常形成大泉或泉群，也可补给其他地下水，岩溶承压水动态较稳定。

岩溶水的分布主要受岩溶作用规律的控制。因此，岩溶水在其运动过程中不断地改造着自身的赋存环境。岩溶发育有的地方均匀，有的地方不均匀。若岩溶发育均匀，又无粘土填充，各溶穴之间的岩溶水有水力联系，则有一致的水位。若岩溶发育不均匀，又有粘土等物质充填，各溶穴之间可能没有水力联系，因而有可能使岩溶水在某些地带集中形成暗河，而另外一些地带可能无水。在较厚层的灰岩地区，岩溶水的分布及富水性和岩溶地貌有很大关系。在分水岭地区，常发育着一些岩溶漏斗、落水洞等，构成了特殊地形——峰林地貌。它常是岩溶水的补给区。在岩溶水汇集地带，常形成地下暗河，并有泉群出现，其上经常堆积一些松散的沉积物。

实践和理论证明，在岩溶地区进行地下工程和地面建筑工程，必须弄清岩溶的发育与分布规律，因为岩溶的发育会导致建筑工程场区的工程地质条件大为恶化。

6.3 地下水运动的基本规律

从广义的角度讲，地下水的运动包括包气带水的运动和饱水带水的运动两大类。尽管包气带与饱水带具有十分密切的联系(例如，饱水带往往是通过包气带接受大气降水补给的)，但是在土木工程实践中，掌握饱水带重力水的运动规律具有更大的意义。

地下水在岩石空隙中的运动称为渗流或渗透。发生渗流的区域称为渗流场。由于受到介质的阻滞，地下水的流动远比地表水缓慢。

在岩层空隙中渗流时，水的质点有秩序的、互不混杂的流动，称作层流运动。在具狭小空隙的岩土(如砂、裂隙不大的基岩)中流动时，重力水受到介质的吸引力较大，水的质点排列较有秩序，故作层流运动。水的质点无秩序的、互相混杂的流动，称作紊流运动。作紊流运动时，水流所受阻力比层流状态大，消耗的能量较多。在宽大的空隙中(大的溶穴、宽大裂隙及卵砾石孔隙中)，水的流速较大时，容易呈紊流运动。

6.3.1 线性渗透定律——达西定律

1856年，法国水力学家达西(H. Darcy)通过大量的试验，得到地下水线性渗透定律，即达西定律，其计算式如下。

$$Q=kA\frac{H_1-H_2}{L}=KAJ \tag{6-1}$$

式中：Q——单位时间内的渗透流量(出口处流量即为通过砂柱各断面的流量)，m^3/d；

A——过水断面面积，m^2；

H_1——上游过水断面的水头，m；

H_2——下游过水断面的水头，m；

L——渗透途径(上下游过水断面的距离)，m；

J——水力坡度(即水头差除以渗透途径)；

k——渗透系数，m/d。

从水力学已知，通过某一断面的流量 Q 等于流速 v 与过水断面 A 的乘积，即：

$$Q=A\cdot v \tag{6-2}$$

据此，达西定律也可以表达为另一种形式：

$$v=k\cdot i \tag{6-3}$$

v 称作渗透流速，其余各项意义同前。地下水在岩土的孔隙或微裂隙中作层流运动时，达西公式是正确的，如试验所得图 6.7 中的曲线Ⅰ所示。但是在某些粘土中，这个公式就不正确了。因为在粘性土中颗粒表面有不可忽视的结合水膜，因而阻塞或部分阻塞了孔隙间的通道。试验指明，只有当水力坡度 i 大于某一值 i_b 时，粘土才具有透水性(图 6.7 中的曲线Ⅱ)。

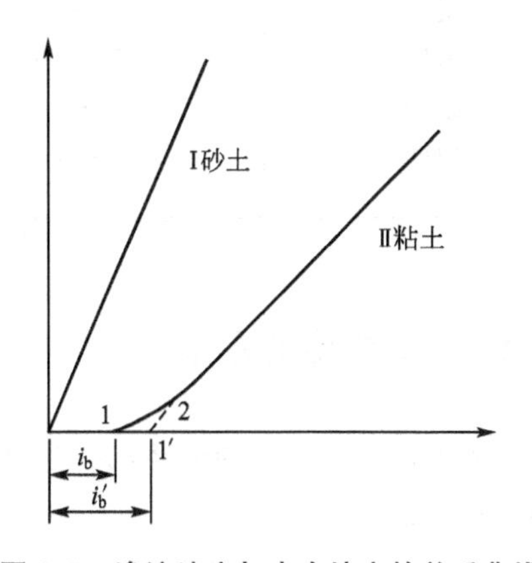

图 6.7 渗流速度与水力坡度的关系曲线

如果将曲线Ⅱ在横坐标上的截距用 i_b' 表示(称为起始水力坡度)，当 $i>i_b'$ 时，达西公式可改写为：

$$v=k(i-i'_b) \quad (6-4)$$

1) 渗流速度 v

式(6－2)中的过水断面，包括岩土颗粒所占据的面积及孔隙所占据的面积，而水流实际通过的过水断面面积是孔隙实际过水的面积 A'，即：

$$A'=A \cdot n_e \quad (6-5)$$

式中：n_e——有效孔隙度。

由此可知，v 并非实际流速，而是假设水流通过包括骨架与空隙在内的整个断面 A 流动时所具有的虚拟流速。

2) 水力坡度 i

水力坡度为沿渗透途径水头损失与相应渗透长度的比值。水质点在空隙中运动时，为了克服水质点之间的摩擦阻力，必须消耗机械能，从而出现水头损失。所以，水力坡度可以理解为水流通过单位长度渗透途径为克服摩擦阻力所耗失的机械能。从另一个角度，则可理解为驱动力。

3) 渗透系数 k

从达西定律 $v=k \cdot i$ 可以看出，水力坡度 i 是无因次的。故渗透系数 k 的因次与渗流速度相同，一般采用 m/d 或 cm/s 为单位。令 $i=1$，则 $v=k$。意即渗透系数为水力坡度等于 1 时的渗流速度。水力坡度为定值时，渗透系数越大，渗流速度就越大；渗流速度为一定值时，渗透系数越大，水力坡度越小。由此可见，渗透系数可定量说明岩土的渗透性能。渗透系数越大，岩土的透水能力越强。k 值可在室内做渗透试验测定或在野外做抽水试验测定。其大致数值见表 6－2。

表 6－2　岩土的渗透系数参考值

名称	渗透系数/(m/d)	名称	渗透系数/(m/d)
粘土	＜0.005	均质中砂	35～50
亚粘土	0.005～0.1	粗砂	20～50
轻亚粘土	0.1～0.5	圆砾	50～100
黄土	0.25～0.5	卵石	100～500
粉砂	0.5～1.0	无充填物的卵石	500～1000
细砂	1.0～5.0	稍有裂隙的岩石	20～60
中砂	5.0～20.0	裂隙多的岩石	＞60

6.3.2　非线性渗透定律

地下水在较大的空隙中运动，且其流速相当大时，呈紊流运动，此时的渗流服从哲才(A. Chezy)定律：

$$v=k \cdot i^{1/2} \quad (6-6)$$

此时渗透流速 v 与水力坡度的平方根成正比。

6.4 地下水的物理性质与化学成分

6.4.1 地下水的物理性质

地下水的物理性质有温度、颜色、透明度、气味、味道、导电性及放射性等。

1）地下水的温度

地下水的温度受气候和地质条件控制。由于地下水形成的环境不同，其温度变化也很大。根据温度将地下水分为过冷水（<0℃）、冷水（0～20℃）、温水（20～42℃）、热水（42～100℃）、过热水（>100℃）几类。

2）地下水的颜色决定于化学成分及悬浮物

例如，含 H_2S 的水为翠绿色；含 Ca^{2+}，Mg^{2+} 的水为微蓝色；含 Fe^{2+} 的水为灰蓝色；含 Fe^{3+} 的水为褐黄色；含有机腐殖质时为灰暗色。含悬浮物的水，其颜色决定于悬浮物。

3）透明度

地下水多半是透明的。当水中含有矿物质、机械混合物、有机质及胶体时，地下水的透明度就改变。根据透明度可将地下水分为透明的、微浑的、浑浊的、极浑浊的几种。

4）气味

地下水含有一些特定成分时，具有一定的气味。如含腐殖质时，具“沼泽”味；含硫化氢时具有臭鸡蛋味。

5）味道

地下水味道主要取决于地下水的化学成分。含 NaCl 的水有咸味；含 $CaCO_3$ 的水清凉爽口；含 $Ca(OH)_2$ 和 $Mg(HCO_3)_2$ 的水有甜味，俗称甜水；当 $MgCl_2$ 和 $MgSO_4$ 存在时，地下水有苦味。

6）导电性

当含有一些电解质时，水的导电性增强，当然它也受温度的影响。通过地下水物理性质的研究，能够初步了解地下水的形成环境、污染情况及化学成分。

6.4.2 地下水的化学成分

地下水不是化学成分纯的 H_2O，而是含有多种化学元素的复杂溶液。天然条件下，赋存于岩石圈中的地下水，不断与岩土发生化学反应，并与大气圈、地表水圈和生物圈的水进行化学元素的交换，化学成分随空间及时间而演变。因此，地下水的化学成分，是在很长的时间内经过各种作用形成的。自然界中存在的元素，绝大多数已经在地下水中发现。

1）地下水中主要离子成分

地下水中的主要离子成分有：

(1) 阳离子：H^+、Na^+、K^+、$NH_4{}^+$、Mg^{2+}、Ca^{2+}、Fe^{3+}、Fe^{2+}。

(2) 阴离子：OH^-、Cl^-、SO_4^{2-}、NO_2^-、NO_3^-、HCO_3^-、CO_3^{2-}、PO_4^{3-}。

地下水中分布最广、含量较多的离子共 7 种，即：氯离子(Cl^-)、硫酸根离子(SO_4^{-2})、重碳酸根离子(HCO^-)、钠离子(Na^+)、钾离子(K^+)、钙离子(Ca^{2+})及镁离子(Mg^{2+})。

地下水中所含各种离子、分子与化合物的总量称为矿化度，以每升水中所含克数(g/L)表示。习惯上用在 105～110℃下将水样蒸干后所得的干涸残余物总量来表示矿化度。也可以将分析所得阴阳离子含量相加，求得理论干涸残余物总量。由于在蒸干时有将近一半的 HCO_3^- 分解生成 CO_2 及 H_2O 而逸失。所以，阴阳离子相加时，HCO_3^- 只取质量的一半。

由于盐类在地下水中的溶解度不同，使得离子成分与地下水矿化度之间存在一定的规律。总体上看，氯盐的溶解度最大，硫酸盐次之，碳酸盐较小，钙的硫酸盐，特别是钙、镁的碳酸盐溶解度最小。所以，随着矿化度增大，钙、镁的碳酸盐首先达到饱和并沉淀析出，矿化度继续增大时，钙的硫酸盐也饱和析出，因此，高矿化水中便以易溶的氯和钠占优势了。

2) 地下水中主要气体成分

地下水中常见的气体成分主要有 O_2、N_2、CO_2 及 H_2S 等。一般情况下，地下水中气体含量不高，每升水中只有几毫克到几十毫克。但是，气体成分能够很好地反映地球化学环境。同时，地下水中某些气体含量能够影响盐类在水中的溶解度及其他化学反应。

(1) 氧气(O_2)和氮气(N_2)：地下水中的氧气和氮气主要来自大气层。它们随同大气降水及地表水补给地下水。地下水中溶解氧含量愈高，愈利于氧化作用，在较封闭的地球化学环境中，O_2 将耗尽而只残留 N_2。因此，N_2 的单独存在，通常可说明地下水起源于大气并处于还原环境。

(2) 硫化氢(H_2S)：地下水中出现硫化氢，其意义恰好与 O_2 相反，说明地下水处于缺氧的还原环境。地下水处在与大气较为隔绝的环境中，当有有机质存在时，由于微生物的作用，SO_4^{2-} 将还原生成 H_2S。因此，H_2S 一般出现于封闭地质构造的地下水中。

(3) 二氧化碳(CO_2)：地下水中的二氧化碳主要有两个来源。一种由植物根系的呼吸作用及有机质残骸的发酵作用形成。这种作用发生在大气、土壤及地表水中，生成的 CO_2 随同水一起入渗补给地下水，浅部地下水中主要含有这种成因的 CO_2。另一种是深部变质形成的。含碳酸盐类的岩石，在深部高温影响下，会分解生成 CO_2，即：

$$CaCO_3 \xrightarrow{400℃} CaO + CO_2$$

特别地，由于近代工业的发展，大气中人为产生的 CO_2 有显著增加，尤其在某些集中的工业区，补给地下水的降水中 CO_2 含量往往很高。

3) 地下水中的胶体成分与有机质

以碳、氢、氧为主的有机质，经常以胶体方式存在于地下水中。大量有机质的存在，有利于进行还原作用，从而使地下水化学成分发生变化。

地下水中还有未离解的化合物构成的胶体，其中分布最广的是 $Fe(OH)_3$、$Al(OH)_3$ 及 SiO_2。这些都是很难以离子状态溶于水的化合物，但以胶体方式出现时，在地下水中的含量可以大大提高。例如，SiO_2 虽然极难溶解，但可以以胶体方式出现，在矿化度很低的水中往往占有不可忽视的比例。

4）地下水的侵蚀性

(1) 溶出侵蚀。地下水在流动(承压)中会使混凝土中的 $Ca(OH)_2$、C_2S、CaO 不断溶解流失，使混凝土强度下降，称为溶出侵蚀。

(2) 碳酸侵蚀。几乎所有的水中都含有以分子形式存在的 CO_2，常称游离 CO_2，CO_2 过多时会与水形成碳酸使混凝土中的 $CaCO_3$ 不断被溶解，称为碳酸侵蚀。

(3) 硫酸盐侵蚀。水中的 SO_4^{2-} 含量超过一定数值时，会对混凝土造成侵蚀破坏，一般 SO_4^{2-} 含量超过 250mg/L 时就可能与混凝土中的 $Ca(OH)_2$ 作用生成石膏，称为硫酸盐腐蚀。

(4) 酸性侵蚀。地下水的 pH 较小时，酸性较强，这种水与混凝土中的 $Ca(OH)_2$ 作用生成易溶于水的 $CaCl_2$、$CaSO_4$、$Ca(NO_3)_2$ 等各种钙盐，若生成物易溶于水，则混凝土被侵蚀。一般认为 pH 小于 5.2 时具有侵蚀性，称为酸性侵蚀。

(5) 镁盐侵蚀。地下水中的镁盐($MgCl_2$、$MgSO_4$ 等)与混凝土中的 $Ca(OH)_2$ 作用生成钙盐，使 $Ca(OH)_2$ 含量降低，引起混凝土中其他水化物的分解破坏，称为镁盐侵蚀。

6.5 水文地质参数的测定

测定水文地质参数的方法有多种，应根据地层透水性能的大小和工程的重要性及对参数的要求，按表 6-3 选择确定。

表 6-3　水文地质参数测定方法

参数	测定方法
水位	钻孔、探井或测压管观测
渗透系数、导水系数	抽水试验、注水试验、压水试验、室内渗透试验
给水度、释水系数	单孔抽水试验、非稳定流抽水试验、地下水位长期观测、室内试验
越流系数、越流因数	多孔抽水试验(稳定流或非稳定流)
单位吸水率	注水试验、压水试验
毛细水上升高度	试坑观测、室内试验

6.5.1　地下水流向的测定

地下水的流向可用几何法及人工放射性同位素单井法等方法来测定。

1）几何法

一般采用三点法测定，即在同一水文地质单元呈锐角三角形布置钻孔，三角形最小的夹角不宜小于40°；三点间孔距一般取50～100m，过大或过小都将影响量测精度；同时量测各孔(井)内水位，以其水位高程编绘等水位线图，则垂直等水位线并向水位降低的方向为地下水流向，如图6.8所示。

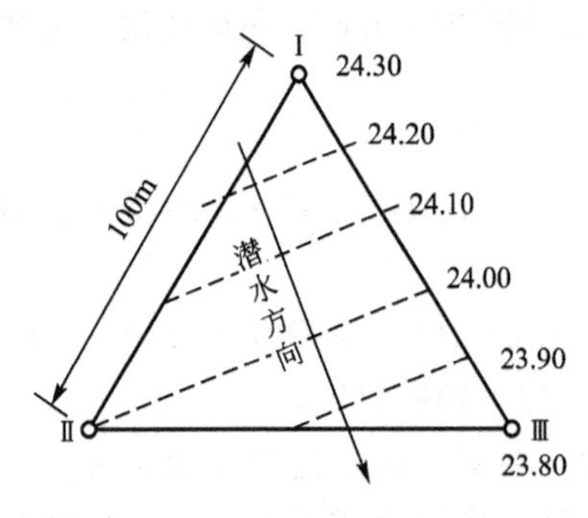

图6.8　几何法测定地下水流向

2）人工放射性同位素单井法

其原理是用放射性示踪溶液标记井孔水柱，让井中的水流入含水层，然后用一个定向探测器测定钻孔各方向含水层中示踪剂的分布，在一个井中确定地下水流向。此测定可在用同位素单井法测定流速的井孔内完成。

6.5.2　地下水流速的测定

1）利用水力坡度，求地下水的流速

在等水位线图的地下水流向上，求出相邻两等水位间的水力坡度，然后利用式(6－7)计算地下水流速：

$$v=ki \tag{6-7}$$

式中：v——地下水的渗透速度，m/d；

k——渗透系数，m/d；

i——水力坡度。

2）利用指示剂或示踪剂测定地下水的流速

利用指示剂或示踪剂来现场测定流速(图6.9)，要求被测量的钻孔能够代表所要查明的含水层，钻孔附近的地下水流为稳定流，呈层流运动；指示剂可采用各种盐类、着色颜料等，其用量决定于地层的透水性和渗透距离。

根据已有等水位线图或三点孔资料，确定地下水流动方向后，在上、下游设置试验孔和观测孔来实测地下水流速。为了防止指示剂(示踪剂)绕过观测孔，可在其两侧0.5～1.0m各布一辅助观测孔。试验孔与观测孔的间距决定于岩石(土)的透水性。具体方法和孔位布置见表6－4。

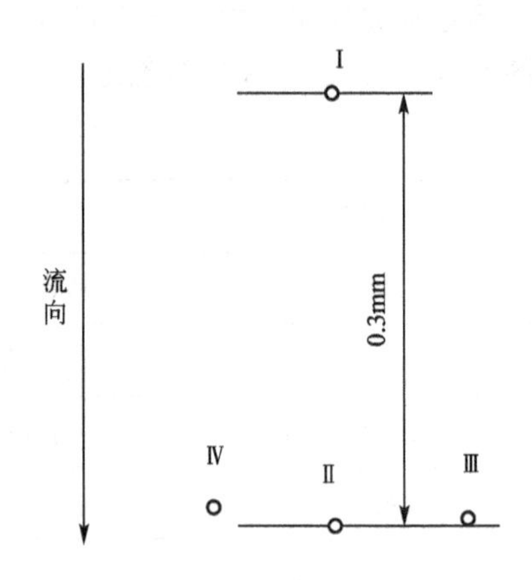

图6.9　示踪剂法测定地下水流速

表6－4　试验孔与观测孔间距

岩石性质	试验孔与观测孔间距/m
细粒砂	2～5
含砾粗砂	5～15

（续）

岩石性质	试验孔与观测孔间距/m
裂隙岩层	10～15
岩溶发育的石灰岩	可＞50

根据试验观测资料绘制观测孔内指示剂随时间的变化曲线，并选指示剂浓度高峰值出现时间(或选用指示剂浓度中间值对应时间)来计算地下水流速：

$$u=\frac{l}{t} \tag{6-8}$$

式中：u——地下水实际流速(平均)，m/h；

l——试验孔与观测孔距离，m；

t——观测孔内浓度峰值出现所需时间，h。

渗透速度 v 可按 $v=nu$ 公式换算得到，其中 n 为孔隙率。

此外，地下水流速的测定，尚可用人工放射性同位素单井稀释法于现场测定。

6.5.3 抽水试验

抽水试验是在试验现场打一个钻孔(井)，沉入抽水管，自井中抽水时，井中水位降低，会与周围含水层产生水位差，水即向井内流动，井周围的水位相应降低，其降低幅度随远离井壁而逐渐减小，水面形成以井为中心的漏斗状，称为降落漏斗，如图 6.10 所示。降落漏斗随井中水位的不断降低而扩大其范围。当井中水位稳定不变后，降落漏斗也渐趋稳定。此时漏斗所达到的范围，即为抽水时的影响范围。在井壁至影响范围边界的距离，称为影响半径，以 R 表示。

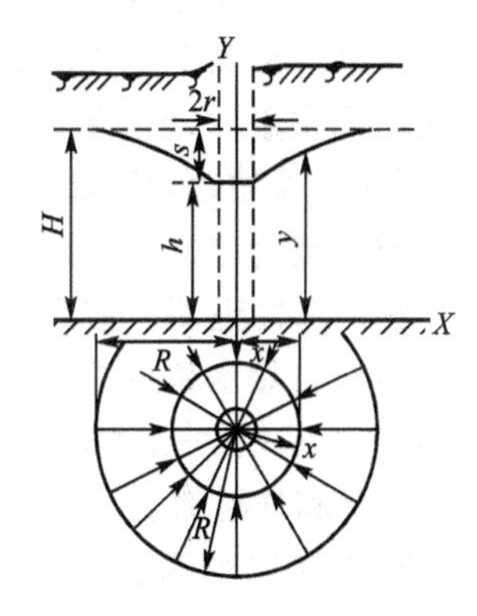

图 6.10 抽水试验

根据抽水孔埋入含水层的深浅及过滤器工作部分长度的不同可分为：潜水完整井、潜水非完整井、承压水完整井、承压水非完整井。

1. 抽水试验的目的、方法和要求

1) 抽水试验的目的

工程地质勘察中抽水试验的目的，通常是为查明建筑场地的地层渗透性和富水性，测定有关水文地质参数，为建筑设计提供水文地质资料。往往用单孔(或有一个观测孔)的稳定流做抽水试验。因为现场条件限制，也常在探井、试孔中用水桶或抽筒进行简易抽水试验。

2) 抽水试验的方法

抽水试验是求算含水层的水文地质参数较有效的方法，岩土工程勘察一般用稳定流抽水试验即可满足要求。实际工程中可结合工程特点、勘察阶段及对水文地质参数精度的要求按表6－5选用。

表6－5　抽水试验方法和应用范围

试验方法	应用范围
钻孔或探井简易抽水	粗略估算弱透水层的渗透系数
不带观测孔抽水	初步测定含水层的渗透性参数
带观测孔抽水	较准确测定含水层的各种参数

钻孔的适宜半径 r 应大于等于 $0.01M$(M 为含水层厚度)，或者利用适宜半径的工程地质钻孔。抽水孔深度的确定与试验目的有关。为获得较为准确、合理的渗透系数 k，以进行小流量、小降深的抽水试验为宜。

观测孔的布置，决定于地下水的流向、坡度和含水层的均一性。一般布置在与地下水流向垂直的方向上，和抽水孔的距离以1～2个含水层厚度为宜。孔深一般要求进入抽水孔试验段厚度之半。

3）抽水试验的要求

(1) 水位下降(降深)。抽水量和水位降深应根据工程性质、试验目的和要求确定；对于要求比较高的工程，应进行3次不同水位降深，并使最大的水位降深接近工程设计的水位标高，以便得到较符合实际的数据；一般工程可进行1～2次水位降深。

(2) 稳定延续时间和稳定标准。工程地质勘察中稳定延续时间一般为8～24h。稳定延续时间是指某一降深下，相应的流量和动水位趋于稳定后的延续时间。稳定标准是在稳定时间段内，涌水量波动值不超过正常流量的5%，主孔水位波动值不超过水位降低值的1%，观测孔水位波动值不超过2～3cm。若抽水孔、观测孔动水位与区域水位自然变化幅度趋于一致，则为稳定。

(3) 静止水位观测。应采用同一方法和仪器，读数对抽水孔为厘米，对观测孔为毫米；试验前对自然水位要进行观测。一般地区每小时测定一次，三次所测水位值相同，或4h内水位差不超过2cm者，即为静止水位。

(4) 水温和气温的观测。一般每2～4h同时观测水温和气温一次。

(5) 恢复水位观测。一般地区在抽水试验结束后或中途因故停抽时，均应进行恢复水位观测，通常以(单位：min)1，3，5，10，15，30…按顺序观测，直至完全恢复为止。观测精度要求同静止水位的观测。水位渐趋恢复后，观测时间间隔可适当延长。

(6) 动水位和涌水量的观测：动水位和涌水量同时观测，主孔和观测孔同时观测。开泵后每5～10min观测一次，然后视稳定趋势改为15min或30min观测一次。

2. 抽水试验资料整理

1）现场整理

在抽水过程中，应根据所测得的资料及时进行现场整理，以便了解试验进行情况，检查有无反常现象并及时纠正处理，为室内整理提供正确可靠的原始资料。进行稳定流抽水时应在现场绘制 $Q-s$ 曲线、$Q-t$ 曲线、$q-t$ 曲线、$s-t$ 历时曲线，在有3个或3个以上的观测孔时，应绘制 $\lg s-\lg r^2$ 曲线；在进行稳定抽水时，现场应绘制某一稳定位置时的 lg$s$－lg$t$、s－lg$t$曲线，随测随绘，以检查实测曲线是否与理论曲线一致，进行多次抽降的阶梯试验时应根据每次抽降开始相同累计时间时的 Q 和 s 值，绘制 $Q-s$ 曲线。

如图 6.11 和图 6.12 所示，Ⅰ为承压水；Ⅱ为潜水或承压水受井管(包括滤管)阻力和三维流、紊流的影响；Ⅲ表示水源不足或滤水管过水断面受堵塞；Ⅳ为当吸水龙头位于滤水管部位时，表示受三维流、紊流的影响属正常现象，当吸水龙头置于滤水管以上时，表示抽水有误，为非正常现象，应找出原因，重做试验；Ⅴ表示在某降深值以下，s 增大，而 Q 增加甚微，宜调整抽水流量与减小降深。

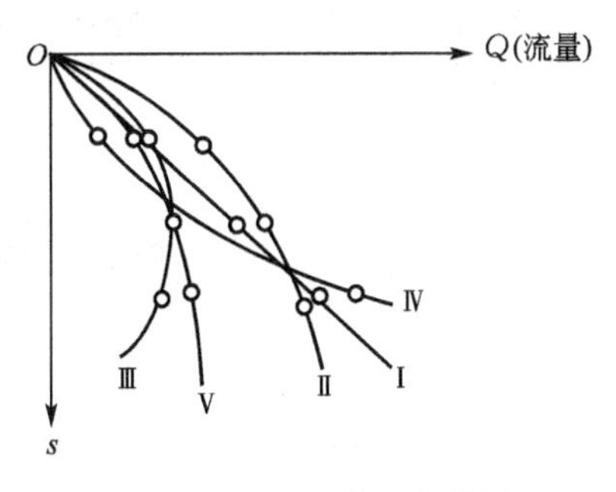

图 6.11　$Q-s$ 关系曲线图

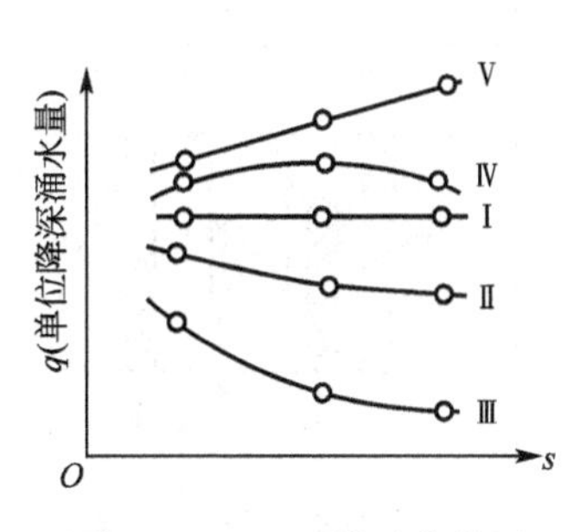

图 6.12　$q-s$ 关系曲线图

2) 室内整理

根据稳定抽水和非稳定抽水试验制订综合成果表，内容包括以下几方面。

(1) $Q=f(t)$、$s=f(t)$历时曲线(图 6.13)。

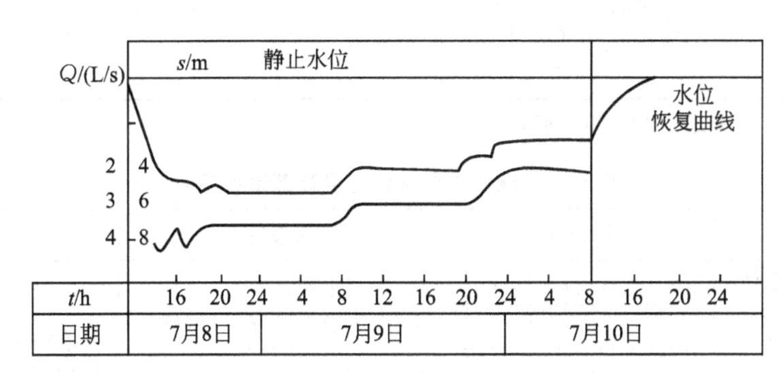

图 6.13　Q，$s-t$ 历时曲线

(2) $Q=f(s)$关系曲线。

(3) $q=f(s)$关系曲线。

(4) lg$s$＝lg$t$ 和 s＝lg$t$ 关系曲线，或 lg$s$＝lgr^2 和 s＝lgr^2 关系曲线。

(5) 钻孔平面位置图。

(6) 抽水试验成果表。

(7) 水质分析成果表。

(8) 钻孔地质柱状图。

(9) 抽水孔和观测孔的施工技术结构图。

3. 水文地质参数计算

稳定流理论的计算参数及公式。

1）渗透系数 k

计算公式见表 6－6、表 6－7。

2）影响半径 R

根据计算公式确定影响半径，目前大多数只能给出近似值。常用公式见表 6－8。

表 6－6　潜水完整井

井的类型	图形	计算公式	适用条件与说明
潜水完整井	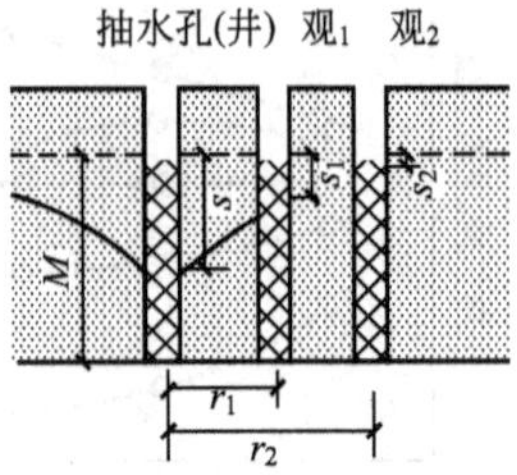 抽水孔(井) 观$_1$ 观$_2$；s，s_1，s_2，M，r_1，r_2	$k\approx\frac{0.732Q}{(2H-s)s}\lg\frac{R}{r}$	单孔（井）抽水
承压水完整井	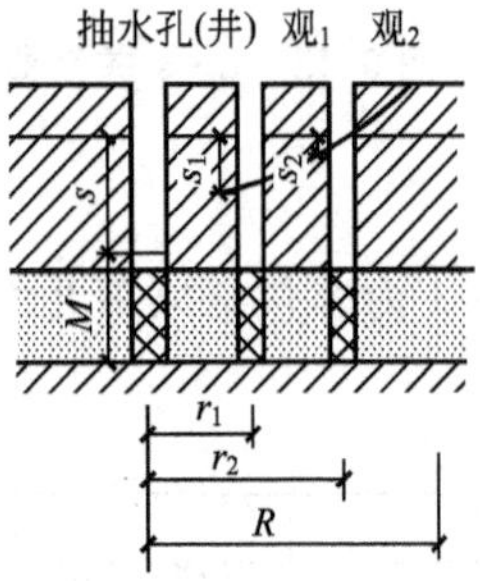 抽水孔(井) 观$_1$ 观$_2$；s，s_1，s_2，M，r_1，r_2，R	$k\approx\frac{0.366Q}{M\cdot s}\lg\frac{R}{r}$	裘布依公式单孔（井）抽水

注：摘自《工程地质手册》（第三版）。

表 6－7　根据水位恢复速度计算渗透系数

图形	计算公式	实用条件	说明
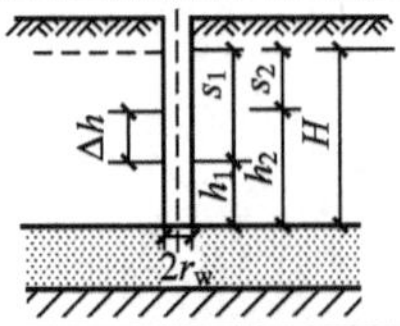 Δh，s_1，s_2，h_1，h_2，H，$2r_w$	$k\approx\frac{1.57r_w(h_2-h_1)}{t(s_1+s_2)}$	1. 承压水层 2. 大口径平底井（成试坑）	求得一系列与水位恢复时间有关的数值 k 后，则可作 $k=f(t)$ 曲线，可确定近于常数的渗透系数值，如下图： 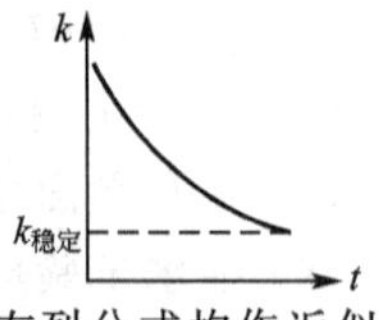 （k，$k_{稳定}$，t） 左列公式均作近似计算用
	$k\approx\frac{r_w(h_2-h_1)}{t(s_1+s_2)}$	1. 承压水层 2. 大口径半球状井底（试坑）	
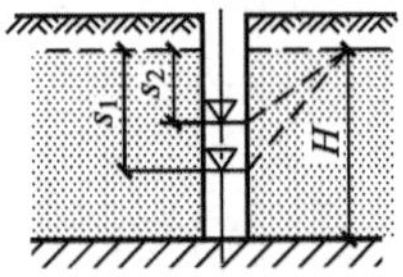 s_1，s_2，H	$k\approx\frac{3.5r_w^2}{(H+2r_w)t}\ln\frac{s_1}{s_2}$	潜水井完整	
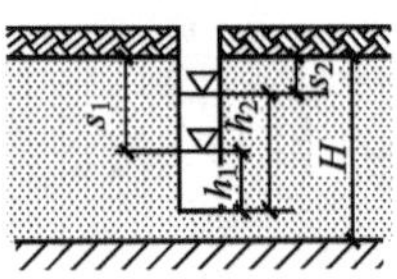 s_1，s_2，h_1，h_2，H	$k\approx\frac{\pi r_w^2}{4t}\ln\frac{H-h_1}{H-h_2}$	1. 潜水非完整井 2. 大口径井底进水，井壁不进水	

注：摘自《工程地质手册》（第三版）。

表 6-8 影响半径计算公式

计算公式	适用条件	备注
$\lg R=\frac{s_1\lg r_2-s_2\lg r_3}{s_1-s_2}$	1. 承压水 2. 两个观测孔	计算精度可靠(裘布依公式)
$\lg R=\frac{s_1(2H-s_1)\lg r_2-s_2(2H-s_1)\lg r_2}{(s_1-s_2)(2H-s_1-s_2)}$	1. 潜水 2. 两个观测孔	计算精度可靠(裘布依公式)
$\lg R=\frac{s\lg r_1-s_1\lg r}{s-s_1}$	1. 承压水 2. 一个观测孔	计算成果一般偏大
$\lg R=\frac{s(2H-s)\lg r_1-s_1(2H-s_1)\lg r}{(s-s_1)(2H-s-s_1)}$	1. 潜水 2. 一个观测孔	计算成果一般偏大
$\lg R=\frac{2.73kms}{Q}+\lg r$	1. 承压水 2. 单孔抽水	计算成果一般偏大
$\lg R=\frac{1.366k(2H-s)s}{Q}+\lg r$	1. 潜水 2. 单孔抽水	计算成果一般偏大
$R=10s\sqrt{k}$	1. 承压水 2. 单孔抽水	概略计算(集哈尔特经验公式)
$R=2s\sqrt{Hk}$	1. 潜水 2. 单孔抽水	概略计算(库萨金经验公式)
$R=\sqrt{\frac{12t}{\mu}\sqrt{\frac{Qk}{n}}}$	1. 潜水 2. 完整孔	(柯泽尼公式)

注：表中符号：s_1、s_2—观测孔水位降深(m)；r_1、r_2—观测孔至抽水孔的距离(m)；r—油水孔(井)半径(m)；H—潜水(承压水)含水层厚度(m)；k—渗透系数(m/d)；t—时间(d)；p—给水度。

6.5.4 注水试验

1. *试验方法*

注水试验可在试坑或钻孔中进行。国内外测定饱和松散土渗透性能的常用方法有多种，对砂土和粉土，可采用试坑单环法；对粘性土可采用试坑双环法；试验深度较大时可采用钻孔法。其中，试坑法和试坑单环法只能近似地测得土的渗透系数，而试坑双环法因排除侧向渗透的影响，测试精度较高。

钻孔注水试验适用于地下水位埋藏较深、不便于进行抽水试验的场地，或在干的透水岩土层中进行。其原理与抽水试验相似，注水可以看做是抽水的逆过程。注水试验装置如图 6.14 所示。

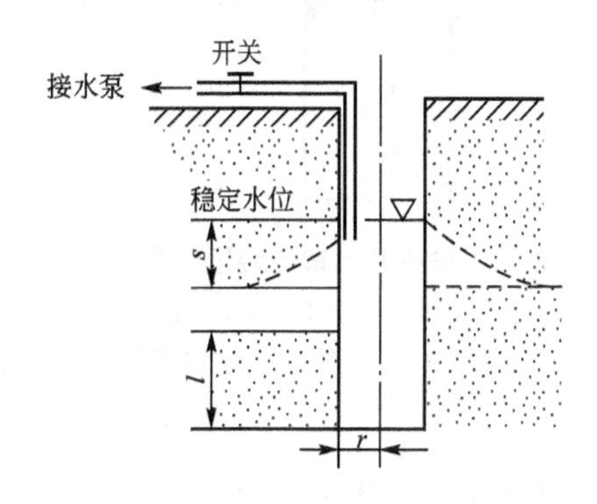

图 6.14 注水试验装置示意图

试验开始时，连续往注水孔内注水，形成稳定的水位和恒定的注水量。注水稳定时间因注水试验的目的和要求不同而异，一般为 4～8h，以此数据计算岩土层的渗透系数 k 值。

2. 注水试验成果应用

根据水工建筑部门的经验，在巨厚层且水平分布较广的岩土中做常量注水试验时，可按式(6－9) 和式(6－10)计算渗透系数 k。

当 $1/r\leqslant 4$ 时，
$$k=\frac{0.08Q}{rs\sqrt{\frac{l}{2r}+\frac{1}{4}}} \tag{6-9}$$

当 $1/r>4$ 时，
$$k=\frac{0.336Q}{l\cdot s}\lg\frac{2l}{r} \tag{6-10}$$

式中：l——试验段过滤器长度，m；

Q——常量注水量，m^3/d；

s——孔中水柱高度，m；

r——钻孔或过滤器半径，m。

以上方法求得的 k 值一般比抽水试验求得的 k 值小 15%～20%。

当地下水位埋深很大且含水层介质为均质岩土层时，可由下式计算渗透系数 k：

$$k=0.423\frac{Q}{s^2}\lg\frac{2s}{r} \tag{6-11}$$

式中各项意义同前式。

6.5.5 压水试验

压水试验是用高压方式把水压入钻孔，根据岩体吸水量计算了解岩体裂隙发育情况和透水性的一种原位试验。常规性的压水试验为吕荣试验，该方法是 1933 年吕荣(M. Lugeon) 首次提出，经多次修正完善，已为我国和大多数国家采用；成果表达采用透水率，单位为吕荣(Lu)，当试段压力为 1MPa，每米试段的压入流量为 1L/min 时，称为 1Lu。除了常规性的吕荣试验外，也可根据工程需要，进行专门性的压水试验。钻孔压水试验装置示意图如图 6.15 所示。

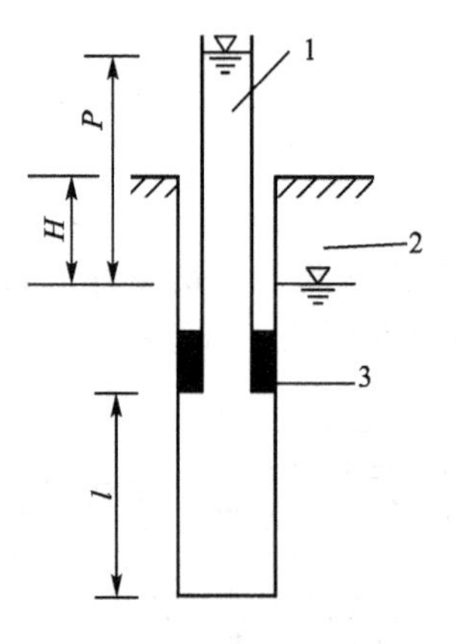

图 6.15 钻孔压水试验装置示意图

1—水柱；2—静止水位；3—柱塞

P—压力；H—水深；l—试验段长

1. 压水试验的方法和类型

(1) 按试验段划分为分段压水试验、综合压水试验和全孔压水试验。

(2) 按压力点，又称流量-压力关系点，划分为一点压水试验、三点压水试验和多点压水试验。

(3) 按试验压力划分为低压压水试验和高压压水试验。

(4) 按加压的动力源划分为水柱压水法、自流式压水法和机械法压水试验。

2. 压水试验的主要参数

1）稳定流量，即压入耗水量 Q

压入耗水量 Q 是在某一个确定压力作用下，压入水量呈稳定状态的流量。当控制某设计压力值呈稳定后，每隔 10min 测读压入水量，连续 4 次读数中，最大值与最小值之差小于最终值 5%时的压入水量，即为本级压力的最终压入水量。若进行简易压水试验，其稳定标准可放宽至最大值与最小值之差小于最终值的 10%。现场压水试验时要记录压入水量与压力。

2）压力阶段和压力值

压水试验的总压力是指用于试验的实际平均压力。其单位习惯上以水柱高度的单位“m”计算，其水柱高度是由地下水位算起，故在试验开始前应观测地下水位。应按工程需要确定试验的最大压力值和压力施加的分级数及起始压力。

3）试验段长度

试验段按规程规定一般为 5m。若岩芯完好，可适当加长试段，但不宜大于 10m。对于透水性较强的构造破碎带、岩溶段、砂卵石层等，可根据具体情况确定试验段长度。孔底岩芯若不超过 20cm 者，可计入试验段长度。倾斜钻孔的试段，按实际倾斜长度计算。

3. 压水试验成果整理

1）单位吸水量 w

压水试验成果主要由单位吸水量表示。

单位吸水量 w 是指该试验每分钟的漏水量与段长和压力乘积之比，其计算公式如下：

$$w=\frac{Q}{L\cdot P} \tag{6-12}$$

式中：w——单位吸水量，$L/(min\cdot m^2)$；

Q——钻孔压水的稳定流量，L/min；

L——试段长度，m；

P——该试段压水时所加的总压力，MPa。

一个压力点试验求出的 w 值，往往低于实际的 w 值，对工程设计而言是偏于不安全的。

2）根据单位吸水量 w 近似求出渗透系数 k

当试验段底部距离隔水层的厚度大于试验段长度时，按式(6－13)计算岩(土)层渗透系数 k：

$$k=0.527w\lg\frac{0.66L}{r} \tag{6-13}$$

式中：L——试段长度，m；

r——钻孔或滤水管半径，m；

w——单位吸水量，$L/(min\cdot m^2)$。

当试验段底部距下伏隔水层顶板之距离小于试验段长度时，按式(6－14)计算 k 值：

$$k=0.527w\lg\frac{1.32L}{r} \tag{6-14}$$

3）单位吸水量与岩石裂隙性的关系

单位吸水量 w 与岩石裂隙系数见表 6－9。

表 6－9　单位吸水量与裂隙系数关系

单位吸水量	裂隙系数	岩体评价	单位吸水量	裂隙系数	岩体评价
＜0.001	＜0.2	最完整	0.1～0.5	0.6～0.8	节理裂隙发育
0.001～0.01	0.2～0.4	完整	＞0.5	＞0.8	破碎岩体
0.01～0.1	0.4～0.6	节理较发育			

注：单位吸水量单位为 L/(min・m^2)。

6.6 地下水对土木工程的影响

从广义角度讲，对土木工程有不良影响的地下水包括毛细水和重力水。下面就它们对土木工程的影响分别加以概述。

6.6.1 毛细水对土木工程的影响

毛细水主要存在于直径为 0.5～0.002mm 大小的孔隙中。大于 0.5mm 孔隙中，一般以毛细边角水形式存在；小于 0.002mm 孔隙中，一般被结合水充满，无毛细水存在的可能。毛细水对土木工程的影响主要有以下几方面。

(1) 产生毛细压力，对于砂性土特别是细砂、粉砂，由于毛细压力作用使砂性土具有一定的粘聚力(称假粘聚力)。

(2) 毛细水对土中气体的分布与流通有一定影响，常常是导致产生封闭气体的原因。封闭气体可以增加土的弹性和减小土的渗透性。

(3) 当地下水位埋深较浅时，由于毛细水上升，可以助长地基土的冰冻现象、致使地下室潮湿甚至危害房屋基础、破坏公路路面、促使土的沼泽化及盐渍化从而增强地下水对混凝土等建筑材料的腐蚀性。

砂性土和粘性土的毛细水最大上升高度见表 6－10。

表 6－10　土的最大毛细水上升高度(据西林-别克丘林，1958)

土名	粗砂	中砂	细砂	粉砂	粘性土
h_c/cm	2～5	12～35	35～70	70～150	＞200～400

6.6.2 重力水(自由水)对土木工程的影响

1. 潜水位上升引起的岩土工程问题

潜水位上升可以引起很多岩土工程问题，它包括以下问题。

(1) 潜水位上升后，由于毛细水作用可能导致土壤次生沼泽化、盐渍化，改变岩土体物理力学性质，增强岩土和地下水对建筑材料的腐蚀。在寒冷地区，可助长岩土体的冻胀破坏。

(2) 潜水位上升，原来干燥的岩土被水饱和、软化，降低了岩土的抗剪强度，可能诱发斜坡、岸边岩土体产生变形、滑移、崩塌失稳等不良地质现象。

(3) 崩解性岩土、湿陷性黄土、盐渍岩土等遇水后，可能产生崩解、湿陷、软化，其岩土结构遭到破坏，强度降低，压缩性增大；膨胀性岩土遇水后则产生膨胀破坏。

(4) 潜水位上升，可能使洞室淹没，还可能使建筑物基础上浮，危及安全。

2. 地下水位下降引起的岩土工程问题

地下水位下降往往会引起地表塌陷、地面沉降、海水入侵、地裂缝的产生和复活，以及地下水源枯竭、水质恶化等一系列不良现象。

1) 地表塌陷

岩溶发育地区，由于地下水位下降时改变了水动力条件，在断裂带、褶皱轴部、溶蚀洼地、河床两侧及一些土层较薄而土颗粒较粗的地段容易产生塌陷。

2) 地面沉降

地下水位下降诱发地面沉降的现象可以用有效应力原理加以解释。地下水位的下降减小了土中的孔隙水压力，从而增加了土颗粒间的有效应力，有效应力的增加会引起土的压缩。许多大城市过量抽取地下水致使区域地下水位下降从而引发地面沉降，就是这个原因。同样的道理，在许多土木工程中进行深基础施工时，往往需要人工降低地下水位，若降水周期长、水位降深大、土层有足够的固结时间，则会导致降水影响范围内的土层产生固结沉降，轻者造成邻近的建筑物、道路、地下管线的不均匀沉降；重者导致建筑物开裂、道路破坏、管线错断等危害的产生。人工降低地下水位导致土木工程的破坏还有另一方面的原因。如果抽水井滤网和反滤层的设计不合理或施工质量差，那么，抽水时会将土层中的粉粒、砂粒等细小土颗粒随同地下水一起带出地面，使降水井周围土层很快产生不均匀沉降，从而造成土木工程的破坏。另外，降水井抽水时，井内水位下降，井外含水层中的地下水不断流向滤管，经过一段时间后，在井周围形成漏斗状的弯曲水面——降落漏斗。由于降落漏斗范围内各点地下水下降的幅度不一致，因此会造成降水井周围土层的不均匀沉降。

3) 海(咸)水入侵

近海地区的潜水或承压含水层往往与海水相连，在天然状态下，陆地的地下淡水向海洋排泄，含水层保持较高的水头，淡水与海水保持某种动态平衡，因而陆地淡水含水层能阻止海水入侵。如果大量开发陆地地下淡水，引起大面积地下水位下降，则可能导致海水向地下水含水层入侵，使淡水水质变坏。

4) 地裂缝的产生与复活

近年来，在我国很多地区发现了地裂缝，西安是地裂缝发育最严重的城市。据分析这是由地下水位大面积大幅度下降而诱发的。

5) 地下水源枯竭、水质恶化

盲目开采地下水，当开采量大于补给量时，地下水资源就会逐渐减少，以致枯竭，造成泉水断流、井水枯干、地下水中有害离子量增多、矿化度增高。

3. 地下水的渗透破坏

地下水渗透水流作用于岩土上的力，称渗透压力或动水压力。当此力达到一定值时，岩土中一些颗粒甚至整体就会发生移动而被渗流携走，从而引起岩土的结构变松、强度降低，甚至整体发生破坏。这种工程动力地质作用或现象，称为渗透变形或渗透破坏。

根据《岩土工程勘察规范(2009 年版)》(GB 50021—2001)，地下水的渗透破坏主要有潜蚀、流砂和管涌 3 种类型；根据《水利水电工程地质勘察规范》(GB 50487—2008)，土的渗透变形宜分为流土、管涌、接触冲刷和接触流失 4 种类型。

1) 潜蚀

渗透水流在一定水力坡度(即地下水水力坡度大于岩土产生潜蚀破坏的临界水力坡度)条件下产生较大的动水压力冲刷、携走细小颗粒或溶蚀岩土体，使岩土体中孔隙不断增大，甚至形成洞穴，导致岩土体结构松动或破坏，以致产生地表裂隙、塌陷，影响工程的稳定。在黄土和岩溶地区的岩、土层中最容易发生潜蚀作用。

潜蚀作用可分为机械潜蚀和化学潜蚀两种类型。其中，机械潜蚀是指在地下渗透水流的长期作用下，产生岩土体中细小颗粒的位移和掏空现象；化学潜蚀是指岩土中的易溶盐类(如岩盐、钾盐、石膏等)及某些较难溶解的盐类(如方解石、菱镁矿、白云石等)在流动水流的作用下，尤其是在地下水循环比较剧烈的地域，盐类逐渐被溶解或溶蚀，使岩土体颗粒间的胶结力被削弱或破坏，岩土体结构松动甚至破坏的现象。机械潜蚀和化学潜蚀一般是同时进行的，且二者是相互影响，相互促进的。

潜蚀通常产生于粉细砂、粉土地层中。具有下列条件的岩土体易产生潜蚀作用。

(1) 当岩土层的不均匀系数($C_u=d_{60}/d_{10}$)越大时，越易产生潜蚀作用。一般当 $C_u>10$ 时，即易产生潜蚀。

(2) 两种互相接触的岩土层，当其渗透系数之比 $k_1/k_2>2$ 时，易产生潜蚀。

(3) 当地下渗透水流的水力梯度 i 大于岩土的临界水力梯度 i_{cr}时，易产生潜蚀。

产生潜蚀的临界水力梯度 i_{cr}可按式(6－15)计算：

$$i_{cr}=(G_s-1)(1-n)+0.5n \tag{6-15}$$

式中：G_s——岩土颗粒相对密度；

n——岩土孔隙度，以小数计算。

防止岩土层中发生潜蚀破坏的有效措施，原则上可分为两大类：一是改变地下水渗透的水动力条件，使地下水水力坡度小于临界水力坡度；二是改善岩土性质，增强其抗渗能力。如对岩土层进行爆炸、压密、化学加固等，增加岩土的密实度，降低岩土层的渗透性。

2) 流砂(土)

在上升的渗流作用下局部土体表面的隆起、顶穿，或者粗细颗粒群同时浮动而流失称为流砂(土)。前者多发生于表层为粘性土与其他细粒土组成的土体或较均匀的粉细砂层中，后者多发生在不均匀的砂土层中。流砂发展结果是使基础发生滑移或不均匀沉降、基坑坍塌、基础悬浮等。流砂通常是由于工程活动引起的。但是，在有地下水出露的斜坡、岸边或有地下水溢出的地表面也会发生。

流砂现象通常也是在粉细砂和粉土地层中产生，即土被水饱和后产生流动的现象，易产生流砂的条件如下。

(1) 水力坡降大于临界水力坡降时，即动水压力超过土粒重力时易产生流砂。

临界水力坡降按下式计算：

$$i_{cr}=(G_s-1)(1-n) \tag{6-16}$$

式中符号意义同前。

(2) 粉细砂或粉土的孔隙度越大，越易形成流砂。

(3) 粉细砂或粉土的渗透系数越小，排水性能越差时，越易形成流砂。

根据《水利水电工程地质勘察规范》(GB 50287—2008)，流砂可据下列方法进行判别。

(1) 不均匀系数小于等于5的无粘性土可判为流土。

(2) 对于不均匀系数大于5的无粘性土可根据土的细颗粒含量 P 判别：

$$P\geqslant 35\%$$

式中：P——土的细粒颗粒含量，以质量百分率计，%。

P 按下列方法确定。

(1) 不连续级配的土：级配曲线中至少有一个以上的粒径级的颗粒含量小于或等于3%的土，称为级配不连续的土。以上述粒组在颗粒大小分布曲线上形成的平缓段的最大粒径和最小粒径的平均值或最小粒径作为粗、细颗粒的区分粒径 d_f，相应于此粒径的含量为细粒含量 P。

(2) 连续级配的土：粗粒、细粒的区分粒径 d_f 可按下式计算：

$$d_f=\sqrt{d_{70}\cdot d_{10}}$$

(3) 根据临界水力坡降判别：流土型临界水力坡降宜按式(6-16)计算。

流砂对岩土工程危害极大，所以在可能发生流砂的地区施工时，应尽量利用其上面的土层作为天然地基，也可利用桩基穿透流砂层。总之，要尽量避免水下大开挖施工，若必须时，可以利用下面方法防治流砂。

① 人工降低地下水位：使地下水位降至可产生流砂的地层之下，然后再进行开挖。

② 打板桩：其目的一方面是加固坑壁，另一方面是改善地下水的径流条件，即增长渗透路径，减小地下水水力坡度及流速。

③ 水下开挖：在基坑开挖期间，使基坑中始终保持足够水头，尽量避免产生流砂的水头差，增加基坑侧壁的稳定性。

④ 可以用冻结法、化学加固法、爆炸法等处理岩土层，提高其密实度，减小其渗透性。

3) 管涌

地基土在具有某种渗透速度的渗透水流作用下，其细小颗粒被冲走，岩土的孔隙逐渐增大，慢慢形成一种能穿越地基的细管状渗流通路，从而掏空地基或坝体，使地基或斜坡变形、失稳，此现象称为管涌。管涌通常是由于工程活动引起的。但是，在有地下水出露的斜坡、岸边或有地下水溢出的地表面也会发生，如图 6.16 所示。

管涌多发生在非粘性土中，其特征是：颗粒大小比值差别较大，往往缺少某种粒径；磨圆度较好；孔隙直径大而互相连通；细粒含量较少，不能全部充满孔隙；颗粒多由相对密度较小的矿物构成，易随水流移动；有较大的和良好的渗透水流出路等。根据《水利水电工程地质勘察规范》(GB 50287—2008)，管涌可据下列方法进行判别。

(1) 根据土的细颗粒含量 P 判别：

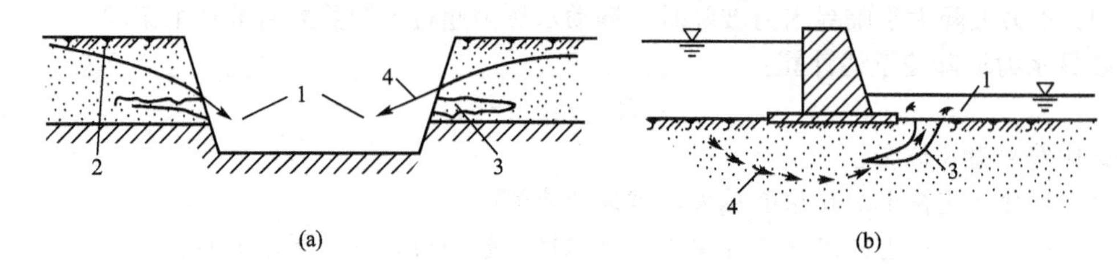

图 6.16　管渗破坏示意图

(a) 斜坡条件时；(b) 地基条件时

1—管涌堆积颗粒；2—地下水位；3—管涌通道；4—渗流方向

$$P<25\%$$

式中：P——土的细粒颗粒含量，以质量百分率计，%，确定方法同流土。

(2) 土为粗颗粒(粒径为 D)和细颗粒(粒径为 d)组成，其 $D/d>10$。

(3) 土的不均匀系数 $d_{60}/d_{10}>10$。

(4) 两种互相接触土层渗透系数之比 $k_1/k_2>2\sim3$。

(5) 渗透水流的水力梯度(i)大于土的临界水力梯度(i_{cr})时。

其中临界水力梯度(i_{cr})可按式(6－17)或式(6－18)确定。

$$i_{cr}=2.2(G_s-1)(1-n)^2\frac{d_5}{d_{20}} \tag{6-17}$$

$$i_{cr}=\frac{42d_3}{\sqrt{\frac{K}{n^3}}} \tag{6-18}$$

式中：d_3，d_5，d_{20}——分别表示小于该粒径的含量占总土重 3%、5%、20%的颗粒粒径，mm。

在可能发生管涌的地层中修建水坝、挡土墙及基坑排水工程时，为防止管涌发生，设计时必须控制地下水溢出带的水力坡度，使其小于产生管涌的临界水力坡度。防止管涌最常用的方法与防止流砂的方法相同，主要是控制渗流、降低水力坡度、设置保护层、打板桩等。

4) 接触冲刷

当渗流沿着两种渗透系数不同的土层接触面，或建筑物与地基的接触面流动时，沿接触面带走细颗粒称接触冲刷。

对双层结构地基，当两层土的不均匀系数均等于或小于 10，且符合下式规定的条件时，不会发生接触冲刷。

$$\frac{D_{10}}{d_{10}}\leqslant10$$

式中：D_{10}、d_{10}——分别代表较粗和较细一层土的颗粒粒径，mm，小于该粒径的土重占总土重的 10%。

5) 接触流失

在层次分明、渗透系数相差悬殊的两土层中，当渗流垂直于层面将渗透系数小的一层中的细颗粒带到渗透系数大的一层中的现象称为接触流失。

对于渗流向上的情况，符合下列条件将不会发生接触流失。

(1) 不均匀系数等于或小于 5、且$\frac{D_{15}}{d_{85}} \leqslant 5$ 的土层。

(2) 不均匀系数等于或小于 10，且$\frac{D_{20}}{d_{70}} \leqslant 7$ 的土层。

式中：D_{15}、D_{20}——较粗一层土的颗粒粒径，小于该粒径的土重占总土重的 15%、20%；

d_{70}、d_{85}——较细一层土的颗粒粒径，小于该粒径的土重占总重的 70%、85%。

4. 地下水的浮托作用

当建筑物基础底面位于地下水位以下时，地下水对基础底面产生静水压力，即产生浮托力。如果基础位于粉土、砂土、碎石土和节理裂隙发育的岩石地基上，则按地下水位 100%计算浮托力；如果基础位于节理裂隙不发育的岩石地基上，则按地下水位 50%计算浮托力；如果基础位于粘性土地基上，其浮托力较难确切地确定时，应结合地区的实际经验考虑。

地下水不仅对建筑物基础产生浮托力，同样对其水位以下的岩体、土体产生浮托力。所以在确定地基承载力设计值时，无论是基础底面以下土的天然重度或是基础底面以上土的加权平均重度，地下水位以下一律取有效重度。

5. 承压水对基坑的作用

当深基坑下部有承压含水层存在，开挖基坑会减小含水层上覆隔水层的厚度，在隔水层厚度减小到一定程度时，承压水的水头压力能顶裂或冲毁基坑底板，造成突涌现象。基坑突涌将会破坏地基强度，并给施工带来很大困难。所以，在进行基坑施工时，必须分析承压水头是否会冲毁基坑底部的粘性土层。在工程实践中，通常用压力平衡概念进行验算，即：

$$\gamma \cdot M = \gamma_w \cdot H \tag{6-19}$$

式中：γ，γ_w——分别为粘性土的重度和地下水的重度；

H——相对于含水层顶板的承压水头值；

M——基坑开挖后基坑底部粘土层的厚度。

所以，基坑底部粘土层的厚度必须满足式(6-20)，如图 6.17 所示。

$$M > \frac{\gamma_w}{\gamma} H \tag{6-20}$$

如果 $M < \frac{\gamma_w}{\gamma} H$，则必须采用人工方法抽汲承压含水层中的地下水，局部降低承压水头，使其下降直至满足式(6-20)，方可避免产生基坑突涌现象。

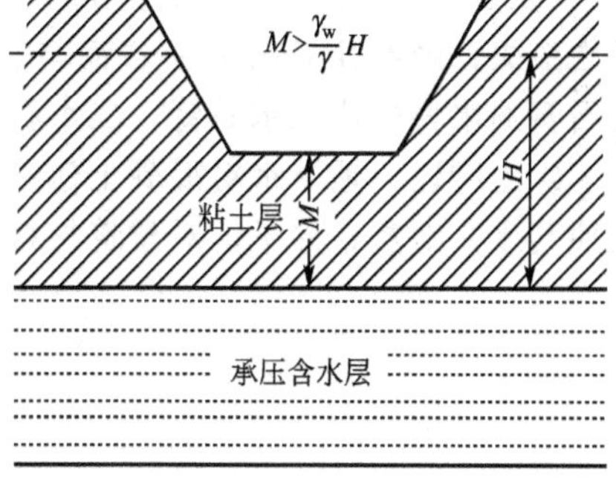

图 6.17 基坑底粘土层最小厚度

6. 地下水对钢筋混凝土的腐蚀

硅酸盐水泥遇水硬化，并且形成氢氧化钙[$Ca(OH)_2$]、水化硅酸钙($CaOSiO_2 \cdot 12H_2O$)、水化铝酸钙($CaOAl_2O_3 \cdot 6H_2O$)等，这些物质往往会受到地下水的腐蚀。地下水对建筑材料的腐蚀类型分为 3 种。

(1) 结晶类腐蚀。

如果地下水中 SO_4^{2-} 的含量超过规定值，那么 SO_4^{2-} 将与混凝土中的 $Ca(OH)_2$ 起反应，生成二水石膏结晶体($CaSO_4 \cdot 2H_2O$)，这种石膏再与水化铝酸钙($CaOAl_2O_3 \cdot 6H_2O$)发生化学反应，生成水化硫铝酸钙，这是一种铝和钙的复合硫酸盐，习惯上称为水泥杆菌。由于水泥杆菌结合了许多的结晶水，因而其体积比化合前增大很多，约为原体积的221.86%，于是在混凝土中产生很大的内应力，使混凝土的结构遭受破坏。

(2) 分解类腐蚀。

地下水中含有 CO_2 和 HCO_3^-，CO_2 与混凝土中的 $Ca(OH)_2$ 作用，生成碳酸钙沉淀。

$$Ca(OH)_2 + CO_2 = CaCO_3 \downarrow + H_2O$$

由于 $CaCO_3$ 不溶于水，它可填充混凝土的孔隙，在混凝土周围形成一层保护膜，能防止 $Ca(OH)_2$ 的分解。但是，当地下水中的 CO_2 含量超过一定数值，而 HCO_3^- 的含量过低，则超量的 CO_2 再与 $CaCO_3$ 反应，生成重碳酸钙 $Ca(HCO_3)_2$ 并溶于水，即：

$$CaCO_3 + CO_2 + H_2O \longrightarrow Ca^{2+} + 2HCO_3^-$$

上述这种反应是可逆的：当 CO_2 含量增加时，平衡被破坏，反应向右进行，固体 $CaCO_3$ 继续分解；当 CO_2 含量减少时，反应向左进行，固体 $CaCO_3$ 沉淀析出。如果 CO_2 和 HCO_3^- 的浓度平衡时，反应就停止。所以，当地下水中 CO_2 的含量超过平衡所需的数量时，混凝土中的 $CaCO_3$ 就会被溶解而受腐蚀，这就是分解类腐蚀。我们将超过平衡浓度的 CO_2 叫侵蚀性 CO_2。地下水中侵蚀性 CO_2 越多，对混凝土的腐蚀越强。地下水流量、流速都很大时，CO_2 易补充，平衡很难建立，因而腐蚀加快。另一方面，HCO_3^- 含量愈高，对混凝土腐蚀性愈弱。如果地下水的酸度过大，即 pH 小于某一数值，那么混凝土中的 $Ca(OH)_2$ 也要分解，特别是当反应生成物为易溶于水的氯化物时，对混凝土的分解腐蚀很强烈。

(3) 结晶分解复合类腐蚀。

当地下水中 NH^{4+}、NO^{3-}、Cl^- 和 Mg^{2+} 的含量超过一定数量时，会与混凝土中的 $Ca(OH)_2$ 发生反应，例如：

$$MgSO_4 + Ca(OH)_2 = Mg(OH)_2 + CaSO_4$$

$$MgCl_2 + Ca(OH)_2 = Mg(OH)_2 + CaCl_2$$

$Ca(OH)_2$ 与镁盐作用的生成物中，除 $Mg(OH)_2$ 不易溶解外，$CaCl_2$ 很易溶于水，并随之流失；硬石膏 $CaSO_4$ 一方面与混凝土中的水化铝酸钙反应生成水泥杆菌；另一方面，硬石膏遇水将生成二水石膏，二水石膏在结晶时，体积膨胀，将破坏混凝土的结构。

综上所述，地下水对混凝土建筑物的腐蚀是一项复杂的物理化学过程，在一定的工程地质与水文地质条件下，对建筑材料的耐久性影响很大。

本章小结

本章主要介绍岩石与土的孔隙特性、地下水的类型、地下水的运动、地下水的物理性质与化学成分、地下水对土木工程建设的影响等内容。

通过本章学习，要求掌握岩土的空隙类型；掌握包气带水、潜水及承压水的概念及特点；掌握达西定律；了解岩土的水理性质、地下水的物理性质、地下水的化学成分、地下水的渗透变形类型及地下水的腐蚀性。

地下水的存在对土木工程建设存在多方面的影响，它既可影响岩土介质的工程性质，也可因地下水的运动而使地基产生破坏，同时地下水还可对建筑材料产生腐蚀破坏。

习　题

1. 试述岩土空隙特性。
2. 简述地下水的类型。
3. 试述达西定律及其适用范围。
4. 简述地下水在土木工程建设中的不良影响。

第7章 不良地质现象及其防治

教学要点

知识要点	掌握程度	相关知识
危岩和崩塌	(1) 掌握危岩、崩塌的概念 (2) 了解危岩、崩塌的评估及防治	崩塌的形成机制、崩塌的分析评价
滑坡	(1) 掌握滑坡的概念，了解滑坡的形态特征 (2) 了解滑坡的类型及其识别 (3) 了解滑坡的评估及防治	滑坡形成机制、滑坡的分析评价
泥石流	了解泥石流的形成、评估及防治	泥石流的特征
岩溶	(1) 掌握岩溶的形成条件、常见岩溶现象 (2) 了解岩溶的作用方式、特点 (3) 了解岩溶的评估及防治	岩溶地貌
地震	(1) 掌握地震的基本概念、特点 (2) 了解地震的评估及防治	地震产生机制、地震带分布、地震的危害
地面沉降	(1) 掌握地面沉降的基本概念、特点 (2) 了解地面沉降的评估及防治	地面沉降形成机制、危害
采空区	(1) 掌握采空区变形的基本概念、特点 (2) 了解采空区变形的评估及防治	采空区的形成及危害
地质灾害危险性评估及场地选址的工程评价	(1) 了解地质灾害评估概念、思路及基本要求 (2) 了解地质灾害调查的内容及要求 (3) 掌握地质灾害危险性分级及建设用地适宜性分级 (4) 了解工程场地选址时地质问题评价内容、意义及方法	地质灾害评估、地质灾害调查、地质问题评价

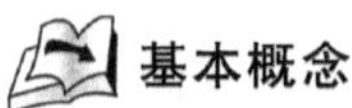

基本概念

崩塌、滑坡、泥石流、岩溶、地震、地面沉降、采空区、灾害评估。

引例

1980年6月3日湖北省宜昌市盐池河磷矿突然发生了一场巨大的岩石崩塌(岩崩，又称山崩)，标高839m的鹰嘴崖部分山体从700m标高处俯冲到500m标高的谷地。在山谷中乱石块覆盖面积南北长560m，东西宽400m，石块加泥土厚度达30m，崩塌堆积的体积共$100\times10^4m^3$。最大岩块有2700多吨重。顷刻之间，盐池河上筑起一座高达38m的堤坝，构成了一座天然湖泊。乱石块把磷矿的五层大楼掀倒、掩埋，不仅造成307人死亡，还毁坏了该矿的设备和财产，损失十分惨重。

盐池河山体产生灾害性崩塌具有多方面的原因。除地质基础因素外，地下磷矿层的开采是上覆山体变形崩塌的最主要的人为因素。这是因为：磷矿层赋存在崩塌山体下部，在谷坡底部出露。该矿采用房柱采矿法及全面空场采矿法，1979年7月采用大规模爆破房间矿柱的放顶管理方法，加速了上覆山体及地表的变形过程。采空区上部地表和崩塌山体中先后出现地表裂缝十条。裂缝产生的部位都分布在采空区与非采空区对应的边界部位。说明地表裂缝的形成与地下采矿有着直接的关系。后来裂缝不断发展，在降雨激发之下，终于形成了严重的崩塌灾害。

在发现山体裂缝后，该矿曾对裂缝的发展情况进行了设点简易监测，虽已掌握一些实际资料，但不重视分析监测资料，没有密切注意裂缝的发展趋势，因而不能正确及时预报，也是造成这次灾难性崩塌的主要教训之一。

由地球内力或外力产生的对工程可能造成危害的地质作用称为不良地质作用，由不良地质作用引发的，危及人身、财产、工程或环境安全的事件称为地质灾害。常见的不良地质作用主要有崩塌、滑坡、泥石流、岩溶、地震等。我国是地质灾害较多的国家，每年因地质灾害造成的经济损失约为200亿～500亿元，给人民生命财产造成了极大的危害。随着国民经济的发展，特别是的西部大开发战略的实施，人类工程活动的数量、速度及规模越来越大，由人类工程诱发的地质灾害的损失已逐渐超过自然地质灾害。研究不良地质作用和地质灾害的形成条件和发展规律，以便采取相应的防治措施，防灾减灾，对保障工程建筑和人民生命财产的安全具有重要意义。

7.1 危岩和崩塌

7.1.1 崩塌、落石及其形成条件和影响因素

1. 崩塌、落石的定义

陡坡上的岩体或土体在重力或其他外力作用下，突然向下崩落的现象叫崩塌。崩塌的岩体(或土体)顺坡猛烈地翻滚、跳跃、相互撞击，最后堆积于坡脚。堆积于坡脚的物质为崩塌堆积物。

崩塌的规模大小相差悬殊。小型崩塌可崩落几十立方米至几百立方米岩块；大型崩塌可崩下几万立方米至几千万立方米岩块。规模巨大的山坡崩塌称为山崩。斜坡的表层岩石由于强烈风化，沿坡面发生经常性的岩屑顺坡滚落现象，称为碎落。悬崖陡坡上个别较大岩块的崩落称为落石。

2. 崩塌、落石的形成条件和影响因素

崩塌、落石的形成条件和影响因素很多，主要有地形地貌条件、岩性条件、地质构造条件、降雨和地下水的影响，以及地震的影响、风化作用和人为因素的影响等。

(1) 地形条件。斜坡高陡是形成崩塌的必要条件，规模较大的崩塌，一般产生在高度大于30m，坡度大于45°的陡峻斜坡上；而斜坡的外部形状，对崩塌的形成也有一定的影

响，一般在上陡下缓的凸坡和凹凸不平的陡坡上易发生崩塌。

(2) 岩性条件。坚硬岩石具有较大的抗剪强度和抗风化能力，能形成陡峻的斜坡，当岩层节理裂隙发育，岩石破碎时易产生崩塌；软硬岩石互层，由于风化差异，形成锯齿状坡面，当岩层上硬下软时，上陡下缓或上凸下凹的坡面也易产生崩塌。

(3) 构造条件。岩层的各种结构面，包括层面、裂隙面、断层面等都是抗剪性较低的、对边坡稳定不利的软弱结构面。当这些不利结构面倾向临空面时，被切割的不稳定岩块易沿结构面发生崩塌。

(4) 其他条件。如昼夜温差变化、暴雨、地震、不合理的采矿或开挖边坡，都能促使岩体产生崩塌。

7.1.2 崩塌的形成机理

崩塌的规模大小、物质组成、结构构造、活动方式、运动途径、堆积情况、破坏能力等千差万别，但其形成机理是有规律的，常见的有5种。崩塌的分类及特征见表7-1。

表7-1 崩塌的分类及特征

类型	岩性	结构面	地形	受力情况	起始运动形式
倾倒崩塌	黄土、直立或陡倾坡内的岩层	多为垂直节理、陡倾坡面至直立层面	峡谷、直立岸坡、悬崖	主要受倾覆力矩作用	倾倒
滑移崩塌	多为软硬相间的岩层	有倾向临空面的结构面	陡坡通常大于55°	滑移面主要受剪切力	滑移、坠落
鼓胀崩塌	黄土、粘土坚硬岩层下伏软弱岩层	上部垂直节理、下部近似水平的结构面	陡坡	下部软岩受垂直挤压	滑移、倾倒
拉裂崩塌	多见于软硬相间的岩层	多为风化裂隙和重力拉张裂隙	上部突出的悬崖	拉张	坠落
错断崩塌	坚硬岩层、黄土	垂直裂隙发育、通常无倾向临空面的结构面	大于45°的陡坡	自重引起的剪切力	下错、坠落

1. 倾倒崩塌

在河流的峡谷区、岩溶区、冲沟地段及其他陡坡上，常见巨大而直立的岩体，以垂直节理或裂缝与稳定岩体分开，其断面形式如图7.1所示。这类岩体的特点是高而窄，横向稳定性差，失稳时岩体以坡脚的某一点为转点，发生转动性倾倒，这种崩塌模式的产生有多种途径。

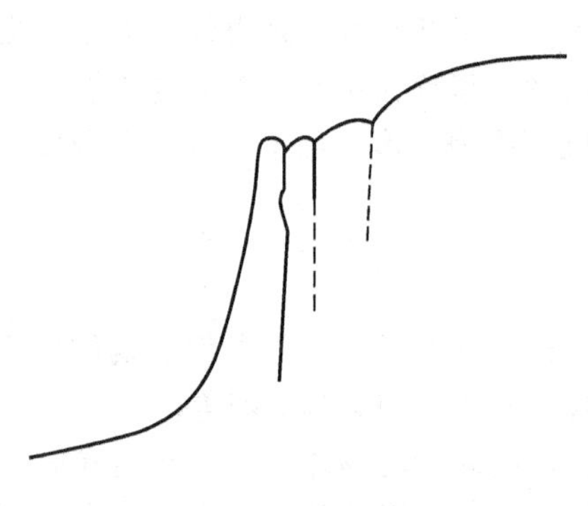
图7.1 倾倒崩塌

(1) 长期冲刷淘蚀直立岩体的坡脚，由于偏压使直立岩体产生倾倒蠕变，最后导致倾倒式崩塌。

(2)当附加特殊水平力(地震力、静水压力、动水压力、冻胀力和根劈力等)时，岩体可能倾倒破坏。

(3) 当坡脚由软岩组成时，雨水软化坡脚，产生偏压，引起这类崩塌。

(4) 直立岩体在长期重力作用下，产生弯折也能导致这种崩塌。

2. 滑移崩塌

在某些陡坡上，在不稳定岩体下部有向坡下倾斜的光滑结构面或软弱面时，其形式有3种情况，如图7.2所示。

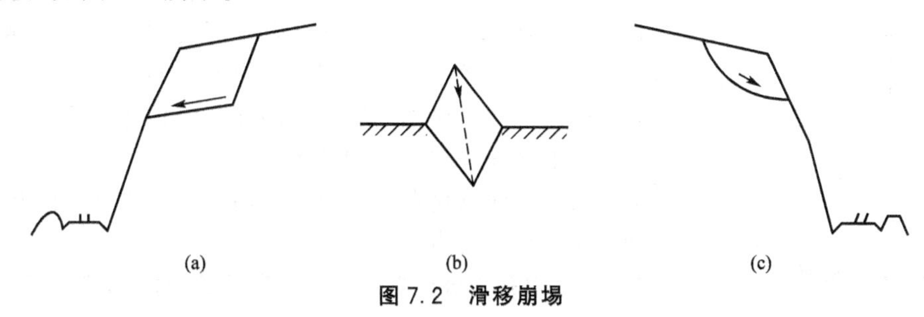

图 7.2 滑移崩塌

这种崩塌能否产生，关键在开始时的滑移，岩体重心一经滑出陡坡，突然崩塌就会产生。这类崩塌产生的原因，除重力之外，连续大雨渗入岩体裂缝，产生静水压力、动水压力及雨水软化软弱面，都是岩体滑移的重要原因。在某些条件下，地震也可能引起这类崩塌。

3. 鼓胀崩塌

当陡坡上不稳定岩体之下有较厚的软弱岩层，或不稳定岩体本身就是松软岩层，而且有长大节理把不稳定岩体和稳定岩体分开时，在有连续大雨或有地下水补给的情况下，下部较厚的软弱层或松软岩层被软化。在上部岩体的重力作用下，当压应力超过软岩天然状态下的无侧限抗压强度时，软岩将被挤出，向外鼓胀。随着鼓胀的不断发展，不稳定岩体将不断地下沉和外移，同时发生倾斜，一旦重心移出坡外，崩塌即会发生，如图7.3所示。因此，下部较厚的软弱岩层能否向外鼓胀，是这类崩塌能否产生的关键。

4. 拉裂崩塌

当陡坡由软硬相同的岩层组成时，由于风化作用或河流的冲刷淘蚀作用，上部坚硬岩层在断面上常以悬臂梁形式突出来，如图7.4所示。图中AB面上剪力弯矩最大，在A点附近承受拉应力最大。所以在长期重力作用下，A点附近的节理会逐渐扩大发展。因此拉应力更进一步集中在尚未产生节理裂隙的部位，一旦拉应力大于这部分岩石的抗拉强度时，拉裂缝就会迅速向下发展，突出的岩体就会突然向下崩落。除重力长期作用外，震动、各种风化作用，特别是根劈和寒冷地区的冰劈作用等，都会促使这类崩塌的发生。

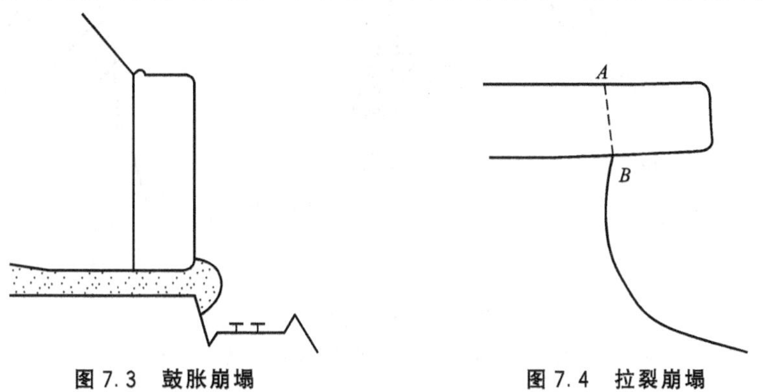

图 7.3 鼓胀崩塌　　图 7.4 拉裂崩塌

5. 错断崩塌

陡坡上的长柱状和板状的不稳定岩体，在某些因素作用下，或因不稳定岩体的重力增加，或因其下部断面减小，都可能使长柱状或板状不稳定岩体的下部被剪断，从而发生错断崩塌，其破坏形式如图 7.5 所示。这种崩塌取决于岩体下部因自重所产生的剪应力是否超过岩石的抗剪强度，一旦超过，崩塌将迅速产生。通常有以下几种途径。

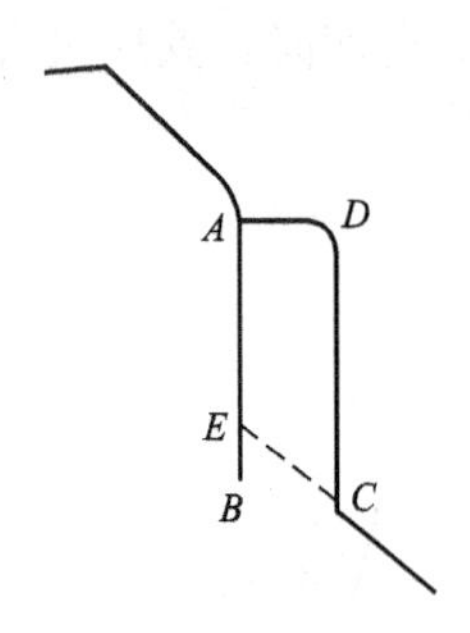

图 7.5 错断崩塌

(1) 由于地壳上升，河流下切作用加强，使垂直节理裂隙不断加深，因此，长柱状和板状岩体自重不断增加。

(2) 在冲刷和其他风化剥蚀营力的作用下，岩体下部的断面不断减小，从而导致岩体被剪断。

(3) 由于人工开挖边坡过高、过陡，使下面岩体被剪断，产生崩塌。

7.1.3 崩塌的防治

根据崩塌的规模和危害程度，所采用的防治措施有：绕避，加固山坡和路堑边坡，采用拦挡建筑物，清除危岩，以及做好排水工程等。

1. 绕避

对可能发生大规模崩塌地段，即使是采用坚固的建筑物，也经受不了这样大规模崩塌的巨大破坏力，故铁路线路必须设法绕避。对河谷线来说，绕避有两种情况。

(1) 绕到对岸，远离崩塌体。

(2) 将线路向山侧移，移至稳定的山体内；以隧道通过。在采用隧道方案绕避崩塌时，要注意使隧道有足够的长度，使隧道进出口避免受崩塌的危害，以免隧道运营以后，由于长度不够，受崩塌的威胁，因而在洞口又接长明洞，造成浪费和增大投资。

2. 加固山坡和路堑边坡

在邻近建筑物边坡的上方，如有悬空的危岩或有巨大块体的危石威胁行车安全时，则应采用与其地形相适应的支护、支顶等支撑建筑物，或是用锚固方法予以加固；对坡面深凹部分可进行嵌补；对危险裂缝进行灌浆。各种加固措施如图 7.6 所示。

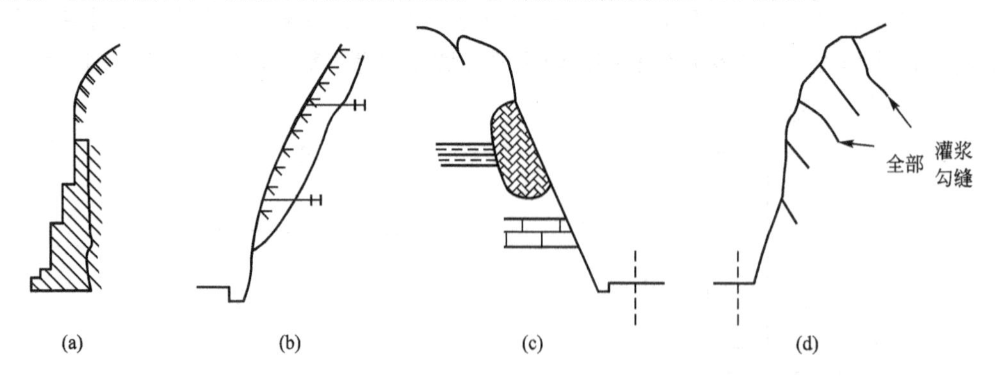

图 7.6 加固措施

(a) 支护墙；(b) 锚固；(c) 嵌补；(d) 灌浆、勾缝

3. 修筑拦挡建筑物

对中、小型崩塌可修筑遮挡建筑物和拦截建筑物。

1）遮挡建筑物

对中型崩塌地段，如绕避不经济时，可采用明洞、棚洞等遮挡建筑物(图 7.7)。

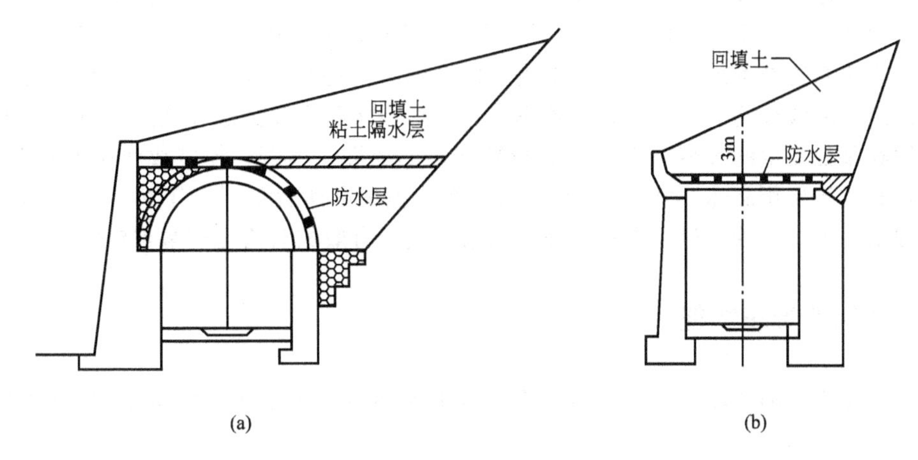

图 7.7 遮挡建筑物

(a) 明洞；(b) 棚洞

2）拦截建筑物

若山坡的母岩风化严重，崩塌物质来源丰富，或崩塌规模虽然不大，但可能频繁发生，则可采用拦截建筑物，如落石平台、落石槽、拦石堤或拦石墙等措施(图 7.8)。

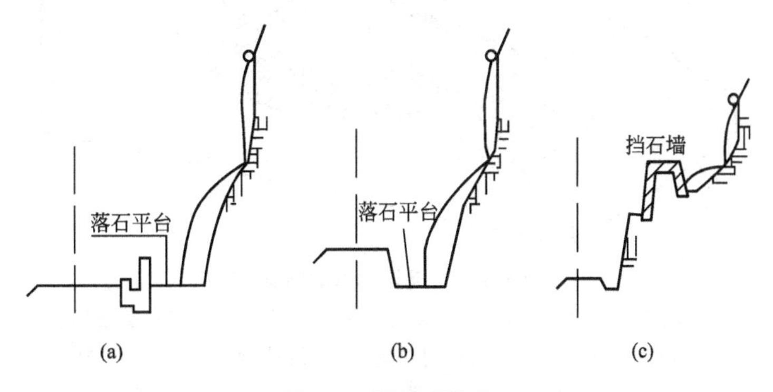

图 7.8 拦截建筑物

(a) 落石平台；(b) 落石槽；(c) 挡石墙

4. 清除危岩

若山坡上部可能的崩塌物数量不大，而且母岩的破坏不甚严重，则以全部清除为宜。并在清除后，还应对母岩进行适当的防护加固。

5. 做好排水工程

地表水和地下水通常是崩塌落石产生的诱因，在可能发生崩塌落石的地段，务必还要做好地面排水和对有害地下水活动的处理。

7.2 滑　　坡

滑坡是斜坡土体和岩体在重力作用下失去原有的稳定状态，沿着斜坡内某些滑动面(或滑动带)作整体向下滑动的现象。滑坡是山区铁路、公路中经常遇到的一种地质灾害。由于山坡或路基边坡发生滑坡，常使交通中断，影响公路的正常运输。大规模的滑坡，可以堵塞河道、摧毁公路、破坏厂矿、掩埋村庄，对山区建设和交通设施危害很大。如1992年宝成铁路某处发生的大型岩石滑坡，导致长期的崩塌、落石，使宝成线中断行车30余天，抢险和整治费用高达2000多万元，间接经济损失高达数亿元。了解滑坡的形成条件和影响因素，掌握它的发生、发展规律，对滑坡进行有效的防治是非常重要的。

7.2.1 滑坡的形态特征

一个发育完全的滑坡，其形态特征和结构比较完备，是识别和判断滑坡的重要标志(图7.9)。

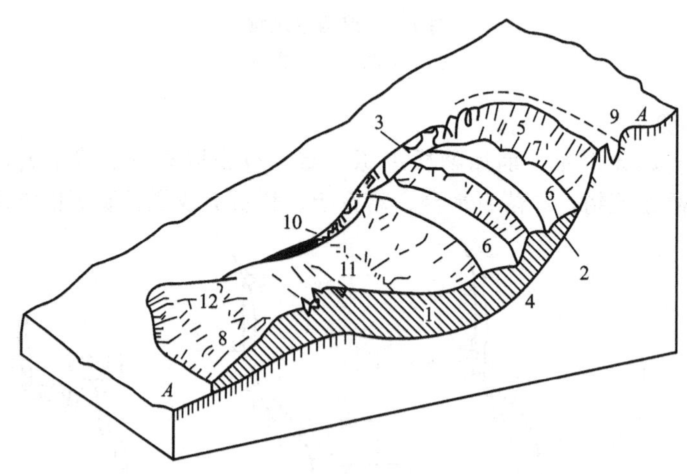

图7.9　滑坡体形态特征

1—滑坡体；2—滑动面；3—滑坡周界；4—滑坡床；5—滑坡后壁；6—滑坡台地；7—滑坡封闭洼地；8—滑坡舌；9—张拉裂隙；10—剪切裂缝；11—鼓张裂缝；12—扇形张裂隙

1. 滑坡体

沿滑动面向下滑动的那部分岩体或土体称为滑坡体，简称滑体。滑坡体经滑动变形，相互挤压，整体性相对完整，仍保持有原层位和结构构造体系，但是滑体已裂隙松动。

2. 滑动面(滑动带)

滑坡体与不动体之间的界面，滑坡体沿之滑动的面，称为滑动面，简称滑面。滑动面上下受揉皱的厚度为数厘米至数米的被扰动带称为滑动带，简称滑带。

3. 滑坡床

滑动面以下未滑动的稳定土体或岩体称为滑坡床，简称滑床。

4. 滑坡周界

在斜坡地表上，滑坡体与周围不动体的分界线，称为滑坡周界。它圈定了滑坡的范围。

5. 滑坡后壁

滑坡向下滑动后，滑体后部与未动体之间的分界面外露，形成断壁，称为滑坡后壁。其坡度较陡，多在 60°～80°。滑坡后壁呈弧形向前延伸，形态上呈圈椅状，也称滑坡圈谷。后壁高矮不等，矮的几米，高的几十米或数百米。

6. 滑坡台阶

滑坡各个部分由于滑动速度和滑动距离的不同，在滑坡上部常形成一些阶梯状的错台，称为滑坡台阶。台面常向后壁倾斜。有多层滑动面的滑坡，常形成几个滑坡台阶。

7. 封闭洼地

滑坡下滑后，滑体和后壁之间拉开形成沟槽，相邻土楔形成反坡地形，成为四周高、中间低的封闭洼地。洼地内有地下水出露或地表降水汇集，可形成渍泉、湿地或水塘，这种水塘称为滑坡湖。

8. 滑坡舌

在滑坡体前部，形如舌状向前伸出的部分，称为滑坡舌。如果滑坡舌受阻，形成隆起小丘，则称为滑坡鼓丘。

9. 滑坡裂缝

滑坡的各个部分由于受力状态不同，裂缝形态也不同，按受力状态可把滑坡裂缝划分为 4 种。

1）张拉裂缝

滑体下滑时，由于张拉应力在滑体上部形成张拉裂缝，张拉裂缝分布在滑体上部，长数十米至数百米，呈弧形，与滑壁的方向基本吻合或平行。常把最宽的与滑壁周界重合的裂缝，叫滑坡主裂缝。

2）剪切裂缝

在滑坡中部的两侧，由于滑体与不动体之间的相互剪切位移，所产生的呈雁行排列的裂缝带，称为剪切裂缝。

3）鼓张裂缝

因滑体下滑前部受阻，土体降起，形成的横向张裂缝。

4）扇形张裂缝

滑体的中下部因向两侧扩散而形成的张开裂缝，呈放射状，称扇形张裂缝。

10. 主滑线(滑坡主轴)

滑坡滑动时，滑坡体滑动速度最快的纵向线叫做主滑线，它代表滑坡整体的滑动方向，它可能为直线或曲线，主滑线常位于滑体最厚、推力最大的部位。

上述滑坡的形态特征和结构是识别判断滑坡的重要标志。

7.2.2 滑坡的形成条件

滑坡的形成条件和影响因素主要有地形地貌条件、岩性条件、地质构造条件、水文地质条件和人为因素等。现就滑坡的形成条件和影响因素，阐述如下。

1）岩性

滑坡主要发生在易亲水软化的土层中和一些软岩中，例如粘质土、黄土和黄土类土、山坡堆积、风化岩及遇水易膨胀和软化的土层。软岩有页岩、泥岩、泥灰岩、千枚岩及风化凝灰岩等。

2）构造

斜坡内的一些层面、节理、断层、片理等软弱面若与斜坡坡面倾向近于一致，则此斜坡的岩土体容易失稳成为滑坡。这时，这些软弱面组合成为滑动面。

3）斜坡外形

斜坡的存在，使滑动面能在斜坡前缘临空出露。这是滑坡产生的先决条件。同时，斜坡不同高度、坡度、形状等要素可使斜坡内力状态变化，内应力的变化可导致斜坡稳定或失稳。当斜坡越陡、高度越大，以及当斜坡中上部突起而下部凹进、且坡脚无抗滑地形时，滑坡容易发生。

4）水

水的作用是可使岩土软化、强度降低，可使岩土体加速风化。若为地表水作用还可使坡脚受侵蚀冲刷；地下水位上升可使岩土体软化、增大水力坡度等。不少滑坡有“大雨大滑、小雨小滑、无雨不滑”的特点，说明水对滑坡作用的重要性。

5）地震

地震可诱发滑坡发生，此现象在山区非常普遍。地震首先将斜坡岩土体结构破坏，可使粉砂层液化，从而降低岩土体抗剪强度；同时地震波在岩土体内传递，使岩土体承受地震惯性力，增加滑坡体的下滑力，促进滑坡的发生。

6）人为因素

人为地破坏表层覆盖物，引起地表水下渗作用的增强，或破坏自然排水系统，或排水设备布置不当，泄水断面大小不合理而引起排水不畅，漫溢乱流，使坡体水量增加；在兴建土建工程时，由于切坡不当，斜坡的支撑被破坏，或者在斜坡上方任意堆填岩土方、兴建工程、增加荷载，都会破坏原来斜坡的稳定条件；引水灌溉或排水管道漏水将会使水渗入斜坡内，促使滑动因素增加。

7.2.3 滑坡的分类

国内外学者从不同的观点和研究目的出发，对滑坡进行了各种各样的分类，通常下述两种分类最具普通意义。

1. 按滑坡体的主要物质组成分类

1）堆积层滑坡

堆积层滑坡多出现在河谷缓坡地带或山麓的坡积、残积、洪积及其他重力堆积层中。

它的产生往往与地表水和地下水直接参与有关。滑坡体一般多沿下伏的基岩顶面、不同地质年代或不同成因的堆积物的接触面，以及堆积层本身的松散软弱面滑动。滑坡体厚度一般从几米到几十米。

2）黄土滑坡

发生在不同时期的黄土层中的滑坡，称为黄土滑坡。它的产生常与裂隙及黄土对水的不稳定性有关，多见于河谷两岸高阶地的前缘斜坡上，常成群出现，且大多为中、深层滑坡。其中有些滑坡的滑动速度很快，变形急剧，破坏力强。

3）粘土滑坡

发生在均质或非均质粘土层中的滑坡，称为粘土滑坡。粘土滑坡的滑动面呈圆弧形，滑动带呈软塑状。粘土的干湿效应明显，干缩时多张裂，遇水作用后呈软塑或流动状态，抗剪强度急剧降低，所以粘土滑坡多发生在久雨或受水作用之后，多属中、浅层滑坡。

4）岩层滑坡

发生在各种基岩岩层中的滑坡，属岩层滑坡，它多沿岩层层面或其他构造软弱面滑动。其中沿岩层层面和前述的堆积层与基岩交界面滑动的滑坡，统称为顺层滑坡，如图7.10所示。但有些岩层滑坡也可能切穿层面滑动而成为切层滑坡，如图7.11所示。岩层滑坡多发生在由砂岩、页岩、泥岩、泥灰岩及片理化岩层(片岩、千枚岩等)组成的斜坡上。

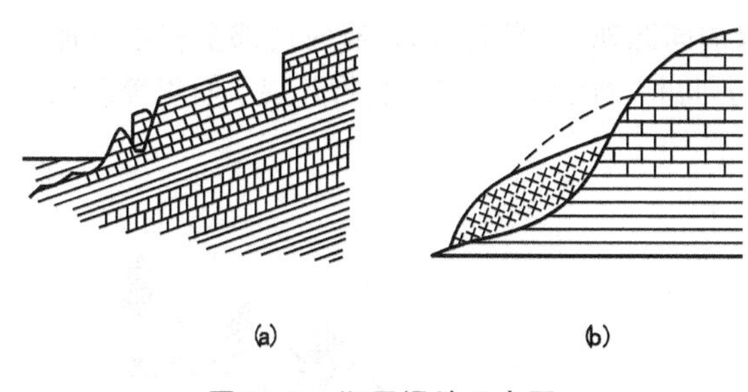

图7.10 顺层滑坡示意图

(a) 沿岩层层面滑动；(b) 沿坡积层与基岩交界面滑动

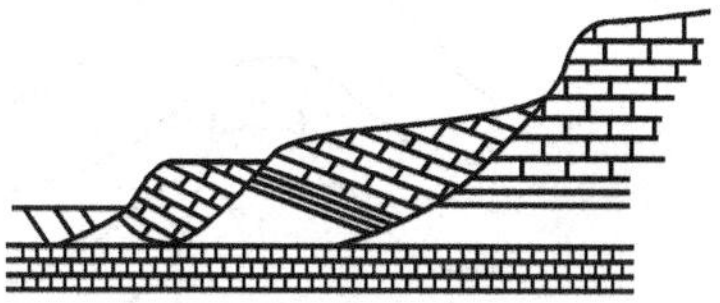

图7.11 切层滑坡示意图

在上述滑坡中，如按滑坡体规模的大小，还可以进一步分为：小型滑坡(滑坡体小于$3\times10^4 m^3$)；中型滑坡［滑坡体介于$(3\sim50)\times10^4 m^3$］；大型滑坡［滑坡体介于$(50\sim300)\times10^4 m^3$］；巨型滑坡(滑坡体大于$300\times10^4 m^3$)。如按滑坡体的厚度大小，又可分为：浅层滑坡(滑坡体厚度小于6m)；中层滑坡(滑坡体厚度为6～20m)；深层滑坡(滑坡体厚度大于20m)。

2. 按滑坡的力学特征分类

1）牵引式滑坡

牵引式滑坡主要是由于坡脚被切割(人为开挖或河流冲刷等)使斜坡下部先变形滑动，因而使斜坡的上部失去支撑，引起斜坡上部相继向下滑动。牵引式滑坡的滑动速度比较缓慢，但会逐渐向上延伸，规模越来越大。

2）推动式滑坡

推动式滑坡主要是由于斜坡上部不适当地加荷载(如建筑、填堤、弃渣等)或在各种自然因素作用下，斜坡的上部先变形滑动，并挤压推动下部斜坡向下滑动。推动式滑坡的滑动速度一般较快，但其规模在通常情况下不会有较大发展。

7.2.4 滑坡的野外识别

在地质测绘中，识别滑坡的存在，是工程地质工作的基本任务。

斜坡在滑动之前，常有一些先兆现象。如地下水位发生显著变化，干涸的泉水重新出水并且混浊，坡脚附近湿地增多，范围扩大；斜坡上部不断下陷，外围出现弧形裂缝，坡面树木逐渐倾斜，建筑物开裂变形；斜坡前缘土石零星掉落，坡脚附近的土石被挤紧，并出现大量鼓张裂缝等。

如经调查证实，山坡农田变形，水田漏水，水田改为旱田，大块田改为小块田；或者斜坡上某段灌溉渠道不断破坏或逐年下移，则说明斜坡已在缓慢滑动过程中。

斜坡滑动之后，会出现一系列的变异现象。这些变异现象，为我们提供了在野外识别滑坡的标志，其中主要有以下几方面内容。

1. 地形地物标志

滑坡的存在，常使斜坡不顺直、不圆滑而造成圈椅状地形和槽谷地形，其上部有陡壁及弧形张拉裂缝；中部坑洼起伏，有一级或多级台阶，其高程和特征与外围河流阶地不同，两侧可见羽毛状剪切裂缝；下部有鼓丘，呈舌状向外突出，有时甚至侵占部分河床，表面有鼓张或扇形裂缝；两侧常形成沟谷，出现双沟同源现象(图 7.12)，有时内部多积水洼地，喜水植物茂盛，有“醉汉林”(图 7.13)和“马刀树”(图 7.14)和建筑物开裂、倾斜等现象。

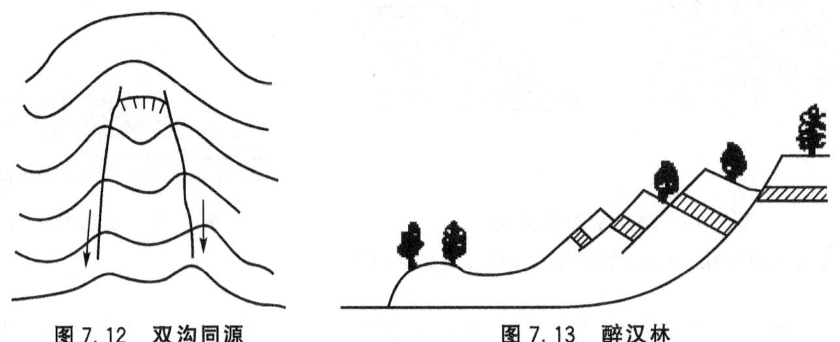

图 7.12 双沟同源

图 7.13 醉汉林

图 7.14 马刀树

2. 地层构造标志

滑坡范围内的地层整体性常因滑动而破坏，有扰乱松动现象；层位不连续，出现缺失某一地层、岩层层序重叠或层位标高有升降等特殊变化；岩层产状发生明显的变化；构造不连续(如裂隙不连贯、发生错动)等，都是滑坡存在的标志。

3. 水文地质标志

滑坡地段含水层的原有状况常被破坏，使滑坡体成为单独含水体，水文地质条件变得特别复杂，无一定规律可循。如潜水位不规则、无一定流向，斜坡下部有成排泉水溢出等。这些现象均可作为识别滑坡的标志。

上述各种变异现象，是滑坡运动的统一产物，它们之间有不可分割的内在联系。因此，在实践中必须综合考虑以上几个方面的标志，不能根据某一标志，就轻率地作出结论。例如，某线快活岭地段，从地貌宏观上看，有圈椅状地形存在，其内有几个台阶，曾被误认为是一个大型古滑坡，后经详细调查，发现圈椅范围内几个台阶的高程与附近阶地高程基本一致，应属同一期的侵蚀堆积面；圈椅范围内的松散堆积物下部并无扰动变形，基岩产状也与外围一致；而且外围的断裂构造均延伸至其中，未见有错断现象；圈椅状范围内，仅见一处流量微小的裂隙泉水，未见有其他地下水出露。通过对这些现象的分析研究，判定此圈椅状地形应为早期溪流流经的古河弯地段，而并非滑坡。

7.2.5 滑坡的防治

1. 避开滑坡的危害

对于大型滑坡或滑坡群的治理，由于工程量大、工程造价高、工期较长，故在工程勘测设计阶段以绕避为主。如成昆线牛日河左岸一处滑坡，滑体厚度大并正在滑动中，故在勘测定线时两次跨越牛日河来避开滑坡的危害。

2. 排除地表水和地下水

滑坡的滑动多与地表水或地下水有关。因此在滑坡的防治中往往要排除地表水或地下水，以减少水对滑坡岩土体的冲蚀、减少水的浮托力、增大滑带土的抗剪强度等，从而增加滑坡的稳定性。有的滑坡在疏干滑带中地下水之后就稳定了。在整治初期，由于采取了一些排除地表水或地下水的措施，往往能收到防止或减缓滑坡发展的效果。

地表排水的目的是拦截滑坡范围以外的地表水流入滑体，使滑体范围内的地表水排出滑体。地表排水工程可采用截水沟(图 7.15)和排水沟等。

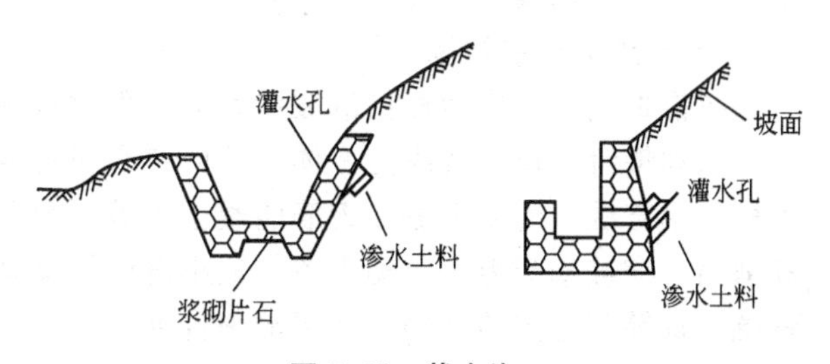

图 7.15 截水沟

排除地下水是用地下建筑物拦截、疏干地下水及降低地下水位等，来防止或减少地下水对滑坡的影响。根据地下水的类型、埋藏条件和工程的施工条件，可采用的地下排水工程有：截水盲沟、支撑盲沟、边坡渗沟、排水隧洞及设有水平管道的垂直渗井、水平钻孔群和渗管疏干等。截水盲沟排水如图 7.16 所示，平孔排水如图 7.17 所示。

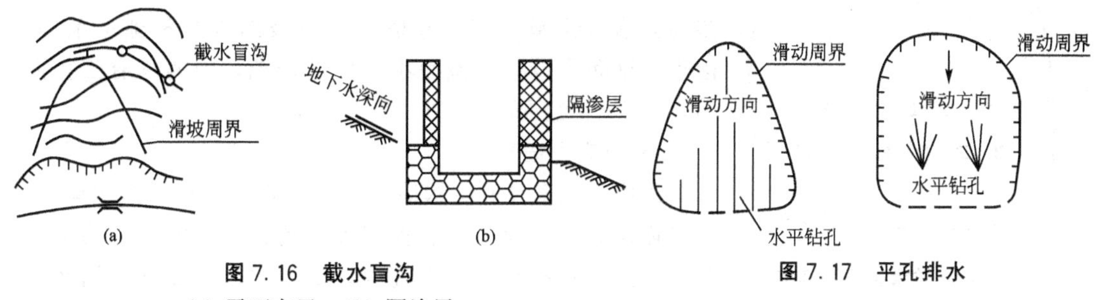

图 7.16 截水盲沟
(a) 平面布置；(b) 隔渗层

图 7.17 平孔排水

3. 抗滑支挡

根据滑坡的稳定状态，用减小下滑力增大抗滑力的方法来改变滑体的力学平衡条件，使滑坡稳定，这是防止某些滑坡继续发展而立即生效的措施。近年来，随着工程建设的飞速发展，抗滑支挡工程发展很快，主要抗滑支挡结构有：抗滑挡墙、抗滑桩、锚索抗滑桩、预应力锚索框架、微型钢花管注浆群桩等。

1）抗滑挡墙

抗滑挡墙由于施工时破坏山体平衡影响小，稳定滑坡收效较快，故为整治滑坡中经常采用的一种有效措施。对于中小型滑坡可以单独采用，对于大型复杂滑坡，抗滑挡墙可作为综合措施的一部分，同时还要做好排水等措施。设置抗滑挡墙时必须弄清滑坡的滑动范围、滑动面层数及位置、推力方向及大小等，并要查清挡墙基底情况，否则会造成挡墙变形，甚至会造成挡墙随滑体滑动，使工程失效。

抗滑挡墙按其受力条件、墙体材料及结构可分为片石圬工的、混凝土的、实体的、装配式的和桩板式的等。在以往山区滑坡整治中，采用重力式的较多，近年来，在一些工程中也有采用桩板式挡墙的，取得了较好的效果。

抗滑挡墙与一般挡土墙的主要区别在于它所承受压力的大小、方向和合力作用点不同。由于滑坡的滑动面已形成，所以抗滑挡墙受力与挡墙高度和墙背形状无关，主要由滑坡推力所决定。其受力方向与墙背较长一段滑动面方向有关，即平行墙后的一段滑动面的倾斜方向。推力的分布为矩形，合力作用点为矩形的中点。因此，重力式抗滑挡墙有胸坡缓、外形矮胖的特点，这也是抗滑挡墙的主要结构形式。为了保证施工安全，修筑抗滑挡墙最好在旱季施工，并于施工前做好排水工程，施工时必须跳槽开挖，禁止全拉槽。开挖一段应立即砌筑回填，以免引起滑动。施工时应从滑体两边向中间进行，以免中部推力集中，摧毁已成挡墙。

2）抗滑桩和锚索抗滑桩

抗滑桩是以桩作为抵抗滑坡滑动的工程建筑物。这种工程措施像是在滑体和滑床间打入一系列铆钉，使两者成为一体，从而使滑坡稳定，所以有人称之为锚固桩。桩的材料有木桩、钢管桩、混凝土桩和钢筋混凝土桩等。为了改变抗滑桩的受力状态，减小桩身弯矩和剪力，变被动受力为主动受力，减小滑体位移量。近几年来在滑坡整治中，还采用了锚索抗滑桩等新型支挡结构，适用治理各种大中型滑坡。它已成为一种主要工程措施较广泛应用，取得了良好的效果。

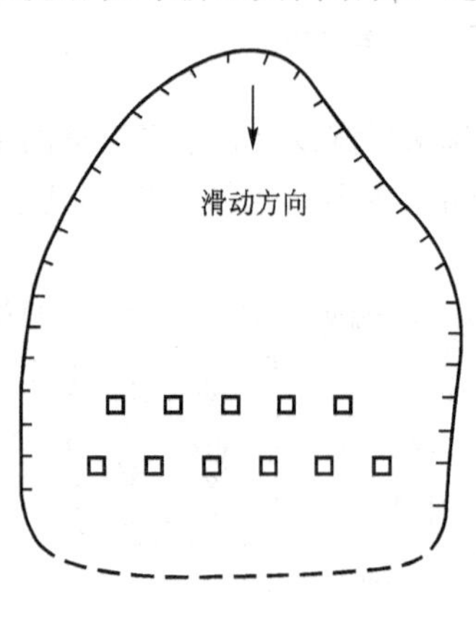

图 7.18　抗滑桩平面布置

抗滑桩的布置取决于滑体的密实程度、含水情况、滑坡推力大小等因素，通常按需要布置成一排和数排，如图 7.18 所示。目前我国多采用钢筋混凝土的挖孔桩，截面多为方形或矩形，其尺寸取决于滑坡的推力和施工条件。由于分排间隔设桩、截面小、分批开挖，因而具有工作面多，互不干扰，施工简便、安全等优点。

3）预应力锚索

预应力锚索具有结构简单、施工安全、对坡体扰动小、对附近建筑物影响小、节省工程材料，并对滑坡的稳定性起立竿见影的效果，从 20 世纪 80 年代以来逐渐被用在滑坡治理上。用预应力锚索治理滑坡是将锚索的锚固段设置在滑动面(或潜在滑动面)以下的稳定地层中，在地面通过反力装置(桩、框架、地梁或锚墩)将滑坡推力传入锚固段，用以稳定滑坡。曾用预应力锚索框架治理过山西太原至古胶二级公路K14滑坡，取得了良好的效果。更多的是采用预应力锚索框架(地梁或锚墩)与抗滑桩、抗滑挡墙等结构综合治理滑坡。预应力锚索主要是用于岩石滑坡和滑动面以下可提供锚固的稳定岩体。图7.19是预应力锚索框架与抗滑挡墙结合治理滑坡的示意图。

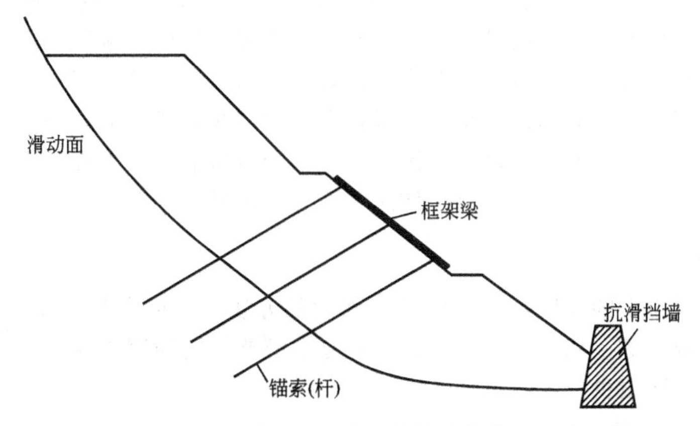

图7.19 预应力锚索框架和抗滑挡墙结合治理滑坡示意图

4) 微型钢花管注浆群桩

微型钢花管注浆群桩治理滑坡是在滑坡体抗滑段采用两排或多排钻孔，下入钢花管进行压力注浆，用以加固钢花管周围的滑坡体、滑动面及其以下的岩土体，使密排的钢花管微型桩及其间的岩土体形成一个坚固的连续体，共同起到抗滑挡墙的作用。微型钢花管群桩在滑坡平面和断面图的分布，如图7.20所示。

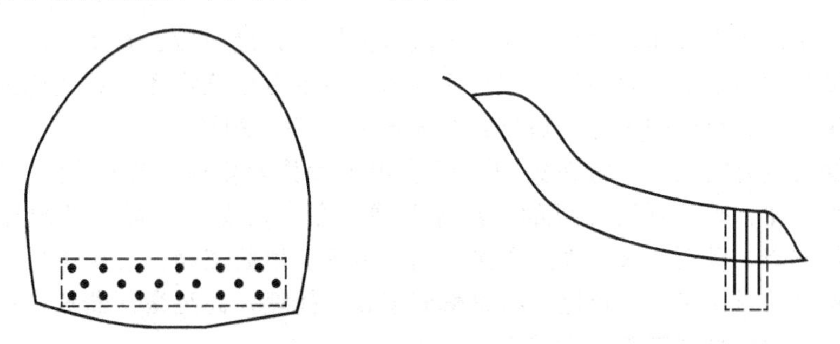

图7.20 微型钢花管注浆群桩治理滑坡

微型钢花管注浆群桩适合治理不很厚的中小型粘性土滑坡。这种治理滑坡的结构有以下作用和优点：①微型钢花管注浆群桩对滑坡起支挡作用；②注浆体改善了滑坡体及滑动面的性质，使滑带的c、φ值提高，增大了抗滑力；③微型桩和周围的注浆体，以及加固的岩土体形成一个较坚固的连续体，起抗滑挡墙的作用；④压力注浆体的挤密加固作用；⑤便于施工，随环境破坏小，钢材和水泥用量小。

微型钢花管注浆群桩近年来在公路滑坡治理中已有多处应用。如京珠高速公路K108滑坡治理及四川广巴高速公路K109滑坡治理，都采用了微型钢花管压力注浆群桩，治理效果良好。

4. 减重反压

经过地质调查、勘探和综合分析之后，确认滑坡性质为推动式或者是错落转化而成的滑坡，具有上陡下缓的滑动面，并经过技术经济比较之后，认为减重方法确属有效并无后患时才可采用，有的情况减重也可起到根治滑坡的作用。但对牵引式滑坡和顺层滑坡，后部减重只能减少滑坡推力，起不到根治的作用。

减重必须经过滑坡推力计算，求出沿各滑动面的推力，才能判断各段滑体的稳定情况。减重不当，不但不能稳定滑坡，反而可能加剧滑坡的发展。减重后还要验算是否有可能沿某些软弱处重新滑出。采用减重时也要做好排水和地表的防渗工作。

滑坡反压处理在前缘必须确有抗滑地段存在，才能在此段加载，增加抗滑能力，否则将起到相反的作用。尤其不可在牵引地段加载，否则会增加下滑力促使滑动加剧。前部加载也和减重一样，也要经过反复计算，使之能达到稳定滑坡的目的。

5. 其他方法

主要是改变滑带土的性质，提高滑带土强度的方法，这些方法包括钻孔爆破、焙烧、化学加固和电渗排水等。从理论上来说，这些方法都能起到加固作用，但由于技术和经济的原因，在实践中还很少应用。

7.3 泥石流

7.3.1 泥石流的概念

泥石流是山区暴雨或冰雪融化带来的山洪水流挟带大量泥砂、石块等固体物质，突然以巨大的速度从沟谷上游冲驰而下，凶猛而快速地对下游建筑物和人员造成强大破坏力的一种地质灾害，泥石流中的固体碎屑物含量大致为20%～80%。

泥石流爆发具有突然性，常在集中暴雨或积雪大量融化时突然爆发。一旦泥石流爆发，顷刻间大量泥、砂、石块形成的“洪流”像一条“巨龙”一样，沿沟谷迅速奔泻而出，有时尘烟腾空、巨石翻滚、泥浆飞溅、山谷雷鸣、地面震动，直到沟口平缓处堆积下来，将沿途遇到的村镇房屋、道路、桥梁瞬间摧毁、掩埋，甚至堵河断流，造成严重的自然灾害，给人民生命财产带来巨大损失。

泥石流是一种山区地质灾害，主要分布在北纬30°～50°之间的山地。这一纬度带中的中国、日本、美国、俄罗斯南部、法国、意大利等，都是泥石流发育的主要国家。在这一纬度带中，又主要发育在挤压造山带和地震带，特别是构造破碎带。如太平洋山系、喜马拉雅山脉、阿尔卑斯山脉等。我国是一个多山国家，山区面积为70%左右，是世界上泥石流最发育的国家之一。我国西南、西北、华北、华东、中南、东北等山区均有泥石流发育，遍及23个省区，尤以西南、西北山区最多。天山—阴山山脉、昆仑—秦岭山脉、横断山脉、大凉山、雪峰山、大别山、长白山等山脉，都是泥石流发育地带，如：穿越在大凉山的成昆铁路沙湾至禄丰段800km线路内，就有249条泥石流沟；甘肃全省82个县市就有40个县内有泥石流发育，泥石流分布范围约占全省面积的15%。如图7.21所示为云南东川小江泥石流堆积扇。

泥石流具有强大的破坏性。例如：1981年7月9日凌晨1点钟，四川省甘洛县利子依达沟爆发泥石流，泥石流密度达2340kg/m³，流速达13.4kg/m³，最大泥深10.6m，$84\times10^4m^3$固体物质冲入大渡河，将宽120m、水深流急的大渡河拦腰截断4h，冲毁成端桥台，剪断2号桥墩，冲毁桥梁2孔，将行驶至此的442次列车的机车及两节客车车厢冲入大渡河，数百人丧生，直接经济损失达2千多万元。1990年西藏东部章尤弄巴沟爆发泥石流，泥石流冲出沟口，横穿80m宽的易贡藏布江，向对岸推进300m，形成一座高达60～80m的拦江大坝，将上游围成一个长达20km的巨大湖泊，淹没大片农田和村庄。1970年5月31日秘鲁乌阿斯卡雷山区大地震引起大规模山崩，巨石同泥砂、冰水形成泥石流，从3570m的高度奔泻而下，以30km/h的速度冲毁了山下一些城镇，5万居民丧生，80多万人无家可归。1921年，原苏联哈萨克斯坦天山北坡，$350\times10^4m^3$泥石流物质冲入阿拉木图城，造成上万人死亡。

图7.21 云南东川小江泥石流堆积扇

7.3.2 泥石流的形成条件

泥石流的形成必须具备3个基本条件，即丰富的松散物质、充足的突发性水源和陡峻的地形条件。

1. 物质条件

组成泥石流松散物质的类型、数量和位置，取决于泥石流沟流域内的地质环境条件。松散物质的来源主要包括：断层破碎带物质，风化壳物质，崩塌、滑坡及坡积层物质，支沟洪积物质，人工弃渣物质，古泥石流扇等。

泥石流松散物质的来源是多方面的，一条泥石流沟可以具有多种松散物质来源。此外，松散物质能否参加泥石流活动，取决于松散物质的堆积位置、固结程度、底坡坡度、水动力大小等。靠近沟尾的松散物质一般不易被搬动，邻近沟口的松散物质则相对容易被搬动。固结程度低的松散物质容易被搬动，固结程度高的松散物质在临近沟口也不一定能被搬动。有多少松散物质能参加泥石流活动，应视具体情况而定。在松散物质储量中，可以参加泥石流活动的松散物质的储量称为松散物质动储量。

2. 水源条件

水不仅是泥石流的组成部分和搬运介质，同时也是启动松散物质(如浸泡软化松散物质、降低其抗剪强度、产生浮力、推动瓦解松散物质等)和产生松散物质(如诱发崩塌、滑坡等)的主要因素，所以水是形成泥石流的基本条件之一。

形成泥石流的突发水源主要来自集中暴雨、冰雪融水和湖库溃决三种形式。我国大部分地区降雨量都集中在7～9月份，雨季降雨量占全年降雨量的60%～90%，并且常以集中暴雨的形式出现。例如东川支线老干沟，1963年一次暴雨，1h时降雨55.2mm，暴发了50年一遇的泥石流。又如成昆铁路三滩泥石流沟，1976年6月29日，1h时降雨55.1mm；7月3日，1h时降雨86.7mm，也暴发了50年一遇的泥石流。再如西藏东部古乡沟，1959年9月29日，大量冰雪融水卷起冰碛物，形成泥石流，排出固体物质$14\times10^4m^3$，泥石流先堵断谷口，然后以高9.5m的龙头冲出，方圆几千米成为一片石海，毁坏大片森林和村庄：泥石流还冲入波斗藏布江，把上游堵成一个宽2km、长5km的湖泊。

3. 地形条件

泥石流常发生在地形陵峻、沟床纵坡大的山地，流域形态多呈瓢形、掌形、漏斗形或梨叶形。这种地形因山坡陡峭，植被不易发育，风化、剥蚀、崩塌、滑坡等现象严重，可为泥石流提供丰富的松散物质。同时有利于地表水迅速汇集，形成洪峰，以卷起松散物质形成泥石流，还可使泥石流具有很大的动能。一条典型的泥石流沟，从上游到下游一般可以分为三个区段，即：形成区、流通区和沉积区，如图7.22所示。

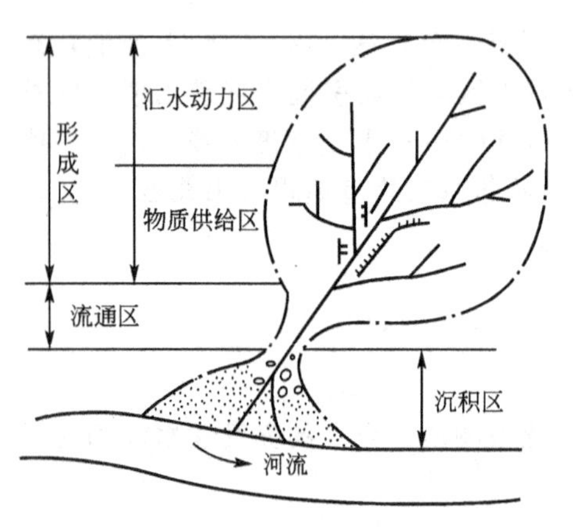

图7.22　泥石流沟分区

1）形成区

一般位于泥石流沟的中上游，由汇水区和松散物质供给区组成。汇水区山坡坡度常在30°以上，是迅速汇集水流，形成洪峰径流的地方；地形越陡，植被越少，水流汇集越快。松散物质供给区一般位于汇水区下部，常常坡面侵蚀强烈，两岸岩体破碎，崩塌、滑坡等不良地质发育，可提供大量泥石流松散物质。该段沟床纵坡一般大于14°，松散物质稳定性差，当遇特大洪峰时，则可能形成泥石流。

2）流通区

一般位于泥石流沟的中下游，为泥石流通道。一般沟床纵坡大，相对狭窄顺直，两岸沟坡稳定，能约束泥石流，使之保持较大的泥深和流速，并使泥石流不易停积。该段沟床常有跌水陡坎。由于泥石流一旦发生则不需要太陡的沟床纵坡也能运动，所以该段沟床纵坡有时仅8°左右也能通过泥石流。

在坡面型泥石流沟中，有时没有明显的流通区。

3）沉积区

一般位于沟口一带的地形开阔平坦地段。泥石流到此后流速变缓，流体分散，迅速失去动能而停积下来，多形成扇形堆积，称为泥石流扇。有的泥石流扇则为多次泥石流改道堆积形成。

在山区，有时被位于泥石流沟口的主河床弯道冲刷，使泥石流沟无沉积区。但在主河床下游不远处，一般可见泥石流物质形成的大面积边滩或心滩。

7.3.3 泥石流分类

为深入研究和有效整治泥石流，必须对泥石流进行合理分类。多年来，各相关研究单位和相关行业部门，大多建立有自己的泥石流分类及分类标准。常见的主要分类形式如下。

1. 按泥石流流体性质分类

1）粘性泥石流

一般指泥石流密度大于1800kg/m³（泥流大于1500kg/m³），流体粘度大于0.3Pa·s，体积浓度大于50%的泥石流。该类泥石流运动时呈整体层流状态，阵流明显，固、液两相物质等速运动，沉积物无分选性，常呈垄岗状（图7.23）。流体粘滞性强、浮托力大，能将巨大漂石悬移。由于泥浆的铺床作用，泥石流流速快、冲击力大、破坏性强，弯道处常有较大超高和直进性爬高等现象。

2）稀性泥石流

一般指泥石流密度小于1800kg/m³（泥流小于1500kg/m³），流体粘度小于0.3Pa·s，体积浓度小于50%的泥石流。该类泥石流运动时呈紊流状态，无明显阵流，固、液两相物质不等速运动，漂石流速慢于浆体流速，堆积物有一定分选性。其流速和破坏性均小于粘性泥石流。

图7.23 粘性泥石流垄岗状的混杂堆积

2. 按泥石流物质组成分类

1）泥流

泥流中固体物质主要为泥砂，仅有少量碎块石，液体粘度大，有时出现大量泥球。我国主要分布在西北黄土高原地区。

2）泥石流

泥石流中固体物质主要为大量泥、砂、碎石和巨大块石、漂石。在我国主要分布在温暖、潮湿、化学风化强烈的南方地区，如西南、华南等地。

3）水石流

泥石流中固体物质主要为砂、砾、卵石、漂石，粘土含量很少。在我国，主要分布在干燥、寒冷，以物理风化为主的北方地区和高海拔地区。北京密云山区即为水石流区。

3. 按泥石流地貌特征分类

1）山坡型泥石流

山坡型泥石流主要沿山坡坡面上的冲沟发育。沟谷短、浅，沟床纵坡常与山坡坡度接近。泥石流流程短，有时无明显的流通区。固体物质来源主要为沟岸塌滑或坡面侵蚀。

2）沟谷型泥石流

沟谷型泥石流沟谷明显，长度较大，沟内一般有多条支沟发育。形成区、流通区、沉积区明显，固体物质来源主要为流域内的崩塌、滑坡、沟岸坍塌、支沟洪积扇等。

3）河谷型泥石流

当泥石流沟床纵深大，长达十多千米，沟内长年流水发育，松散物质为沿途补给，沟内分段沉积现象发育时，被称为河谷型泥石流。

此外，尚有按泥石流固体物质来源分类，按泥石流发育阶段分类，按泥石流沉积规模分类，按泥石流发生频率分类，按泥石流激发因素分类和按泥石流危险程度分类等多种分类方法。

7.3.4 泥石流防治措施

泥石流防治是一个综合性工程，在泥石流沟的不同区段，其防治目的和主要防治手段均有所不同。

1. 形成区

形成区防治以水土保持和排洪为主。水土保持主要体现在两方面：一是在汇水区，广种植被，延迟地表水汇流时间，降低洪峰流量；二是在松散物质供给区，以灌浆、锚固、支挡等形成加固边坡，稳定松散物质。

排洪主要是在松散物质供给区修建环山排洪渠或排洪隧道，使地表径流不经过松散物质堆积场地，残留的地表径流也不足以启动松散物质。例如：四川省峨眉水泥厂左侧的干溪沟，该沟下游从厂区通过，中游因山腰采矿区弃渣堆积，沟中停积上百万立方米的松散物质，已超过拦渣坝高度数米，随时有形成泥石流的可能。但峨眉水泥厂在干溪沟松散物质堆积区上游修筑了截水坝，在右岸修建了一截面面积为 $9m^2$ 的排洪隧道，将沟中地表径流通过排洪隧道从松散物质堆积区下游排出，从而避免了泥石流的发生。

2. 流通区

流通区防治以拦渣坝为主。在流通区泥石流已经形成，一般采用一道或多道拦渣坝的形式进行拦截，目的是将主要泥石流物质拦截在沟中，使其不能到达下游或沟口建筑物场地。当为多道坝配置时，又称为梯形坝。拦渣坝常见的有重力坝和格栅坝两种，如图 7.24 和图 7.25 所示。重力坝抗冲击能力强，当为多道坝设置时一般间隔不远，以便坝内拦截的物质能够停积到上游坝基处，起到防冲和护基作用。坝的数量和高度，以能全部拦截或大部分拦截泥石流物质为准。格栅坝既能截留泥石流物质，又能排走流水，已越来越多地被采用，但应注意使其具有足够的抗冲击能力。类似格栅坝作用的还有框窗坝、拱形坝等。

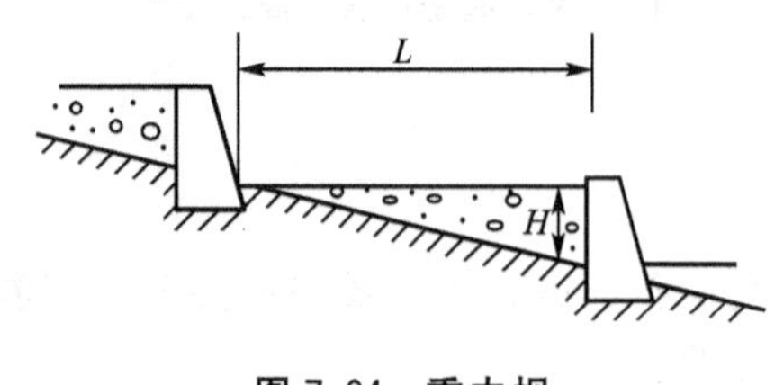

图 7.24 重力坝

3. 沉积区

沉积区防治以排导工程为主。常见的工程措施有排导槽、明洞渡槽和导流堤。排导槽位于桥下，用浆砌片石构筑而成。槽的底坡应大于泥石流停积坡度，使泥石流在桥下一冲而过。槽的横截面积应大于泥石流龙头横截面积，排导槽出口常与沟口河流锐角相交，以便河流顺利带走排出物质。明洞渡槽主要用于危害严重、又不易防治的泥石流沟，在桥梁位置修建明洞，在明洞上方修建排导槽，使上游泥石流通过明

图 7.25 格栅坝

洞上方排导槽越过线路位置，从而起到保护线路的目的。明洞一定要有足够的长度，以防特大型泥石流从明洞两端洞门灌入明洞内。导流堤主要用于引导泥石运动和沉积方向，以保护居民点。

上述防治措施应综合运用，以求取得较好效果。

7.3.5 泥石流地区选线

1. 泥石流地区道路位置选择及防治原则

铁路、公路通过泥石流地区时，应遵循下列工程地质选线原则。

(1) 绕避处于发育旺盛期的特大型、大型泥石流或泥石流群，以及淤积严重的泥石流沟。

(2) 远离泥石流堵河严重地段的河岸。

(3) 线路高程应考虑泥石流发展趋势。

(4) 峡谷河段以高桥大跨通过。

(5) 宽谷河段，线路位置及高程应根据泥石流沟淤积率、河床摆动趋势确定。

(6) 线路跨越泥石流沟时，应避开河床纵坡由陡变缓和平面上急弯部位，不宜压缩沟床断面、改沟并桥或沟中设墩。桥下应留足净空。

(7) 严禁在泥石流扇上挖沟设桥或作路堑。

2. 泥石流沟道路位置选择及防治原则

山区道路通过具体的泥石流沟时，通常有下述5个方案可供比选，宜遵循下列工程地质选线原则(图7.26)。

(1) 线路从流通区通过。这里沟床相对狭窄顺直，沟岸相对稳定，工程措施较少，是线路通过的最佳方案(方案1)。但该处泥石流一冲而过，泥石流冲击力大、泥深大、线路标高大、展线长，宜采取一跨高净空桥梁的形式通过，沟中不宜设墩。

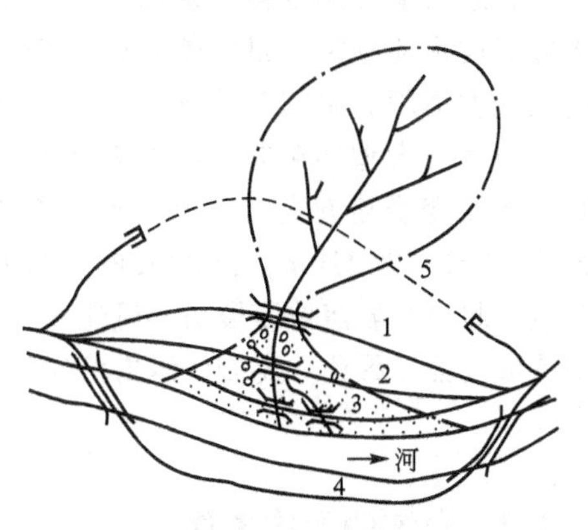

图7.26 道路通过泥石流沟的方案比选

(2) 线路从沉积区中部通过。这里沟床变迁不定，泥砂石块冲刷、淤积严重，是最不利的方案(方案2)。若受技术条件限制，线路不得不从此通过时，则在路桥设计原则和配套工程措施上必须谨慎和有力，一般可采用排导槽、明洞渡槽，结合导流堤等措施通过。并且不宜改沟、并沟或任意压缩沟槽，少设桥墩，多用大跨，墩台基础深埋，线路尽可能与主沟流向正交等。

(3) 线路沿泥石流扇外缘通过。这里为泥石流堆积的边缘，冲刷、淤积均较弱，是线路通过的较好方案(方案3)。但泥石流在各沟槽中堆积的变迁大，线路展线相对比方案2长。一般采取逢沟设桥的措施，并考虑特大泥石流的可能堆积范围和强度。

(4) 泥石流规模巨大，危害严重，整治困难或整治造价过高时，宜采用彻底绕避方案。可采用桥梁方式跨河绕避(方案4)。

(5) 采用靠山从形成区下稳定岩层中修筑隧道绕避(方案 5)。绕避方案宜在新建铁路时采用。对已建铁路，此方案虽彻底避开了泥石流，但耗资巨大，废弃工程多，应进行全面综合分析。

7.4 岩　溶

7.4.1　岩溶的概念

岩溶是指地表水和地下水对可溶性岩石的长期溶蚀作用及形成的各种岩溶现象的总称。前南斯拉夫的喀斯特高原是岩溶现象的典型地区，国际上最早在此开展全面研究，并用此地名代表岩溶现象，称为喀斯特现象。我国在 1966 年第二届全国岩溶会议上，决定在我国用岩溶一词取代喀斯特。

岩溶以碳酸盐岩分布最为广泛。在我国广西(有 $13.9\times10^4km^2$)、贵州(有 $15.6\times10^4km^2$)、云南(有 $24.1\times10^4km^2$)、四川(有 $36.0\times10^4km^2$)、湖南(有 $11.3\times10^4km^2$)、湖北(有 $7.8\times10^4km^2$)等地，都有大面积连续分布的碳酸盐岩，如贵州面积的 51%，广西面积的 33%，都是出露的碳酸盐岩。这些都是著名的岩溶地区。此外，在我国华南、华东、华北及青海(有 $19.0\times10^4km^2$)、西藏自治区(有 $86.3\times10^4km^2$)等地，也有大量碳酸盐岩分布。因此，我国是一个多岩溶发育的国家。全国陆地碳酸盐岩分布面积 $344.3\times10^4km^2$，出露面积 $90.7\times10^4km^2$。

岩溶与工程建设关系密切。在修建水工建筑物时，岩溶造成的库水渗漏，轻则造成水资源或水能损失，重则使水库完全不能蓄水而失效。在岩溶地区开挖隧道，常遇到溶洞充填物坍塌，暗河和溶洞封存水突然涌入，溶洞充填物不均匀沉降导致衬砌开裂等问题。当遇到大型溶洞时，洞中高填方或桥跨施工困难，造价昂贵，不仅延误工期，有时甚至需改变线路方案。如天生桥隧道开挖到山体内部时，遇到一个高 100m(路基下高度大于 50m)、宽 120m、长 90m 的大溶洞，建筑物悬空，技术上很难处理，被迫改设弯道绕避。此外，岩溶地面塌陷，风化表土不均匀沉降或岩溶漏斗覆盖土潜移，也会对工程建筑造成危害。因此，充分认识岩溶作用及岩溶现象，对岩溶地区修建工程建筑物有着重要意义。

7.4.2　岩溶的形成条件

岩溶形成必须具备四个基本条件：即可溶性岩石、岩石具有透水性、水具有溶蚀能力和流动的水。

1. *可溶性岩石*

可溶岩可分为易溶的卤素盐类(如岩盐)、中等溶解度的硫酸盐类(如石膏、硬石膏、芒硝)和难溶的碳酸盐类(如石灰岩、白云岩)。卤素盐类及硫酸盐虽易溶解，但分布面积有限，对岩溶的影响远远不如分布广泛的碳酸盐类岩石。

碳酸盐岩常由不同比例的方解石、白云石组成，并含有泥质、硅质、有机质等杂质。纯方解石的溶解速度约为纯白云石的两倍，故纯石灰岩地区岩溶发育，当含白云石时次之。当含硅质、有机质等杂质时，岩石溶解减慢，岩溶发育程度降低。当含黄铁矿或石膏时，大量的 SO_4^{2-} 离子能导致岩石溶解，加速岩溶发育。当含粘土杂质时，由于粘土颗粒包裹方解石、白云石矿物，减少了岩石有效溶蚀表面，降低岩溶速度。但如地下水具有一定流速，冲刷并带走粘土颗粒，则加快了整个岩溶过程，使岩溶发育程度大于无杂质岩区。当含生物碎屑时，因孔隙度增加，导致岩溶发育。

2. *岩石的透水性*

完整的岩石或节理不发育的岩石，地下水不易渗透到岩石内部，溶蚀只是在岩石表面进行，故岩溶发育速度相对较低。节理发育的岩石，尤其是构造节理发育的岩石，节理深达岩体内部，互相连通形成渗透裂隙网络，岩溶发育速度相对较快。因此，岩溶主要发育在节理裂隙发育的部位，如褶曲轴部、断层破碎带及其影响带等。

3. *水的溶蚀性*

具备侵蚀性的水对可溶岩的溶蚀作用是岩溶发育的主要原因。碳酸盐岩在纯水中的溶解度是很小的，在16℃时仅为1.31mg/L，在25℃时仅为14.3mg/L，所以纯水中岩溶难以发育。当地下水中含侵蚀性 CO_2 时，CO_2 与方解石($CaCO_3$)反应，最终生成 Ca^{2+} 离子，使碳酸盐岩的溶解度高达几百毫克/升，大大提高了岩溶的发育速度。其化学反应式如下：

$$CaCO_3 + CO_2 + H_2O \Longleftrightarrow Ca(HCO_3)_2 \Longleftrightarrow Ca^{2+} + 2HCO_3^-$$

该反应式为可逆反应，反应达到平衡时的 CO_2 含量称为平衡 CO_2，当地下水中 CO_2 含量超过平衡 CO_2 时，反应才会向右进行，超过部分称为侵蚀性 CO_2，所以地下水中含有侵蚀性 CO_2 时，才能与石灰岩发生溶蚀作用，侵蚀性 CO_2 含量愈高，岩溶愈发育。此外，水中 CO_2 的含量与空气中 CO_2 的分压成正比，空气中 CO_2 含量越高，地下水中 CO_2 含量也越高，所以地壳浅层岩溶相对发育，地壳深层岩溶相对不发育。水中 CO_2 的含量与植被发育程度成正比，植物根系排泄 CO_2，植被发育程度越高，地下水中 CO_2 含量越高。水中 CO_2 的含量还与温度成反比，但化学反应速度与温度成正比，温度升高一倍，化学反应速度增加10倍。因此，在我国南方岩溶比北方发育。

4. *水的流动性*

水的溶蚀性与水的流动性密切相关。在水流停滞的条件下，地下水中 CO_2 不断消耗而达到平衡状态，使水丧失溶蚀能力。当含侵蚀 CO_2 的地下水流通时，一方面源源不断地补充新的侵蚀性 CO_2；另一方面不断带走生成的 Ca^{2+} 和 HCO_3^-，使化学反应不断向右进行，岩溶得以继续。

7.4.3 岩溶水和岩溶地貌

贮藏和运动在可溶岩孔隙、裂隙及溶洞中的地下水称为岩溶水。岩溶的发育是以地下水流动为前提的，地下水流强度大的地方，也常常是岩溶发育较强的地方。

按含水层性质，岩溶水可分为孔隙水、裂隙水和溶洞水。

由岩溶水刻蚀出来的岩溶地貌(地表岩溶地貌和地下岩溶地貌)与岩溶水的分布和运动方式有着成因上的联系，主要表现在水平方向和垂直方向上。

1. 水平方向

在岩溶地区岩溶水向局部侵蚀基准面渗流，地下水交替强度通常由河谷向分水岭核部逐渐变弱，如图7.27所示。由岩溶侵蚀基准面向分水岭，岩溶地貌由溶蚀平原向溶蚀谷地、石林、溶沟、石芽、岩溶剥蚀面依次过渡。

图7.27 岩溶形态示意图(根据王飞燕)

1—峰林；2—溶蚀洼地；3—岩溶盆地；4—岩溶平原；5—孤峰；6—岩溶漏斗；

7—岩溶塌陷；8—溶洞；9—地下河

a. 石钟乳；b—石笋；c—石柱

2. 垂直方向

1) 在地表

地表片流或土壤底层水，在可溶岩表面向低洼处流动，并沿岩石裂隙向下渗流，对岩石进行化学溶蚀和水力剥蚀，使洼地和裂隙扩大，在地表上形成的沟槽称为溶沟，一般深几厘米到十几米。溶沟之间凸起的石脊称为石芽。溶沟和石芽相间出现，在坡度较大的地面，它们顺着最大倾斜方向排列，在平坦地面，它们纵横交错。当溶沟和石芽加深扩大(有时伴随落水洞的扩大连通)，使石芽高达十几米到几十米，并成片出露时，远望之有如树林，称为石林，如云南石林，石林高达50余米，石峰林立，千姿百态，蔚为奇观。

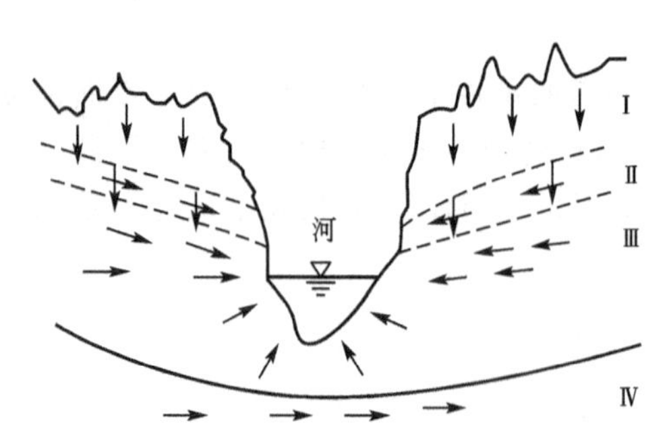

图7.28 岩溶水垂直分带

Ⅰ—垂直循环带；Ⅱ—季节循环带；

Ⅲ—水平循环带；Ⅳ—深部循环带

2) 在地下

岩溶水在地下可分为四个运动特征明显的带，即垂直循环带、季节循环带、水平循环带和深部循环带，如图7.28所示。各带岩溶发育特征各不相同。

(1) 垂直循环带。是指可溶岩区地表面到雨季潜水位之间的地带。地下水主要沿节理、裂隙向下渗透，并将裂隙(特别是一些垂直相交的裂隙)溶蚀扩大，形成落水洞。落水洞一般深度大于宽度，下部多与溶洞或暗河连通，是地表水向下渗流的主要通道之一，有时可以将地表河流部分或全部导入地下，形成伏流或暗河。当落水洞稍具规模后，流水对洞壁和洞底的机械侵蚀也可促进落水洞加深、加大。

落水洞附近地面，常被暂时性流水和地下水侵蚀成漏斗状洼地，称为溶蚀漏斗。一般大致呈圆形或椭圆形，直径几米至几十米，深十几米到几十米。由溶蚀作用与陷落作用形成的漏斗，一般规模较大，有时直径或深度可达数百米。溶蚀漏斗发育的地区，地表宛如蜂窝状。当地面漏斗群不断扩大汇合，可在地表形成溶蚀洼地，面积由数平方米至数万平方米不等。地表大型的封闭洼地称为波立谷，也称溶蚀盆地，面积由数平方千米到数百平方千米不等，进一步发展则成为溶蚀平原。波立谷周为陡峻斜坡，谷底平坦，常有较厚的第四纪沉积物；谷中还可见残留的未被溶蚀掉的孤峰，当孤峰成片出现时称为峰林。有时地表河流在谷周边转入地下，形成伏河。

(2) 季节循环带。是指雨季潜水位与旱季潜水位之间的地带。在雨季，该带充满地下水，地下水向河床方向沿岩层面、节理或断裂带做近水平运动，并不断将裂隙溶蚀扩大，形成近水平方向的洞穴，称为溶洞。在旱季、潜水位下降，重力水在该带向下渗透，形成落水洞。由于季节循环带内溶洞和落水洞交错连接，形成复杂的、高低曲折的、时宽时窄的地下洞穴系统，如图 7.29 所示。

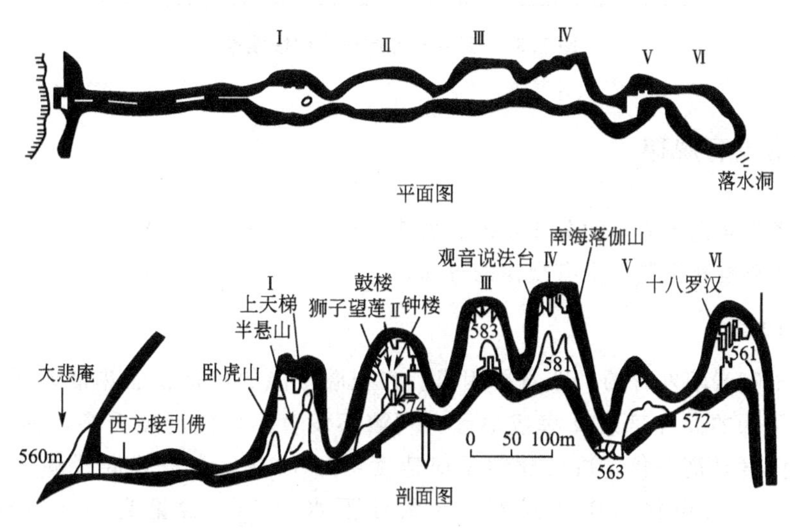

图 7.29 北京房山区上房山云水洞

(3) 水平循环带。是指旱季潜水位至河床下一定深度范围内的地带。该带常年有水，地下水主要向河床方向做水平运动，将可溶岩溶蚀成水平方向的溶洞，这些溶洞常常相互贯通形成暗河，溶洞形态各异，有时宽如大厅、有时窄如长廊。在地壳长期稳定的地区，溶洞得到充分发育，在同一标高上的溶洞层往往形成许多溶洞，沿河可见暗河河口与枯水位等高并流入河流的现象。当地壳抬升时，原溶洞层抬升到潜水位以上。溶洞中常有后期渗流水中碳酸钙沉积形成的石钟乳、石笋和石柱等，(图 7.30)，有时还伴有大量的溶洞洞顶坍塌堆积。

图 7.30 石钟乳、石笋、石柱

在溶洞发育的地区，随着溶洞的扩展，成片溶洞因上部岩层失去支撑而坍塌，在地表形成大片洼地，也称为溶蚀洼地。如云南石林某处(图 7.31)，在下二叠统石灰岩洼地中，残留有许多上二叠统的玄武岩。大面积岩溶塌陷也能在地表形成波立谷。

(4) 深部循环带。位于水平循环带之下，地下水向更深更远的侵蚀基面运动。由于深部基岩裂隙一般不发育，地下水运动缓慢，岩溶一般也不发育，仅有蜂窝状溶蚀孔洞。

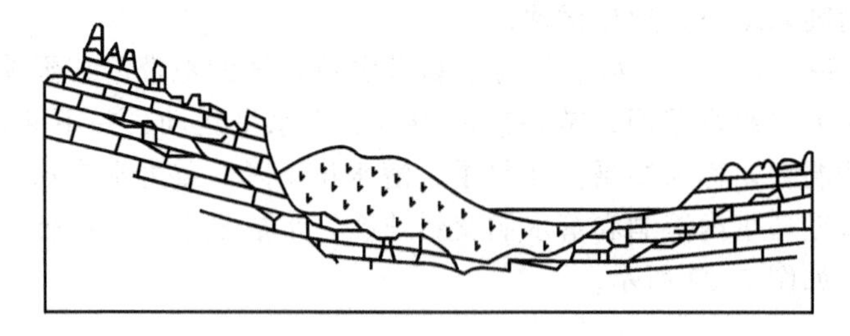

图 7.31 云南石林的一个溶蚀洼地

7.4.4 岩溶发育规律

岩溶发育规律也是岩溶的分布规律。岩溶发育主要受气候、岩性及其产状、地质构造和地壳运动的影响和控制，呈有规律的分布。

1. 气候的影响

气候是影响岩溶发育的一个重要因素。在温暖潮湿的热带、亚热带地区，岩溶较发育，在寒冷干燥的高纬度或高海拔地区，岩溶不发育。虽然温度升高，使水中 CO_2 含量减少，但温度升高一倍，可使化学反应速度增加 10 倍。此外，温暖潮湿的地区植被发育，土层厚，生物化学作用强烈，导致地下水中 CO_2 含量高，有的地方可达到 1000mg/L 以上，为岩溶发育提供了充分的条件。例如：我国广西中部可溶岩年溶蚀量为 0.12～0.3mm，长江流域为 0.06mm，河北西北部为 0.02～0.03mm，相差最高可达 10 倍。

2. 岩性及岩层产状的影响

在可溶岩中，岩性越纯，结晶越好，岩溶越发育。一般厚层岩石含不溶物较少，故比薄层岩石岩溶发育。泥灰岩因地下水对泥质胶结物的潜蚀作用，使泥灰岩中岩溶也发育。当可溶岩与非可溶岩组合出现时，如上覆为可溶岩，下伏为不透水的非可溶岩，则在两者接触界面处，岩溶发育。当岩层产状水平或倾斜时，溶洞发育；当岩层产状直立时，漏斗、落水洞发育。

3. 地质构造的影响

岩溶发育与可溶岩节理裂隙的分布有关。所以，岩溶与地质构造关系密切，常沿地质构造节理裂隙发育部位呈带状分布。

背斜顶部承受张应力，垂直张节理发育，地下水沿张节理垂直下渗，然后向两翼运动。沿背斜轴部，岩溶多以漏斗、落水洞、竖井等垂直洞穴为主。背斜倾伏端，节理裂隙发育，岩溶也发育。

向斜核部为地下水汇集地点，当向斜轴与沟谷一致时，地表水和地下水均沿两翼向轴部汇集，并沿轴向流动，或向河流排泄，所以向斜轴部岩溶以水平溶洞或暗河为主。同时，向斜轴部也发育有各种垂直裂隙，也会形成溶洞、漏斗、落水洞等垂直岩溶形态。向斜仰起端节理裂隙发育，岩溶也发育。

褶曲翼部，岩层倾斜，是地下水的径流通道，岩溶也发育。但褶曲的节理裂隙由核部向翼部逐渐减弱，所以翼部岩溶没有核部发育，岩溶从核部向翼部逐渐减弱。

正断层属张性断裂，断层破碎带受张拉作用，断层角砾岩结构松散，张性裂隙发育，有利于地下水渗透溶解，是岩溶强烈发育地带。其两侧断层影响带，节理裂隙发育，也是岩溶发育地带。

逆断层属压性断裂，断层破碎带受挤压作用，断层角砾岩挤压紧密，有的甚至挤压成糜棱岩或断层泥，地下水不易流通，所以岩溶发育较差。在逆断层主动盘的断层影响带内，节理裂隙发育，并受下伏断层破碎带隔水的影响，该影响带内地下水富集，岩溶发育。扭性断层为张扭性时，岩溶发育强烈；为压扭性时，岩溶发育差。

4. 地壳运动的影响

地下水侵蚀基准面受地壳升降运动控制，当地壳处于稳定时期，侵蚀基准面在该时期稳定不变，地下水以水平运动为主，岩溶也主要发育成水平的溶洞、暗河。当地壳处于抬升时期，侵蚀基准面下降，地下水以垂直运动为主，岩溶也主要发育落水洞等垂直岩溶形态。当地壳抬升、稳定交替进行时，在地壳剖面上形成垂直的落水洞与水平的溶洞交替出现的现象。有时可出现多层水平溶洞，中间由落水洞相通。它们分别反映了地壳不同的稳定和抬升阶段，并与阶地高程有相应关系。

7.4.5 岩溶地区的主要工程地质问题及防治措施

岩溶地区进行工程建设，经常遇到的主要工程地质问题是不均匀沉降、溶洞塌陷、基坑和洞室涌突水、岩溶渗漏、地表土潜移等地质问题。

1. 地基不均匀沉降

由于地表岩溶深度不一致，基岩岩面起伏，导致上覆土层厚度不均匀，使建筑物地基产生不均匀沉降。在岩溶发育地区，水平方向上相距很近(如 1～2m)的两点，有时土层厚度相差可达 4～6m，甚至十余米。在土层较厚的溶沟(槽)底部，往往又有软弱土存在，加剧了地基的不均匀性。此外，在一些溶洞中，存在溶洞坍塌堆积物，当在上面修筑路堤或桥墩等建筑物时，也存在上述不均匀沉降问题，特别是隧道横断面一半在基岩中，一半在溶洞中，而隧道底部高于溶洞底部时，需进行填补支护，溶洞土层的不均匀沉降常导致隧道底面倾斜及衬砌开裂。

在工程上，对不均匀沉降的处理，有如下方法。

(1) 当土层较浅时，可挖掉大部分土层，然后打掉一定厚度的石芽，再铺以褥垫材料；也可采用换填法或灌浆法加固土层。

(2) 当土层较厚时，可设桩基，使基底荷载传至基岩上；也可挖掉部分溶沟中的较厚土层，将基底做成阶梯状，使相邻点可压缩层厚度相对一致或呈渐变状态。

2. 溶洞塌陷

当建筑物(如桥梁墩台、隧道等)位于溶洞上方，在附加荷载作用下，常因溶洞顶板厚度不足而产生洞顶坍塌陷落，有的还导致地表产生塌陷。当从溶洞中通过时，由于洞顶风化作用，有时也产生洞顶塌方。

在工程上，溶洞顶板厚度是否属于安全范围应予以验算。

(1) 溶洞顶板抗弯厚度验算所需顶板安全厚度为：

$$z=\sqrt{\frac{qL^2}{2\sigma b}} \tag{7-1}$$

式中：q——长边每延米均布荷载，N/m；

L、b——洞的长、短径，m；

σ——岩体弯曲应力(对石灰岩一般取抗压强度的0.10～0.125倍)，Pa。

(2) 溶洞顶板抗剪厚度验算所需顶板安全厚度为：

$$F+G=u\tau_b \tag{7-2}$$

式中：F——上部荷载传至顶板的竖向力，kN；

G——顶板岩土自重，kN；

u——洞体平面周长，m；

τ_b——顶板岩体抗剪强度(对石灰岩一般取抗压强度的0.06～0.13倍)，kPa。

(3) 溶洞顶板坍落厚度验算坍落厚度H为：

$$H=\frac{0.5b+H_0\tan(90°-\varphi)}{f} \tag{7-3}$$

式中：b——洞体跨度，m；

H_0——洞体高度，m；

φ——洞壁岩体的内摩擦角；

f——洞体围岩坚实因数。

坍落拱高加上上部荷载作用所需的岩体厚度才是洞顶的安全厚度。

当溶洞顶板不安全时，常用的加固方法有：灌浆、加钢垫板等方法加固顶板；扩大基础，减轻顶板单位荷载；填死溶洞或洞内做支撑等。

3. 基坑和洞室涌突水

建筑物基坑或地下洞室开挖中，若挖穿了暗河、蓄水溶洞、含水高压岩溶管道、富水断层破碎带等都可能产生突然涌突水，给工程施工带来严重困难，甚至淹没坑道，造成事故。如大瑶山隧道通过斑谷坳地区石灰岩地段时，遇到断层破碎带，发生大量突水，竖井一度被淹没，造成停工。襄渝线中梁山隧道，1972年6月涌水量为26000t/d，10年后增加到 54000t/d。此外，当开挖的洞室与地表有溶蚀管道联通时，在暴雨情况下，也可能产生突然涌突水。当开挖遇到地下暗河时，更是如此。

在工程上，当涌水量较小时，可用注浆堵水，也可利用洞室中心沟或侧沟排水。当涌水量较大时，可用平行导坑排水，但有时只能绕避。此外，还可修建截水盲沟、截水墙和截水盲洞等拦截地下水。但因岩溶地区地下水分布极不均匀，排水时还应考虑地面居民的生活环境等问题。

4. *岩溶渗漏*

在岩溶发育地区修筑水坝时，库水常沿溶蚀裂隙、岩溶管道、溶洞、地下暗河等产生渗漏，严重时可造成水库不能蓄水。由于渗漏形式错综复杂，防渗工程处理难度大，所以，应慎重选址，进行详细的工程地质勘察。

5. *地表土潜移*

地表土潜移主要发生在溶蚀漏斗的上覆土层及溶蚀斜坡的上覆土层。在地下水侵蚀和土体自身重力作用下，土层沿基底斜坡发生长期缓慢的移动，每年仅运动几毫米至几厘米，以致短期内无法察觉，但其长期积累效应则可对工程建筑造成危害，如路基变形、桥墩移位等。特别是不合理的工程开挖或增加上部荷载，甚至可以导致上述地段本来稳定的土层产生潜移。

在工程上，对可能产生潜移的地区应详细勘察，工程开挖后应进行细致准确的观察测量，对产生潜移的工点，可用抗滑桩、挡土墙等进行整治，必要时应绕避。

7.5 地　震

7.5.1 地震的概念

在地下深处，由于某种原因导致岩层突然破裂、滑移、塌陷或由于火山喷发等产生振动，并以弹性波的形式传递到地表的现象称为地震。地震发生在海底时称为海震。地震是一种特殊形式的地壳运动，其发生迅速，振动剧烈，常引起地表开裂、错动、隆起或沉降、喷水冒砂、山崩、滑坡等地质现象，并引起工程建筑的变形、开裂、倒塌，造成巨大的生命财产损失。地震又是一种常见的地质现象，据统计，全世界每年约发生地震 500 万次，其中绝大多数很微弱而不为人们所感觉，人们有感觉的地震约 5 万次，造成破坏的约 1000 次，造成很大破坏的仅约十几次(七级以上地震只有十多次，八级以上地震只有一两次)。世界上主要灾害性地震见表 7-2。

世界地震主要分布在三个大地震带上，即环太平洋地震带(占发生地震的 80%以上)、地中海至中亚地震带(占发生地震的 15%)、大洋中脊和大陆裂谷地震带。我国被前两个大地震带相夹，是一个多地震国家，受害之深占世界首位。我国有文字可考的地震记载已有四千多年历史。自公元前 1831—1977 年底，4.75 级以上地震已记录了 3000 多次。我国内陆地震占世界内陆地震的 70%，防震烈度 7 度以上的地区占国土面积的近 1/3。处于 6～7 度地区的百万以上人口的城市有上百个。

我国主要有5大地震带如下：

(1) 东南沿海及台湾省地震带。其中台湾省地震最频繁，属环太平洋地震带。

(2) 郯城—庐江地震带。自安徽庐江往北至山东郯城一线，并穿过渤海，经营口，与吉林舒兰、黑龙江依兰断裂连接，是我国东部的强地震带。

(3) 华北地震带。北起燕山，南经山西到渭河平原，构成“S”形地震带。

(4) 横贯中国的南北向地震带。北起贺兰山、六盘山，横越秦岭，通过甘肃文县，沿岷江向南经四川盆地西缘，直达滇东地区。

(5) 西藏—滇西地震带。属地中海—中亚地震带。

此外，还有河西走廊地震带、天山南北地震带及塔里木盆地南缘地震带等。20世纪我国发生8级左右地震15次。近40年来，我国平均每年发生6级以上地震7次，给国民经济造成严重损失。如1966年河北邢台地震、1975年辽宁海城地震、1976年河北唐山地震、2008年四川汶川地震。据统计，20世纪以来，中国因地震造成死亡的人数，占国内所有自然灾害包括洪水、火山喷发、泥石流、滑坡等总人数的54%，超过1/2，世界上主要灾害性地震，见表7-2。

表7-2　世界上主要灾害性地震

年份	震级	位置	死亡/人	年份	震级	位置	死亡/人
365	未知	希腊克利特岛	50000	1923	8.3	日本横滨	103000
526	未知	叙利亚地区	250000	1927	8.3	中国甘肃古浪	200000
893	未知	印度	180000	1932	7.6	中国甘肃昌马	70000
1138	未知	叙利亚	100000	1935	7.5	印度北部	60000
1293	未知	日本	30000	1939	7.8	智利	40000
1455	未知	意大利	40000	1939	7.9	土耳其埃尔津赞	23000
1556	未知	中国陕西关中	830000	1960	5.8	摩洛哥阿加迪尔	12000
1667	未知	高加索	80000	1970	7.7	秘鲁钦博特	67000
1693	未知	西西里	60000	1976	7.8	中国唐山	242000
1737	未知	印度加尔各答	300000	1976	7.5	危地马拉	23000
1755	8.7	葡萄牙里斯本	60000	1978	7.7	伊朗东北部	25000
1783	未知	意大利	50000	1985	8.1	墨西哥城	95000
1797	未知	厄瓜多尔	41000	1988	6.8	亚美尼亚	25000
1868	未知	厄瓜多尔和哥伦比亚	70000	1990	7.7	伊朗西北部	40000
1908	7.5	意大利南部	58000	1995	7.2	日本阪神	5492
1915	7.5	意大利中部	32000	2004	9.0	印尼苏门答腊岛	320000
1920	8.6	中国宁夏海源	200000	2008	8.0	中国四川汶川	95000

注：这里给出的死亡数据包括火灾、滑坡和海啸造成的死亡。数据主要出自Gree和Shah(1984)。阪神的数据出自瑞士再保险公司的*The Great Hanshin Earthquake：Trial，Error，Success*一书。

7.5.2 地震类型及地震波

1. 地震类型

地震按成因类型可分为构造地震、火山地震、陷落地震、诱发地震和人工地震5类。

1）构造地震

由地壳运动引起的地震称为构造地震。地壳运动使组成地壳的岩层发生倾斜、褶皱、断裂、错动及大规模岩浆活动等，在此过程中因应力释放、断层错动而造成地壳震动。构造地震约占地震总数的90%左右。构造地震机制有两种流行学说：一种是弹性回跳说；一种是粘滑说。弹性回跳说认为，当地壳运动使岩体变形时，在岩体内部产生应力，当岩体内应力积累到超过岩石强度极限时，岩体将发生突然破裂或错动，同时释放大量的应变能引起地震，岩体随即弹回原状。粘滑说认为，断裂面上摩擦阻力不均匀，断裂错动过程中因摩擦受阻而产生粘滞现象，同时积累应变能。当积累的应变能足以克服摩擦阻力时，断裂产生错动并回跳，同时释放大量的应变能引起地震。板块构造理论认为，地震主要发生在各板块衔接地带，洋脊受到张拉，以浅源地震为主，板块之间相互错动的俯冲带或仰冲带，则沿接触带向下，震源由浅变深。最深震源可达720km。地震与板块运动的关系如图7.32所示。

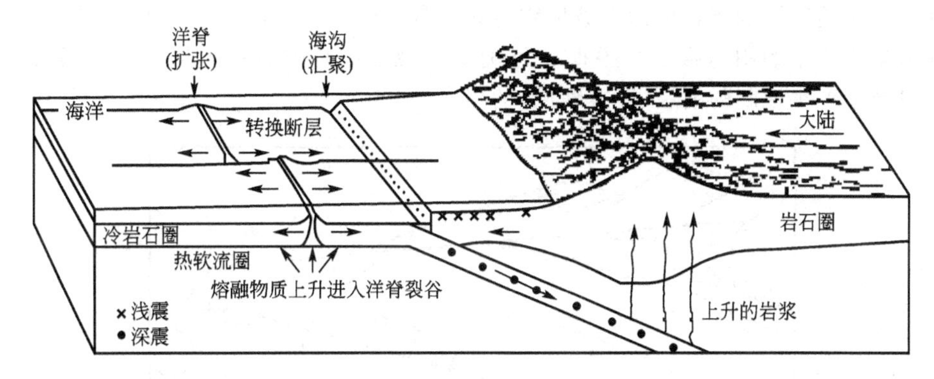

图7.32 地震与板块运动的关系

2）火山地震

由火山喷发引起的地震称为火山地震。这类地震强度较大，但受震范围较小，它只占地震总数的7%左右。如1972年黑龙江五大连池火山喷发引起的地震。

3）陷落地震

由于地下岩洞或矿井顶部塌陷而引起的地震称为塌陷地震。此外，将山崩、巨型滑坡等引起的地震也归入这一类。地层塌陷主要发生在石灰岩岩溶地区，岩溶溶蚀作用使溶洞不断扩大，导致上覆地层塌落，形成地震。大规模地下开采的矿区也易发生顶部塌陷形成地震。陷落地震一般地震能量小，规模小，次数也很少。此类地震只占地震总数的3%左右。

4）诱发地震

由于水库蓄水、油田注水等活动而引发的地震称为诱发地震。这类地震仅仅在某些特定的水库库区或油田地区发生。如1967年12月10日印度科因纳水库地震，震级6.5级，造成科因纳市绝大部分砖石房屋倒塌，死亡177人，2300多人受伤，水坝和附属建筑物受到严重损坏，被迫放空水库进行加固处理。

5）人工地震

地下核爆炸、炸药爆破等人为引起的地面振动称为人工地震。随着人类工程活动日益加剧，人工地震也越来越引起人们关注。有的学者将诱发地震和人工地震均归为一类，统称人工地震。

2. 震源、震中和地震波

地壳内部发生振动的地方称为震源。震源在地面上的垂直投影称为震中，震中可以看作地面上震动的中心，震中附近地面震动最大，远离震中地面震动减弱。

震中到震源的距离称为震源深度。震源深度一般从几千米到300km不等，最大深度可达720km。按震源深度可将地震分为浅源地震(小于70km)、中源地震(70～300km)、深源地震(大于300km)。绝大部分的地震是浅源地震，震源深度多集中于5～20km左右，中源地震比较少，而深源地震为数更少。同样大小的地震，当震源较浅时，波及范围较小，破坏性较大；当震源深度较大时，波及范围较大，但破坏性相对较小。多数破坏性地震都是浅源地震，深度超过100km的地震，在地面上不会引起灾害。

地面上任何一个地方到震中的距离称为震中距。震中距在1000km以内的地震，通常称为近震，大于1000km的地震，称为远震。引起灾害的一般都是近震。

在同一次地震影响下，地面上破坏程度相同各点的连线，称为等震线(图7.33)。等震线图在地震工作中的用途很多，根据它可确定宏观震中的位置；根据震中区等震线的形状，可以推断产生地震的断层(发震断层)的走向。

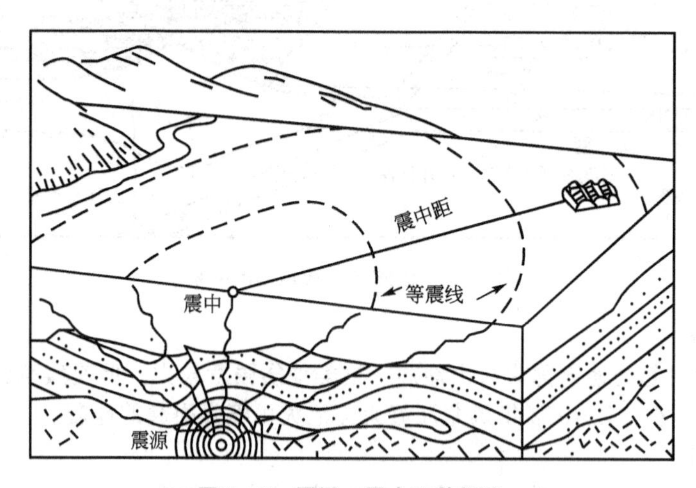

图7.33　震源、震中和等震线

地震引起的振动以波的形式从震源向各个方向传播，称为地震波。地震波可分为体波和面波。

(1) 体波是在地球岩层内部传播的地震波，又分为纵波(P波)和横波(S波)。

① 纵波是由震源传出的压缩波，又称P波，质点振动方向与波的前进方向一致，一疏一密地向前传播。纵波在固态、液态及气态中均能传播。纵波振幅小、周期短、传播速度快，是最先到达地表的波动，纵波在完整岩石中的传播速度(v_P)约为4000～6000m/s，

在水中的传播速度约为1450m/s，在空气中的传播速度为340m/s。纵波的能量约占地震波能量的7%。

② 横波是震源向外传播的剪切波，又称S波，横波质点振动方向与波的前进方向垂直。传播时介质体积不变，但形状改变，周期较长，振幅较大。由于横波是剪切波，所以它只能在固体介质中传播，而不能通过对剪切变形没有抵抗力的流体。横波是第二个到达地表的波动，横波的能量约占地震波总能量的26%。横波在完整岩石中的传播速度(v_S)约为2000～4000m/s，横波在水中的传播速度为0，即横波不能在流体中传播。

(2) 面波［又分瑞利波(R波)和勒夫波(L波)］是体波到达地面后激发的次生波，它只在地表传播，向地面以下迅速消失。瑞利波(R波)质点沿平行于波传播方向的垂直平面内做椭圆运动，长轴垂直地面。勒夫波(L波)质点在水平面内垂直于波传播力向做水平振动。面波传播速度比体波慢，如瑞利波是横波波速的0.9。

地震时，纵波总是最先到达，其次是横波，然后是面波。纵波引起地面上下颠簸，横被引起地面水平摇摆，面波则引起地面波状起伏。横波和面波振幅较大，所以造成的破坏也最大。随着与震中距离的增加，能量不断消耗，振动逐渐减弱，破坏也逐渐减小，直到消失。

7.5.3 地震震级与地震烈度

1. 地震震级

地震震级是表示地震本身大小程度的等级。地震大小由震源释放出来的能量多少来决定，能量越大，震级越大。地震震级与震源释放能量的关系，见表7-3。

表7-3 地震震级与震源释放能量的关系

地震震级	能量/J	地震震级	能量/J
1	2.00×10^{6}	6	6.31×10^{13}
2	6.31×10^{7}	7	2.00×10^{15}
3	2.00×10^{9}	8	6.31×10^{16}
4	6.31×10^{10}	8.5	3.55×10^{17}
5	2.00×10^{12}	8.9	1.41×10^{18}

从表中可以看出，1级地震的能量相当于2.0×10^{6}J，震级相差一级，能量相差32倍，8级地震释放出来的能量是4级地震的100万倍。一个7级地震相当于30颗20000t级原子弹的能量。小于2级的地震称为微震，2～4级的地震称为有感地震，7.6级以上地震称为破坏性地震，7级以上地震称为强烈地震。现有地震震级最大不超过8.9级。这是因为岩石强度不能积蓄超过8.9级地震的弹性应变能。

地震震级是根据地震仪记录的地震波振幅来测定的。一般采用里氏震级标准。按古登堡的最初定义，震级(M)是距震中100km处的标准地震仪(周期0.8s，衰减常数约等于1，放大倍率2800倍)所记录的地震波最大振幅值的对数来表示的。振幅值以μm计算。如最大振幅为10mm，即10000μm，它的对数值是4，故震级定为4级。实际上，距震中

100km 处不一定恰好有地震仪，现今也不一定都采用上述标准地震仪，现一般是根据任意震中距的任意型号地震仪的记录经修正而求得震级。目前震级均以面波震级为准。

2. 地震烈度

地震烈度是描述地震对某地建筑物的破坏程度的指标。一次地震只有一个震级，但距震中不同的距离，地面振动的强烈程度不同，故有不同地震烈度的地震烈度区。所以，地震烈度是相对于震中某点的某一范围内平均振动水平而言的。地震烈度不仅与震级有关，还和震源深度、距震中的距离，以及地震波通过介质的条件(如岩石性质、地质构造、地下水埋深、地形等)有关。一般情况下，震级越高，震源越浅，距震中越近，地震烈度就越高。地震烈度随距震中的距离加大而逐渐减小，形成多个不同的地震烈度区，烈度由大到小依次分布。但因地质条件不同，可出现偏大或偏小的烈度异常区。我国地震部门广泛采用以下经验公式来表示震中烈度(I_0)与震级(M)的关系：

$$M=0.68I_0+0.98 \tag{7-4}$$

地震烈度表是划分地震烈度的标准。它主要是根据地震时地面建筑物受破坏的程度、地震现象、人的感觉等来划分制订的。我国和世界上大多数国家都是把烈度分为12 度。表 7-4 是中国科学院地球物理研究所根据我国实际情况编制的我国地震烈度鉴定标准表。

表 7-4　地震烈度鉴定表(据中国科学院地球物理研究所)

等级	名称	加速度 a /(cm·s^{-2})	地震因数 K_H	地震情况	相应地震强度的震级 M
Ⅰ	无感震	<0.25	<4000	人不能感觉，只有仪器可口记录	0
Ⅱ	微震	0.26～0.5	4000～2000	少数在休息中极宁静的人能感觉到，住在楼上者更容易	2
Ⅲ	轻震	0.6～1.0	2000～1000	少数人感觉地动(如有轻车从旁经过)，不能立刻断定地震，振动来自的方向和继续的时间，有时约略可定	3
Ⅳ	弱震	1.1～2.5	1000～400	少数在室外的人和大多数在室内的人都能感觉到，家具等物有些摇动，盘碗及窗户玻璃振动有声，屋梁、天花板等格格作响，缸里的水或敞口杯中的液体有些荡漾，个别情形惊醒了睡觉的人	3.5～4
Ⅴ	次强震	2.6～5.0	400～200	差不多人人能感觉到，树木摇晃，如有风吹动房屋及室内物体全部振动，并格格作响，悬吊物如帘子、灯笼、电灯来回摇动，挂钟停摆或乱打，杯中水满的溅出一些，窗户玻璃出现裂纹，睡的人被惊逃至户外	4～4.5
Ⅵ	强震	5.1～10	200～100	人人能感觉到，大部惊骇跑到户外，缸里的水激烈地荡漾，墙上挂图、架上的书都会落下来，碗碟器杯打碎，家具移动位置或翻倒，墙上灰泥发生裂缝，坚固的庙堂房屋也不免有些地方掉落泥灰，不好的房屋受相当损害，但还是轻的	4.5～5

（续）

等级	名称	加速度 a /(cm·s^{-2})	地震因数 K_H	地震情况	相应地震强度的震级 M
Ⅶ	损害震	10.1～25	100～40	室内陈设物品和家具损伤甚大，庙里的风铃叮当作响，池塘腾起波浪并翻出浊泥，河岸河湾处有些崩滑，井泉水位改变，房屋有裂缝，灰泥及塑料装饰大量脱落，烟囱破裂，骨架建筑物的隔墙也有损伤，不好的房量严重地损伤	5～5.75
Ⅷ	破坏震	25.1～50	40～20	树木发生摇摆有时断折，重的家具物件移动很远或抛翻，纪念碑、纪念像从座上扭转或倒下，建筑较坚固的房屋如庙宇也被损害，墙壁间起了裂缝或部分破坏，骨架建筑隔墙倾脱，塔或工厂烟囱倒塌。建筑特别好的烟囱顶部也遭破坏。陡坡或潮湿的地方发生小小裂缝，有些地方涌出泥水	5.75～6.5
Ⅸ	毁坏震	50.1～100	20～10	坚固的建筑如庙宇等损伤颇重，一般砖砌房屋严重破坏，有相当数量的倒塌，以致不能再住，骨架建筑根基移动，骨架歪斜，地上裂缝颇多	6.5～7
Ⅹ	大毁坏震	101～250	10～4	大的庙宇、大的砖砌及骨架建筑连基础遭受破坏，坚固砖墙发生危险的裂缝，河堤、坝、桥梁、城垣均严重损伤，个别的被破坏，马路及柏油街道起了裂缝与皱纹，松散软湿之地开裂相当宽和深，且有局部崩滑，崖顶岩石有部分崩落，水边惊涛拍岸	7～7.75
Ⅺ	灾震	251～500	4～2	砖砌建筑全部倒塌，大的庙宇及骨架建筑也只部分保存。坚固的大桥破坏，桥柱崩裂，钢架弯曲(弹性大的木桥损坏较轻)，城墙开裂崩坏，路基堤坝断开，错离很远。钢轨弯曲且鼓起，地下输送完全破坏，不能使用，地面开裂甚大，沟道纵横错乱，到处土滑山崩，地下水夹泥砂从地下涌出	7.75～8.5
Ⅻ	大灾震	501～1000	＞2	一切人工建筑物无不毁坏，物体抛掷空中，山川风景也变异，范围广大，河流堵塞，造成瀑布，湖底升高，山崩地裂，水道改变等	8.5～8.9

震级与烈度虽然都是地震的强烈程度指标，但烈度对工程抗震来说具有更为密切的关系。为了表示某一次地震的影响程度或总结震害与抗震经验，需要根据地震烈度标准来确定某一地区的地震烈度；同样，为了对地震区的工程结构进行抗震设计，也要求研究预测某一地区在今后一定时期的地震烈度，以作为强度验算与选择抗震措施的依据。

基本烈度是指在今后一定时期内，某一地区在一般场地条件下可能遭遇的最大地震烈度。基本烈度所指的地区，并不是某一具体工程场地，而是指一较大范围，如一个区、一个县或更广泛的地区，因此基本烈度又常常称为区域烈度。

鉴定和划分各地区地震烈度大小的工作，称为烈度区域划分，简称烈度区划。基本烈度的区划，不应只以历史地震资料为依据，而应采取地震地质与历史地震资料相结合的方法，进行综合分析，深入研究活动构造体系与地震的关系，才能做到较准确的区划。各地基本烈度定得准确与否，与该地工程建设的关系甚为密切。如烈度定得过高，提高设计标准，会造成人力和物力上的浪费；定得过低，会降低设计标准，一旦发生较大地震，必然造成损失。

建筑场地烈度也称小区域烈度，它是指建筑场地范围内，因地质条件、地形地貌条件、水文地质条件不同而引起基本烈度降低或提高后的烈度。通常建筑场地烈度比基本烈度提高或降低半度至一度。通过专门的工程地质、水文地质工作，查明场地条件，确定场地烈度，对工程设计有重要的意义：①有可能避重就轻，选择对抗震有利的地段布设路线和桥位；②使设计所采用的烈度更切合实际情况，避免偏高或偏低。

设计烈度是指抗震设计中实际采用的烈度，又称设防烈度或计算烈度。它是根据建筑物的重要性、永久性、抗震性对基本烈度的适当调整。大多数一般性建筑物不需调整，基本烈度即为设计烈度。对特别重要的建筑物，如特大桥梁、长大隧道、高层建筑、水库大坝等，应提高一度，并按规定上报有关部门批准。对次要建筑物，如仓库、临时建筑物等，设计烈度可降低一度。但基本烈度为Ⅵ度以上时，不降低。《建筑抗震设计规范》(GB 50011—2010)将抗震设防烈度定为6～9度，并规定6度区建筑以加强结构措施为主，一般不进行抗震验算；设防烈度为10度地区的抗震设计宜按有关专门规定执行。

7.5.4 地震对建筑物的影响

地震造成的破坏，称震害，也称地震效应。震害可分为直接震害和间接震害。直接震害指地震直接引起的人身伤亡与财产损失。财产损失中包括各种人工建筑(如房屋、桥梁、隧道、地下厂房、道路、水利工程等)和自然环境(如农田、河流、湖泊、地下水等)的破坏所造成的损失。间接震害指与地震相关的灾害和损失，如火灾、水灾(海啸、大湖波浪等)、山地灾害(滑坡、崩塌、泥石流、液化、地面塌陷、不均匀沉降、地表断裂等)、流行疾病，以及由于劳动力丧失、交通中断等引起的一系列经济损失。与建筑物有关的地震破坏，又可分为震动破坏和地面破坏两个方面。

1. 震动破坏对建筑物的影响

震动破坏指地震力和振动周期的破坏。地震力是指地震波传播时施加于建筑物的惯性力。随着惯性力性质不同，使建筑物出现水平振动破坏、竖直振动破坏、剪切破坏等。建筑物所受地震惯性力的大小，取决于地震加速度和建筑物的质量大小。地震时质点运动在水平方向的最大加速度(a_{max})，可按下式求取：

$$a_{max}=\pm A\left(\frac{2}{T}\right)^2 \tag{7-5}$$

式中：A——振幅；

T——振动周期。

假设建筑物的重力为G，g为重力加速度，则建筑物所受最大水平惯性力F为：

$$F=\frac{G}{g}a_{max}=G\frac{a_{max}}{g}-GK_H \tag{7-6}$$

式中：K_H——水平地震因数。

水平最大地震加速度a_{max}和水平地震因数K_H是两个重要参数，它们与地震烈度的对应值见表7-4。当K_H大于1/100时，相当于Ⅶ度地震烈度，建筑物开始破坏。

由于垂直地震加速度仅为水平地震加速度的1/3～1/2，并且建筑物竖向安全储备较大，所以，设计时一般只考虑水平地震力。因此，水平地震因数也称地震因数。

此外，地震对建筑物的破坏还与振动周期有关，如果建筑物的自振周期与地震振动周期相等或接近时，将发生共振，使建筑物振幅加大而破坏。地震振动时间越长，建筑物破坏也越严重。

2. 地面破坏对建筑物的影响

与建筑物有关的地面破坏主要有地面断裂、斜坡破坏和地基失效。

1）地面断裂

地面断裂指地震造成的地面断开与沿断裂面的错动。常引起断裂附近及跨越断裂的建筑物发生位移、变形、开裂、倒塌等破坏。地裂缝多产生在河、湖、水库的岸边和高陡悬崖上边，多以数条或十多条大致平行于岸边或崖边排列。在平原地区松散沉积层中也多见。

2）斜坡破坏

斜坡破坏指地震使自然山坡或人工边坡失去稳定而产生的破坏现象。如崩塌、滑坡等。大规模的崩塌、滑坡不仅可以掩埋村镇、中断交通、破坏水利工程，还可以堵河断流形成堰塞湖，甚至造成新的地震。崩塌、滑坡物质还可以与冰水、库水、暴雨等组成泥石流，对建筑物造成新的破坏。

3）地基失效

地基失效指地基土体在地震作用下产生的振动压密、震陷、振动液化、喷水冒砂、不均匀沉降、塑性流变、地基承载力下降或丧失等造成的地基破坏和失效，从而导致建筑物破坏。

此外，海震时，海啸对港口、码头等沿海建筑也可造成巨大破坏。

7.6 地面沉降

7.6.1 地面沉降的概念及工程危害

地面沉降的广泛含义是指地壳表面在自然营力作用下或人类经济活动影响下造成区域性的总体下降运动。其特点是以向下的垂直运动为主体，而只有少量或基本上没有水平向位移。其速度和沉降量值，以及持续时间和范围均因具体诱发因素或地质环境的不同而异。

目前国内外工程界所研究的地面沉降主要是指由于人为开采地下水、石油和天然气而造成地层压密变形，从而导致区域地面高程下降的地质现象。由于长期或过量开采地下承压水而产生的地面沉降在国内外均较普遍，而且多发生在人口稠密、工业发达的大中城市地区。

地面沉降的工程危害主要有如下几方面。

(1) 对环境的危害，如潮水越堤上岸、地面积水等。

(2) 对建筑工程的危害，如桥墩下沉，桥下净空减小，码头、仓库地坪下沉，地下管道坡度改变，深井管和桩基建筑物的勒脚相对上升，建筑物倾斜等。

我国的上海、天津、西安、太原等城市地面沉降曾一度严重影响到城市规划和经济发展，使城市地质环境恶化，建筑(构)物不能正常使用，给国民经济造成极大损失。

7.6.2 地面沉降的原因

地面沉降的原因主要包括3个方面：地下水的超采引起的沉降、地基土欠固结引起的沉降，以及高层建筑群附加荷载及交通荷载等动荷载振动引起的沉降。

1. 地下水的超采

承压水往往被作为工业及生活用水的水源。在承压含水层中，抽取地下水引起承压水位降低。根据太沙基有效应力原理($\sigma=\sigma'+u$)：当在含水层中抽水，引起水位下降时，相对隔水土层中的总应力(σ)近似保持不变，由孔隙水承担的压力部分——孔隙水压力(u)随之减小，由固体颗粒承担的压力部分——有效应力(σ')则随之增大，从而导致土层压密，地表产生沉降变形。另外，含水砂层中抽水诱发的管涌和潜蚀也是地层压密的一个重要原因。

2. 地基土欠固结

粘性土层中孔隙水压力向有效应力的转化不像砂层那样“急剧”，而是缓慢地、逐渐地变化的，所以粘性土中孔隙比的变化也是缓慢的，粘性土的压密(或压缩)变形也需要一定时间完成(几个月、几年、甚至几十年，其主要取决于土层的厚度和渗透性)，因此粘性欠固结土层会随着孔压的消散而产生地面的沉降。

3. 外加荷载

高层建筑群附加荷载及交通荷载等动荷载振动会使土层中的总应力增加，由固体颗粒承担的有效应力(σ')也则随之增大，从而导致土层压密，地表产生沉降变形。

7.6.3 地面沉降的防治

地面沉降一旦产生，很难恢复。因此，对于已发生地面沉降的城市地区，一方面应根据所处的地理环境和灾害程度，因地制宜采取治理措施，以减轻或消除危害；另一方面，还应在查明沉降影响因素的基础上，及时主动地采取控制地面沉降继续发展的措施。

1) 地面沉降的治理

对已发生地面沉降的地区，可根据工程地质、水文地质条件采取下列控制和治理方案。

(1) 减小地下水开采量及水位降深。当地面沉降发展剧烈时，应暂时停止开采地下水。

(2) 对地下水进行人工补给、回灌。但应控制回灌水源的水质标准，以防止地下水被污染，并应根据地下水动态和地面沉降规律，制订合理的开采、回灌方案。

(3) 调查地下水开采层次，进行合理开采，适当开采深层地下水或岩溶裂隙水。

2) 地面沉降的预防

对可能发生地面沉降的地区应预测地面沉降的可能性，并可采取下列预测和防治措施。

(1) 根据场地工程地质与水文地质条件，预测可压缩层和含水层的分布。

(2) 根据室内外测试(包括抽水试验、渗透试验、先期固结压力试验、流变试验、反复荷载试验等)和沉降观测资料，评价地面沉降和发展趋势。

(3) 提出地下水资源的合理开采方案。

7.7 采 空 区

7.7.1 采空区地表变形特征

地下矿层大面积采空后，矿层上部的岩层失去支撑，平衡条件被破坏，随之产生弯曲、塌落，以致发展到使地表下沉变形，开始成凹地。随着采空区的不断扩大，凹地不断发展成凹陷盆地，此盆地称为移动盆地。

移动盆地的面积一般比采空区面积大，其位置和形状与矿层的倾角大小有关，矿层倾角平缓时，盆地位于采空区的正上方，形状对称于采空区；矿层倾角较大时，盆地在沿矿层走向方向仍对称于采空区，而沿倾斜方向随着倾角的增大，盆地中心越向倾斜的方向偏移。

根据地表变形值的大小和变形特征，自移动盆地中心向边缘分为三个区。

(1) 均匀下沉区(中间区)。即盆地中心的平底部分，当盆地尚未形成平底时，该区即不存在，区内地表下沉均匀，地面平坦，一般无明显裂缝。

(2) 移动区(又称内边缘区或危险变形区)。区内地表变形不均匀，变形种类较多，对建筑物破坏作用较大，如地表出现裂缝时，又称为裂缝区。

(3) 轻微变形区(外边缘区)。地表的变形值较小，一般对建筑物不起损坏作用。该区与移动区的分界，一般是以建筑物的容许变形值来划分的。其外围边界，即移动盆地的最外边界，实际上难以确定，一般是以地表下沉值10mm为标准来划分。

7.7.2 采空区地表变形的影响因素

采空区地表变形分为两种移动和三种变形，两种移动是垂直移动(下沉)和水平移动；三种变形是倾斜、弯曲(曲率)和水平变形(伸张或压缩)。影响地表变形的因素主要包括矿层、岩性、地质构造、地下水和开采条件等方面。

1. *矿层因素*

影响地表变形的矿层因素主要是矿层的埋深、厚度和倾角的变化。

（1）矿层埋深越大(即开采深度越大)，变形扩展到地表所需的时间越长，地表变形值越小，变形比较平缓均匀，但地表移动盆地的范围增大。

（2）矿层厚度大，采空的空间大，会促使地表的变形值增大。

（3）矿层倾角大时，使水平移动值增大，地表出现裂缝的可能性加大，盆地和采空区的位置更不相对应。

2. 岩性因素

影响地表变形的岩性因素主要指上覆岩层强度、分层厚度、软弱岩层性状和地表第四纪堆积物厚度等方面。

（1）上覆岩层强度高、分层厚度大时，地表变形所需采空面积大，破坏过程所需时间长，厚度大的坚硬岩层，甚至长期不产生地表变形。强度低、分层薄的岩层，常产生较大的地表变形，且速度快，但变形均匀，地表一般不出现裂缝。脆性岩层地表易产生裂缝。

（2）厚的、塑性大的软弱岩层，覆盖于硬脆的岩层上时，后者产生破坏会被前者缓冲或掩盖，使地表变形平缓；反之，上覆软弱岩层较薄，则地表变形会很快，并出现裂缝。岩层软硬相间、且倾角较陡时，接触处常出现层离现象。

（3）地表第四纪堆积物愈厚，则地表变形值增大，但变形平缓均匀。

3. 地质构造因素

影响地表变形的地质构造因素主要包括岩层节理裂隙和断层的构造。

（1）岩层节理裂隙发育，会促进变形加快，增大变形范围，扩大地表裂缝区。

（2）断层会破坏地表移动的正常规律，改变移动盆地的大小和位置，断层带上的地表变形更加剧烈。

4. 地下水因素

地下水活动(特别是抗水性弱的岩层)会加快变形速度、扩大变形范围、增大地表变形值。

5. 开采条件因素

矿层开采和顶板处置的方法，以及采空区的大小、形状、工作面推进速度等，均影响着地表变形值、变形速度和变形的形式。目前以柱房式开采和全部充填法处置顶板，对地表变形影响较小。

7.7.3 采空区地面建筑适宜性和处理措施

1. 适宜性评价

采空区地表的建筑适宜性评价，应根据开采情况、移动盆地特征及变形值大小等划分为不适宜建筑的场地、相对稳定的场地和可以建筑的场地。

（1）当开采已达“充分采动”(即移动盆地已形成平底)时，盆地平底部分可以建筑；平底外围部分，当变形仍在发展时不宜建筑。

（2）当开采尚未达“充分采动”时，水平和垂直变形都发展较快，且不均匀，这时整个盆地范围内，一般都不适宜建筑。

(3) 具体地段划分如下。

① 下列地段一般不应作为建筑物的建筑场地：开采主要影响范围以内及移动盆地边缘变形较大的地段；开采过程中可能出现非连续变形的地段；处于地表移动活跃阶段的地段；由于地表变形可能引起边坡失稳的地段；地表倾斜 $i>10mm/m$ 或水平变形 $\varepsilon>6mm/m$ 的地段。

② 下列地段如需作为建筑场地时，应进行专门研究或对建筑物采取保护措施：采空区的深度小于 50m 的地段；地表倾斜 $i=3\sim10mm/m$ 或水平变形 $\varepsilon=2\sim6mm/m$ 或曲率 $K=0.2\sim0.6mm/m^2$ 的地段。

2. 防止地表和建筑物变形的措施

防止地表和建筑物变形的措施主要包括开采工艺和建筑物设计方面的措施。

1) 开采工艺方面的措施

(1) 采用充填法处置顶板，及时全部充填或两次充填，以减少地表下沉量。

(2) 减少开采厚度，或采用条带法开采，使地表变形不超过建筑物的容许极限值。

(3) 增大采空区宽度，使地表移动充分。

(4) 控制开采的推进速度均匀，合理进行协调开采。

2) 建筑物设计方面的措施

(1) 建筑物长轴应垂直工作面的推进方向。

(2) 建筑物平面形状应力求简单，以矩形为宜。

(3) 基础底部应位于同一标高和岩性均一的地层上，否则应用沉降缝分开。当基础埋深不一时，应采用台阶，而不宜采用柱廊和独立柱。

(4) 加强基础刚度和上部结构强度，在结构薄弱处更应加强。

7.8 地质灾害危险性评估及场地选址的工程评价

地质灾害危险性评估又称地质灾害灾变评价，是在查清地质灾害活动历史、形成条件、变化规律与发展趋势的基础上，对地质灾害活动程度和危害能力的分析评判。地质灾害危险性评估的目的在于为评价地质灾害破坏损失程度，以及规划、部署、实施地质灾害防治工作提供科学依据。地质灾害危险性评估的主要内容包括：阐明工程建设区和规划区的地质环境条件基本特征；分析论证工程建设区和规划区各种地质灾害的危险性，进行现状评估、预测评估和综合评估；提出防治地质灾害的措施与建议，并作出建设场地适宜性评价结论。

7.8.1 地质灾害评估范围、级别与技术要求

凡处于地质灾害易发区内的工程建设项目、山区旅游资源开发和新建矿山项目，在可行性研究阶段和建设用地预审前及采矿权许可前，必须进行地质灾害危险性评估。

编制土地利用总体规划、城市总体规划、村庄和集镇规划及相应的土地利用专项规划

时，应当与地质灾害防治规划相衔接；对处于地质灾害易发区内的规划区，应对其进行地质灾害危险性评估。

鉴于重大工程建设项目对地质环境影响较大，极易诱发地质灾害，因此，为了避免不必要的损失，保障工程建设项目的安全，对处于地质灾害非易发区内的重大工程建设项目，建议也应进行地质灾害危险性评估。

1. 评估范围与级别

地质灾害危险性评估范围应根据建设和规划项目的特点、地质环境条件和地质灾害种类予以确定，而不能局限于建设用地和规划用地面积内。若危险性仅限于用地面积内，则按用地范围进行评估。

(1) 崩塌、滑坡的评估范围应以第一斜坡带为限；泥石流必须以完整的沟道流域面积为评估范围；地面塌陷和地面沉降的评估范围应与初步推测的可能范围一致；地裂缝应与初步推测可能延展、影响范围一致。

(2) 建设工程和规划区位于强震区、工程场地内分布有可能产生明显位错或构造性地裂的全新活动断裂或发震断裂时，评估范围应尽可能把邻近地区活动断裂的一些特殊构造部位(不同方向的活动断裂的交汇部位、活动断裂的拐弯段、强烈活动部位、端点及断面上不平滑处等)包括其中。

(3) 重要的线路工程建设项目，评估范围一般以相对线路两侧扩展500～1000m为限。

在已进行地质灾害危险性评估的城市规划区范围内进行工程建设，建设工程处于已划定为危险性大至中等的区段，还应按建设工程项目的重要性与工程特点进行建设工程地质灾害危险性评估。

区域性工程项目的评估范围，应根据区域地质环境条件及工程类型确定。

地质灾害危险性评估分级进行，根据地质环境条件复杂程度与建设项目重要性划分为三级，见表7-5。

表7-5　地质灾害危险性评估分级表

复杂程度 / 评估分级 / 项目重要性	复杂	中等	简单
重要建设项目	一级	一级	一级
较重要建设项目	一级	二级	三级
一般建设项目	二级	三级	三级

其中，地质环境条件复杂程度按表7-6进行划分。

表7-6　地质环境条件复杂程度分类表

复杂	中等	简单
1. 地质灾害发育强烈	1. 地质灾害发育中等	1. 地质灾害一般不发育
2. 地形与地貌类型复杂	2. 地形较简单，地貌类型单一	2. 地形简单，地貌类型单一

（续）

复杂	中等	简单
3. 地质构造复杂，岩性岩相变化大，岩土体工程地质性质不良	3. 地质构造较复杂，岩性岩相不稳定，岩土体工程地质性质较差	3. 地质、构造简单，岩性单一，岩土体工程地质性质良好
4. 工程地质、水文地质条件不良	4. 工程地质、水文地质条件较差	4. 工程地质、水文地质条件良好
5. 破坏地质环境的人类工程活动强烈	5. 破坏地质环境的人类工程活动较强烈	5. 破坏地质环境的人类工程活动一般

注：每类5项条件中，有一条符合复杂条件者即划为复杂类型。

表7－5中项目重要性按表7－7划分。

表7－7 建设项目重要性分类表

项目类型	项目类别
重要建设项目	开发区建设、城镇新区建设、放射性设施、军事设施、核电、二级(含)以上公路、铁路、机场、大型水利工程、电力工程、港口码头、矿山、集中供水水源地、工业建筑、民用建筑、垃圾处理场、水处理厂等
较重要建设项目	新建村庄、三级(含)以下公路、中型水利工程、电力工程、港口码头、矿山、集中供水水源地、工业建筑、民用建筑、垃圾处理场、水处理厂等
一般建设项目	小型水利工程、电力工程、港口码头、矿山、集中供水水源地、工业建筑、民用建筑、垃圾处理场、水处理厂等

在充分收集分析已有资料基础上，编制评估工作大纲，明确任务，确定评估范围与级别，设计地质灾害调查内容及重点，工作部署与工作量，提出质量监控措施和成果等。

2. 各级评估的技术要求

(1) 一级评估应有充足的基础资料，进行充分论证。

① 必须对评估区内分布的各类地质灾害体的危险性和危害程度逐一进行现状评估。

② 对建设场地和规划区范围内，工程建设可能引发或加剧的和本身可能遭受的各类地质灾害的可能性和危害程度分别进行预测评估。

③ 依据现状评估和预测评估结果，综合评估建设场地和规划区地质灾害危险性程度，分区段划分出危险性等级，说明各区段主要地质灾害种类和危害程度，对建设场地适宜性作出评估，并提出有效防治地质灾害的措施与建议。

(2) 二级评估应有足够的基础资料，进行综合分析。

① 必须对评估区内分布的各类地质灾害的危险性和危害程度逐一进行初步现状评估。

② 对建设场地范围和规划区内，工程建设可能引发或加剧的和本身可能遭受的各类地质灾害的可能性和危害程度分别进行初步预测评估。

③ 在上述评估的基础上，综合评估其建设场地和规划区地质灾害危险性程度，分区段划分出危险性等级，说明各区段主要地质灾害种类和危害程度，对建设场地适宜性作出评估，并提出可行的防治地质灾害措施与建议。

（3）三级评估应有必要的基础资料进行分析，参照一级评估要求的内容，作出概略评估。

7.8.2 地质灾害调查与地质环境分析

1. 地质灾害调查的重点

地质灾害调查的重点应是评估区内不同类型灾种的易发区段。

在相同地质环境条件下，存在适宜的斜坡坡度、坡高、坡型，岩体破碎、土体松散、构造发育，工程设计挖方切坡路堑工段，将是崩塌、滑坡的易发区段，应为调查的重点。

经初步分析判断，凡符合泥石流形成基本条件的冲沟，应为调查的重点；依据区域岩溶发育程度、松散盖层厚度、地下水动力条件及动力因素的初步分析判断、圈定可能诱发岩溶塌陷的范围，应作为调查的重点；在前人资料的基础上，圈出各类特殊性岩土分布范围，可作为调查的重点；对线状及区域性的工程项目，必须将地质灾害的易发区段和危险区段及危害严重的地质灾害点作为调查的重点。

2. 地质灾害调查内容与要求

1）崩塌调查

（1）崩塌区的地形地貌及崩塌类型、规模、范围，崩塌体的大小和崩落方向。

（2）崩塌区岩体的岩性特征、风化程度和水的活动情况。

（3）崩塌区的地质构造，岩体结构类型、结构面的产状、组合关系、闭合程度、力学属性、延展及贯穿情况及编绘崩塌区的地质构造图。

（4）气象(重点是大气降水)、水文和地震情况。

（5）崩塌前的迹象和崩塌原因，地貌、岩性、构造、地震、采矿、爆破、温差变化、水的活动等。

（6）当地防治崩塌的经验。

2）滑坡调查

（1）搜集当地滑坡史、易滑地层分布、水文气象、工程地质图和地质构造图等资料，并调查分析山体地质构造。

（2）调查微地貌形态及其演变过程；圈定滑坡周界、滑坡壁、滑坡平台、滑坡舌、滑坡裂缝、滑坡鼓丘等要素；查明滑动带部位、滑痕指向、倾角，滑带的组成和岩土状态，裂缝的位置、方向、深度、宽度、产生时间、切割关系和力学属性；分析滑坡的主滑方向、滑坡的主滑段、抗滑段及其变化，分析滑动面的层数、深度和埋藏条件及其向上、向下发展的可能性。

（3）调查滑带水和地下水的情况，泉水出露地点及流量，地表水体、湿地分布及变迁情况。

（4）调查滑坡带内外建筑物、树木等的变形、位移及其破坏的时间和过程。

（5）对滑坡的重点部位宜摄影或录像。

（6）调查当地整治滑坡的经验。

3）泥石流调查

调查范围应包括沟谷至分水岭的全部地段和可能受泥石流影响的地段，并应调查下列内容。

(1) 冰雪融化和暴雨强度、前期降雨量、一次最大降雨量，平均及最大流量，地下水活动情况。

(2) 地层岩性，地质构造，不良地质现象，松散堆积物的物质组成、分布和储量。

(3) 沟谷的地形地貌特征，包括沟谷的发育程度、切割情况，坡度、弯曲、粗糙程度，并划分泥石流的形成区、流通区和堆积区及圈绘整个沟谷的汇水面积。

(4) 形成区的水源类型、水量、汇水条件、山坡坡度、岩层性质及风化程度。查明断裂、滑坡、崩塌、岩堆等不良地质现象的发育情况及可能形成泥石流固体物质的分布范围、储量。

(5) 流通区的沟床纵横坡度、跌水、急湾等特征。查明沟床两侧山坡坡度、稳定程度，沟床的冲淤变化和泥石流的痕迹。

(6) 堆积区的堆积扇分布范围、表面形态、纵坡、植被、沟道变迁和冲淤情况；查明堆积物的性质、层次、厚度，一般粒径、最大粒径及分布规律。判定堆积区的形成历史、堆积速度，估算一次最大堆积量。

(7) 泥石流沟谷的历史，历次泥石流的发生时间、频数、规模、形成过程、暴发前的降雨情况和暴发后产生的灾害情况，并区分正常沟谷或低频率泥石流沟谷。

(8) 开矿弃渣、修路切坡、砍伐森林、陡坡开荒及过度放牧等人类活动情况。

(9) 当地防治泥石流的措施和经验。

4) 地面塌陷调查

地面塌陷包括岩溶塌陷和采空塌陷，宜以搜集资料、调查访问为主，分别查明下列内容。

(1) 岩溶塌陷。

① 调查过程中首先要依据已有资料进行综合分析，掌握区内岩溶发育、分布规律及岩溶水环境条件。

② 查明岩溶塌陷的成因、形态、规模、分布密度、土层厚度与下伏基岩岩溶特征。

③ 地表、地下水活动动态及其与自然和人为因素的关系。

④ 划分出变形类型及土洞发育程度区段。

⑤ 调查岩溶塌陷对已有建筑物的破坏损失情况，圈定可能发生岩溶塌陷的区段。

(2) 采空塌陷。

① 矿层的分布、层数、厚度、深度、埋藏特征和开采层的岩性、结构等。

② 矿层开采的深度、厚度、时间、方法、顶板支撑及采空区的塌落、密实程度、空隙和积水等。

③ 地表变形特征和分布规律，包括地表陷坑、台阶、裂缝位置、形状、大小、深度、延伸方向及其与采空区、地质构造、开采边界、工作面推进方向等的关系。

④ 地表移动盆地的特征，划分中间区、内边缘和外边缘区，确定地表移动和变形的特征值。

⑤ 采空区附近的抽、排水情况及对采空区稳定的影响。

⑥ 搜集建筑物变形及其处理措施的资料等。

5) 地裂缝调查

主要调查以下内容。

(1) 单缝发育规模、特征及群缝分布特征和分布范围。

(2) 形成的地质环境条件(地形地貌、地层岩性、构造断裂等)。

(3) 地裂缝成因类型和诱发因素(地下水开采等)。

(4) 发展趋势预测。

(5) 现有防治措施和效果。

6) 地面沉降调查

主要调查由于常年抽汲地下水引起水位或水压下降而造成的地面沉降，不包括由于其他原因所造成的地面下降。主要通过搜集资料、调查访问来查明地面沉降原因、现状和危害情况。着重查明下列问题。

(1) 综合分析已有资料，查明第四纪沉积类型、地貌单元特征，特别要注意冲积、湖积和海相沉积的平原或盆地及古河道、洼地、河间地块等微地貌分布；第四纪岩性、厚度和埋藏条件，特别要查明压缩层的分布。

(2) 查明第四系含水层水文地质特征、埋藏条件及水力联系；搜集历年地下水动态、开采量、开采层位和区域地下水位等值线图等资料。

(3) 根据已有地面测量资料和建筑物实测资料，同时结合水文地质资料进行综合分析，初步圈定地面沉降范围和判定累计沉降量，并对地面沉降范围内已有建筑物损坏情况进行调查。

7) 潜在不稳定斜坡调查

主要调查建设场地范围内可能发生滑坡、崩塌等潜在隐患的陡坡地段。调查包括以下内容。

(1) 地层岩性、产状、断裂、节理、裂隙发育特征、软弱夹层岩性、产状、风化残坡积层岩性、厚度。

(2) 斜坡坡度、坡向、地层倾向与斜坡坡向的组合关系。

(3) 调查斜坡周围，特别是斜坡上部暴雨、地表水渗入或地下水对斜坡的影响，人为工程活动对斜坡的破坏情况等。

(4) 对可能构成崩塌、滑坡的结构面的边界条件、坡体异常情况等进行调查分析，以此判断斜坡发生崩塌、滑坡、泥石流等地质灾害的危险性及可能的影响范围。

有下列情况之一者，应视为可能失稳的斜坡。

(1) 各种类型的崩滑体。

(2) 斜坡岩体中有倾向坡外、倾角小于坡角的结构面存在。

(3) 斜坡被两组或两组以上结构面切割，形成不稳定棱体，其底棱线倾向坡外，且倾角小于斜坡坡角。

(4) 斜坡后缘已产生拉裂缝。

(5) 顺坡向卸荷裂隙发育的高陡斜坡。

(6) 岸边裂隙发育、表层岩体已发生蠕动或变形的斜坡。

(7) 坡足或坡基存在缓倾的软弱层。

(8) 位于库岸或河岸水位变动带，渠道沿线或地下水溢出带附近，工程建成后可能经常处于浸湿状态的软质岩石或第四纪沉积物组成的斜坡。

(9) 其他根据地貌、地质特征分析或用图解法初步判定为可能失稳的斜坡。

8) 其他灾种

根据现场实际，可增加调查灾种，并参照国家有关技术要求进行。

3. 地质环境条件分析

一切致灾地质作用都受地质环境因素综合作用的控制。地质环境条件分析是地质灾害危险性评估的基础。地质环境因素主要包括以下内容。

(1) 岩土体物性：岩土体类型、组分、结构、工程地质特征。

(2) 地质构造：构造形态、分布、特征、组合形式和地壳稳定性。

(3) 地形地貌：地貌形态、分布及地形特征。

(4) 地下水特征：类型、含水岩组分布、补径排条件、动态变化规律和水质水量。

(5) 地表水活动：径流规律、河床沟谷形态、纵坡、径流流速与流量等。

(6) 地表植被：种类、覆盖率、退化状况等。

(7) 气象：气温变化特征、降水时空分布规律与特征、蒸发与风暴等。

(8) 人类工程、经济活动形式与规模。

分析各地质环境因素对评估区主要致灾地质作用形成、发育所起的作用和性质，从而划分出主导地质环境因素、从属地质环境因素和激发因素，为预测评估提供依据。分析地质环境因素各自和相互作用的特点及主导因素的作用，以各种致灾地质作用分布实际资料为依据，划出各种致灾地质作用的易发区段，为确定评估重点区段提供依据。

综合地质环境条件各因素的复杂程度，对评估区地质环境条件的复杂程度做出总体和分区段划分。

各种致灾地质作用受控于所有地质环境因素不等量的作用。主导地质环境因素是致灾地质作用形成的关键；从属地质环境因素总是以主导地质环境因素的作用为前提或是通过主导地质环境因素发挥作用；激发因素是在致灾地质作用孕育成熟的条件下，因其作用而导致灾害发生。因此，在预测评估过程中，应首先分析某些地质环境因素可能发生的变化而出现不稳定状态，评价地质灾害发展趋势。

有关区域地壳稳定性、高坝和高层建筑地基稳定性、隧道开挖过程中的工程地质问题和地下开挖过程中各种灾害(岩爆、突水、瓦斯突出等)问题，不作为地质灾害危险性评估的内容，可在地质环境条件中进行论述。

7.8.3 地质灾害危险性评估

地质灾害危险性评估是在查明各种致灾地质作用的性质、规模和承灾对象社会经济属性(承灾对象的价值、可移动性等)的基础上，从致灾体稳定性和致灾体与承灾对象遭遇的概率上分析入手，对其潜在的危险性进行客观评估。

地质灾害危险性分级情况见表 7-8。

表 7-8 地质灾害危险性分级表

确定要素 / 危险性分级	地质灾害发育程度	地质灾害危害程度
危险性大	强发育	危害大
危险性中等	中等发育	危害中等
危险性小	弱发育	危害小

地质灾害危险性评估包括：地质灾害危险性现状评估、地质灾害危险性预测评估和地质灾害危险性综合评估。

1. 地质灾害危险性现状评估

基本查明评估区已发生的崩塌、滑坡、泥石流、地面塌陷(含岩溶塌陷和矿山采空塌陷)、地裂缝和地面沉降等灾害形成的地质环境条件、分布、类型、规模、变形活动特征，主要诱发因素与形成机制，对其稳定性进行初步评价，在此基础上对其危险性和对工程危害的范围与程度做出评估。

2. 地质灾害危险性预测评估

地质灾害危险性预测评估是指对工程建设场地及可能危及工程建设安全的邻近地区可能引发或加剧的和工程本身可能遭受的地质灾害的危险性做出评估。

地质灾害的发生，是各种地质环境因素相互影响、不等量共同作用的结果。预测评估必须在对地质环境因素系统分析的基础上，判断在降水或人类活动因素等激发下，某一个或一个以上的可调节的地质环境因素的变化，导致致灾体处于不稳定状态，预测评估地质灾害的范围、危险性和危害程度。

地质害危险性预测评估包括以下内容。

(1) 对工程建设中、建成后可能引发或加剧崩塌、滑坡、泥石流、地面塌陷、地裂缝和不稳定的高陡边坡变形等的可能性、危险性和危害程度做出预测评估。

(2) 对建设工程自身可能遭受已存在的崩塌、滑坡、泥石流、地面塌陷、地裂缝、地面沉降等危害隐患和潜在不稳定斜坡变形的可能性、危险性和危害程度做出预测评估。

(3) 对各种地质灾害危险性预测评估可采用工程地质比拟法、成因历史分析法、层次分析法、数字统计法等定性、半定量的评估方法进行。

3. 地质灾害危险性综合评估

依据地质灾害危险性现状评估和预测评估结果，充分考虑评估区的地质环境条件的差异和潜在的地质灾害隐患点的分布、危险程度，确定判别区段危险性的量化指标，根据“区内相似，区际相异”的原则，采用定性、半定量分析法，进行工程建设区和规划区地质灾害危险性等级分区(段)，并依据地质灾害危险性、防治难度和防治效益，对建设场地的适宜性做出评估，提出防治地质灾害的措施和建议。

(1) 地质灾害危险性综合评估，危险性划分为大、中等、小三级。

(2) 地质灾害危险性小、基本不设计防治工程的，土地适宜性为适宜；地质灾害危险性中等、防治工程简单的，土地适宜性为基本适宜；地质灾害危险性大、防治工程复杂的，土地适宜性为适宜性差，见表 7-9。

表 7-9　建设用地适宜性分级表

级别	分级说明
适宜	地质环境复杂程度简单，工程建设遭受地质灾害危害的可能性小，引发、加剧地质灾害的可能性小，危险性小，易于处理
基本适宜	不良地质现象较发育，地质构造、地层岩性变化较大，工程建设遭受地质灾害危害的可能性中等，引发、加剧地质灾害的可能性中等，危险性中等，但可采取措施予以处理

（续）

级别	分级说明
适宜性差	地质灾害发育强烈，地质构造复杂，软弱结构成发育区，工程建设遭受地质灾害的可能性大，引发、加剧地质灾害的可能性大，危险性大，防治难度大

(3) 地质灾害危险性综合评估应根据各区(段)存在的和可能引发的灾种多少、规模、稳定性和承灾对象社会经济属性等，综合判定建设工程和规划区地质灾害危险性的等级区(段)。

(4) 分区(段)评估结果，应列表说明各区(段)的工程地质条件、存在和可能诱发的地质灾害种类、规模、稳定状态、对建设项目的危害。

7.8.4 工程场地选址的地质问题评价

工程选址的地质问题评价主要应考虑地形地貌、地层结构、水文地质及动力地质作用等几个方面的内容。

对工程选址的场地要进行气候、水文、水源、交通、工农业发展的综合调查。

岩土工程按照场地、岩土性质及工程条件划分等级。

(1) 一级岩土工程场地条件为：场地处于抗震设防烈度不小于9度的强震区，需要详细判定有无大面积地震液化、地面断裂、崩塌、地震引起的滑移及其他高震害异常的可能性。

(2) 二级岩土工程场地条件为：无建筑经验或在特定条件下不可能获得所需资料的场地；有失败的岩土工程先例，或有可能影响整体稳定性问题而待查证的场地；抗震设防烈度为7～8度的地震区且需进行小区划的场地；山区、丘陵地带的一般场地；处于不同地貌单元交界的场地。

(3) 三级岩工程场地条件为：邻近场地已有建筑经验，而其地形、地质条件相似的场地；地形、地貌条件单一，地层结构简单的场地；无特殊的动力地质作用影响的场地；抗震设防烈度不大于6度的场地。

场地选择和分区的工程地质论证：对几个场地进行评比，选定一个条件较好的，并将场地按工程地质条件分区，以利于合理配置各种建筑物。

1) 地形地貌条件在场地选择中的意义

地形越平坦、广阔，越适合于布置一般的工业和民用建筑物，但缓坡(4%～20%)则利于排水。还需研究地貌单元的划分，同一地貌单元内不仅地形特征相同，地质结构、水文地质条件也大体相同。按地形地貌特征可将场地划分为5种。

(1) 开阔的平原场地。对城市和工厂的修建与发展很有利，但要注意当地防洪的条件和标准，如华北平原、江汉平原、长江中下游平原及三角洲、珠江三角洲、钱塘江三角洲等。

(2) 河谷阶地上的场地。长江、黄河等中上游沿河一带许多城市(重庆、万县、武昌、安庆、南京部分地区)位于这种场地上，由于其在一般洪水位之上，可免遭洪灾。

(3) 较宽阔的溶蚀洼地中的场地。地形开阔时能满足修建大型工程的要求，但常有复杂的下伏基岩地形，地层厚度变化大，常发生地面塌陷，如广西、贵州等地。

(4) 山麓或河谷斜坡上的场地。地形坡度大，场地较狭窄，不适于发展大城市，但可布置一些工厂。

(5) 地形起伏的场地。对交通道路和建筑物的布置很不利，如被地形切割的黄土高原、起伏显著的丘陵地带。

上述各类场地其建筑条件各不相同，工程地质勘察和评价也各异。

2) 地层结构在场地选择中的意义

地层结构是指岩土层的产状、层厚变化、岩土层的工程性质等，对岩质地基应了解其构造断裂情况。构成地基的岩土层是建筑物的持力层，它将影响选择基础类型、基础埋深、地基稳定及施工方法。按地层结构划分场地，可分坚硬、半坚硬岩石地基和松散土地基。岩石地基能满足多层或高层建筑物的要求。

3) 水文地质条件在场地选择中的意义

在进行场地选择和分区时，要充分考虑到水文地质条件，应查明：地下水位的绝对标高、埋深、季节性水位变幅；承压含水层的埋深，承压水头高度及地下水的化学成分。

考虑地下水的埋藏条件，场地可分为干燥的场地、过湿的场地、水文地质条件复杂的场地。

4) 动力地质作用在场地选择中的意义

对场地总稳定性有重要影响的动力地质作用，主要有泥石流、水流(河流、海岸)的侵蚀、水库坍岸、岩溶、滑坡、多年冻结(及季节冻融)、地面沉降、地裂缝、地震(及其引起的海啸)等。应先查明这些作用的分布规律，与区域地质、地貌的关系，如工程不能避开时，应采取工程措施。例如，在岩溶地区选择场地，应注意该区基岩顶面的起伏，土层厚度变化多，甚至有埋藏的淤泥层或土洞存在等复杂情况。

本章小结

本章重点介绍了常见的地质灾害的特点及防治方法，如地震与海啸、地裂缝、地面沉降、危岩体与崩塌、岩溶与塌陷、滑坡、泥石流、采空区等，另外，介绍了地质灾害危险性评估的内容与要求及工程选址的地质问题评价。

通过本章学习，要求掌握危岩、崩塌的概念，了解危岩、崩塌的评估及防治；掌握滑坡的概念，了解滑坡的形态特征，了解滑坡的类型及其识别，了解滑坡的评估及防治；了解泥石流的形成、评估及防治；掌握岩溶的形成条件、常见岩溶现象，了解岩溶的作用方式、特点，了解岩溶的评估及防治；掌握地震的基本概念、特点，了解地震的评估及防治。

不良地质作用往往对工程建设及人民生命财产安全造成重大危害。工程建设期间应查明所有不良地质现象发育情况、分布范围，评估其危害性，并采取措施加以处治。

习　题

1. 崩塌的定义及形成条件是什么？崩塌的主要类型及防治措施有哪些？

2. 滑坡的定义及形态特征是什么？滑坡按组成物质分类和主要防治措施有哪些？

3. 泥石流的定义及形成条件是什么？泥石流的主要类型、防治措施和选线原则有哪些？

4. 岩溶的定义及形成条件是什么？岩溶发育规律及防治措施有哪些？

5. 地震的定义是什么？地震的主要类型有哪些？工程实际中地震烈度的分类有哪些？

6. 地质灾害评估范围、级别与技术要求是什么？如何进行地质灾害危险性评估？工程场地选址的地质问题如何评价？

第8章 岩土工程勘察

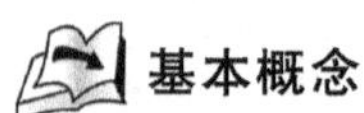

教学要点

知识要点	掌握程度	相关知识
岩土工程勘察目的、任务、分级与阶段	(1) 掌握岩土工程勘察的目的 (2) 了解岩土工程勘察的任务 (3) 了解岩土工程勘察的分级 (4) 了解岩土工程勘察的阶段	工程地质勘察
工程地质测绘	了解工程地质测绘和调查	
工程地质勘探	(1) 了解工程地质物探方法 (2) 掌握钻探和坑探的概念及类型	
测试及长期观测	(1) 了解常用的工程地质原位测试方法的基本原理 (2) 了解常用的原位测试方法的适用条件及其资料的使用 (3) 了解现场监测的目的与主要内容	岩土工程原位测试
勘察成果整理	掌握工程地质勘察报告书的主要内容，能正确使用工程地质勘察报告	工程地质勘察报告

基本概念

岩土工程勘察、工程地质测绘、勘探、测试、勘察报告。

引例

举世瞩目的三峡工程，是迄今世界上最大的水利水电枢纽工程，也是中国有史以来建设的最大型的工程项目，具有防洪、发电、航运、供水等综合效益。三峡工程的建设凝聚了无数中外地学工作者的智

慧和心血，三峡工程地质勘察与研究长达半个多世纪，历经了众多的历史阶段。

三峡工程最早的专门性工程地质勘察工作始于20世纪40年代中期，原资源委员会全国水力发电工程总处和美国垦务局合作开展的扬子江三峡工程计划的勘测设计。新中国成立后，三峡工程逐步开始了全面的综合性地质勘察研究，大体经历了以下几个重要时段。1952—1955年，长江水利委员会多次组织进行了宜昌—奉节河段查勘。1956—1960年，配合三峡工程的规划和初步设计要点，开展了基础地质研究和坝区、坝段比较的勘察。1959年初设要点报告通过后，即开始集中力量在选定的三斗坪坝址开展了早期初步设计阶段的地质勘察研究。1958—1961年，国家组织了全国规模的三峡科研工作，先后有30多个生产、科研和教学部门，数百名地学工作者，围绕三峡工程建设有关的地质问题，开展了多学科的专题研究。我国许多著名的地质学家、地理地貌学家、地震学家、工程地质及岩石力学专家，都直接指导和参加了这一阶段的研究工作。1961—1979年期间又在河谷较窄的河段上重新选择三峡工程的坝址。重点勘察研究了结晶岩河段中河谷较窄的太平溪坝址。这一时期，还重点加强了区域地震地质条件和地震活动性的研究，库区勘察工作的重点也转移到了库岸稳定性的研究上。1979年，经国家审查批准，选定了三斗坪坝址，从此，三峡工程的地质勘察进入了一个新的阶段。从1979—1985年，围绕三斗坪坝址的设计优化和方案比较，以及相应的工程地质问题进行工程地质勘察、岩石力学试验及专题研究工作；为适应葛洲坝工程兴建后天然建筑材料场地情况的变化，选择了一批新料源和料场进行勘察研究；利用航天和航空遥感图像、区域重力、航磁测量、多年来的测震和断裂定点变形监测成果，扩大和深化了区域地壳稳定性和地震活动性的研究；系统地对库区干流段大型崩塌、滑坡进行了调查、稳定性分析及滑坡入江涌浪的模型试验和计算。1986—1989年，三峡工程重新论证期间，地质地震专题专家组以区域地壳稳定性、水库诱发地震危险性及库岸稳定性3个专题作为论证工作的重点。在此期间，国家“七五”重点科技攻关计划中，也将三峡工程建设的重大科学技术问题列入项目进行研究。上述两个方面平行进行并互为补充的研究，从广度和深度上，都将三峡工程地质地震问题的研究水平大大推进了一步。1991—1992年，长江水利委员会根据论证的主要成果，先后完成了《长江三峡水利枢纽可行性研究专题报告》和《长江三峡水利枢纽初步设计报告(枢纽工程)》。1992年4月第七届全国人民代表大会第五次全体会议审议通过了兴建三峡工程的决议。1994年12月14日，三峡工程正式动工兴建，地质工作进入了紧张而繁杂的施工地质工作阶段。三峡工程开始后，为确保施工的顺利进行，在前期勘测工作的基础上，又有针对性地提出了10余项地质专题和勘测技术方法，列为施工专题进行研究，如大江河床断裂构造，坝区河床演变与深槽成因，主要断裂及大岩脉工程地质特性与处理措施，建基面岩体质量快速检测，永久船闸高边坡地质概化模型及变形趋势分析，高边坡变形影响因素分析，高边坡超前地质预报，三峡工程地质信息系统等；同时针对左厂1～5机组坝段缓倾角结构面和坝基深层抗滑稳定，升船机上闸首抗滑稳定问题，创造性地采用特殊勘探方法加以研究并取得了突破性进展。同时在近10年的施工期间，配合施工完成了大量的施工地质工作，仅施工地质简报一项，至2002年底，共编制简报689期，发送给设计、施工、监理等单位，总字数达250万字。

上述专题研究，补充专项勘察及施工地质工作，为保证施工的顺利进行和工程运行的安全起到了重要作用。

工程地质勘察简称工程勘察，是指运用工程地质理论和各种勘察、测试技术手段和方法，查明、分析、评价建设场地的地质、环境特性和岩土工程条件，编制勘察文件的调查研究工作。它是土木工程建设的基础工作，其成果资料是工程规划、设计、施工的重要依据。由于社会和历史的原因，目前我国建设行业(工业与民用建筑、地下铁道与轨道交通建设部门)工程地质勘察已向岩土工程勘察延伸(岩土工程包括岩土工程勘察、设计、试验监测、治理、咨询监理5个部分)，而交通、铁道、水利水电部门仍叫工程地质勘察。工程勘察必须符合国家、行业制订的现行有关标准和技术规范的规定。工程勘察的现行标准，除水利工程、铁路、公路和桥隧工程执行相关的行业标准之外，一律执行国家《岩土

工程勘察规范(2009 年版)》(GB 50021—2001)。

8.1 岩土工程勘察的目的、任务、分级与阶段

8.1.1 岩土工程勘察的目的、任务

各项工程建设在设计和施工之前，必须按基本建设程序进行岩土工程勘察。岩土工程勘察的目的，就是按照建筑物或构筑物不同勘察阶段的要求，为工程的设计、施工及岩土体病害治理等提供地质资料和必要的技术参数，对有关的工程地质问题作出论证、评价。通过精心勘察、详细分析，提出资料完整、评价准确的勘察报告。其具体任务归纳如下。

(1) 阐述建筑场地的工程地质条件，指出场地内不良地质现象的发育情况及其对工程建设的影响，对场地稳定性作出评价。

(2) 查明工程范围内岩土体的分布、性状和地下水活动条件，提供设计、施工和整治所需的地质资料和岩土技术参数。

(3) 分析、研究有关的工程地质问题，作出评价结论。

(4) 根据场地工程地质条件，对建筑总平面布置及各类工程设计、岩土体加固处理、不良地质现象整治等具体方案作出相关论证和建议。

(5) 预测工程施工和运行过程中对地质环境和周围建筑物的影响，并提出保护措施的建议。

8.1.2 岩土工程勘察的分级

岩土工程勘察等级划分的主要目的，是为了勘察工作量的布置。

工程规模较大或较重要、场地地质条件及岩土体分布和性状较复杂者，所投入的勘察工作量就较大，反之则较小。工程勘察的等级，是由工程重要性等级、场地和地基的复杂程度三项因素决定的。首先应分别对三项因素进行分级，在此基础上进行综合分析，以确定工程勘察的等级划分。

1. 工程重要性等级

工程的重要性等级，是根据工程的规模和特征，以及由于岩土工程问题造成工程破坏或影响正常使用的后果来划分的，一般均划分为三级，见表 8 - 1。

表 8 - 1 工程重要性等级

工程重要性等级	破坏后果	工程类型
一级	很严重	重要工程
二级	严重	一般工程
三级	不严重	次要工程

2. 场地复杂程度等级

场地复杂程度是根据建筑抗震稳定性、不良地质现象发育情况、地质环境破坏程度和地形地貌条件 4 个条件衡量的，也划分为三个等级，见表 8-2。

表 8-2 场地复杂程度等级

等级	一级	二级	三级
建筑抗震稳定性	危险	不利	有利(或地震设防烈度≤Ⅵ度)
不良地质现象发育情况	强烈发育	一般发育	不发育
地质环境破坏程度	已经或可能强烈破坏	已经或可能受到一般破坏	基本未受破坏
地形地貌条件	复杂	较复杂	简单

注：一、二级场地各条件中只要符合其中任一条件者即可。

3. 地基复杂程度等级

地基复杂程度也划分为三级。

1）一级地基

符合下列条件之一者即为一级地基。

(1) 岩土种类多，性质变化大，地下水对工程影响大，且需特殊处理。

(2) 多年冻土及湿陷、膨胀、盐渍、污染严重的特殊性岩土，对工程影响大，需做专门处理；对变化复杂，同一场地上存在多种的或强烈程度不同的特殊性岩土也属之。

2）二级地基

符合下列条件之一者即为二级地基。

(1) 岩土种类较多，性质变化较大，地下水对工程有不利影响。

(2) 除上述规定之外的特殊性岩土。

3）三级地基

符合下列条件之一者即为三级地基。

(1) 岩土种类单一，性质变化不大，地下水对工程无影响。

(2) 无特殊性岩土。

4. 岩土工程勘察等级

根据工程重要性等级、场地复杂程度等级和地基复杂程度等级，可按下列条件划分工程勘察等级，见表 8-3。

表 8-3 工程勘察等级的划分

勘察等级	确定勘察等级的因素		
	工程重要性等级	场地等级	地基等级
甲级	一级	任意	任意
	二级	一级	任意
		任意	一级

（续）

<table>
<tr><th rowspan="2">勘察等级</th><th colspan="3">确定勘察等级的因素</th></tr>
<tr><th>工程重要性等级</th><th>场地等级</th><th>地基等级</th></tr>
<tr><td rowspan="5">乙级</td><td rowspan="2">二级</td><td>二级</td><td>二级或三级</td></tr>
<tr><td>三级</td><td>二级</td></tr>
<tr><td rowspan="3">三级</td><td>一级</td><td>任意</td></tr>
<tr><td>任意</td><td>一级</td></tr>
<tr><td>二级</td><td>二级</td></tr>
<tr><td rowspan="3">丙级</td><td>二级</td><td>三级</td><td>三级</td></tr>
<tr><td rowspan="2">三级</td><td>二级</td><td>三级</td></tr>
<tr><td>三级</td><td>二级或三级</td></tr>
</table>

注：建筑在岩质地基上的一级工程，当场地复杂程度等级和地基复杂程度等级均为三级时，工程勘察等级可定为乙级。

8.1.3 岩土工程勘察的阶段

为保证工程建筑物自规划设计到施工和使用全过程达到安全、经济、合用的标准，使建筑物场地、结构、规模、类型与地质环境、场地工程地质条件相互适应。任何工程的规划设计过程必须遵照循序渐进的原则，即科学地划分为若干阶段进行。

工程设计是分阶段进行的，与设计阶段相适应，岩土工程勘察也是分阶段的。一般建筑岩土工程勘察可分为可行性研究勘察(选址勘察)、初步勘察、详细勘察及施工勘察。

1. 勘察设计阶段划分

我国实行四阶段体制，与国际通用体制相同，即规划阶段、初步设计、技术设计、施工设计与施工。

(1) 规划阶段的任务：区域开发技术经济论证，比较选择工程开发地段，主要为定性概略评价。

(2) 初步设计的任务：场地方案比较，选场址，主要为定性、定量评价。

(3) 技术设计的任务：选定建筑物位置、类型、尺寸，主要为定量评价。

(4) 施工设计与施工：施工详图，补充验证已有资料。

2. 勘察阶段的任务与目的

1) 可行性研究勘察(选址勘察)

搜集、分析已有资料，进行现场踏勘，工程地质测绘，少量勘探工作，对场址稳定性和适宜性作出工程地质评价，进行技术经济论证和方案比较。

2) 初步勘察

建筑地段稳定性的工程地质评价，为确定建筑物总平面布置、主要建筑物地基基础方案、对不良地质现象的防治工程方案进行论证。

3）详细勘察

对地基基础设计、地基处理与加固、不良地质现象的防治工程进行工程地质计算与评价，满足施工图设计的要求。

4）施工勘察

施工勘察不作为一个固定阶段，视工程的实际需要而定，对条件复杂或有特殊施工要求的重大工程地基，需进行施工勘察。施工勘察包括：施工阶段的勘察和施工后一些必要的勘察工作，检验地基加固效果。

由于地质情况的复杂性，很多问题在设计阶段是无法很好解决的。因此，在工程施工阶段利用工程开挖，继续查明地质问题不仅是岩土工程勘察的一个组成部分，而且，对检验、修正前期成果，总结提高岩土工程勘察水平也是一项十分重要的工作。

一般的工业与民用建筑和中小型单项工程建筑物占地面积不大、建筑经验丰富，且一般都建筑在地形平坦、地貌和岩层结构单一、岩性均一、压缩性变化不大、无不良地质现象、地下水对地基基础无不良影响的场地，因此可以简化勘察阶段，采用一次性勘察，但应以能提供必要的数据、作出充分而有效的设计论证为原则。

各阶段应完成的任务不同，主要体现在工程地质工作的广度、深度和精度要求上也有所不同。而各阶段工程地质工作的工作程序和基本内容则是相同的。各阶段工程地质工作一般均按下述程序进行：准备工作；工程地质调查测绘；工程地质勘探；测试；文件编制。

准备工作包括研究任务，组织劳力，搜集资料，室内资料及方案研究，筹办机具仪器等。下面对调查测绘、勘探、测试及文件编制的基本内容及方法分别进行叙述。

8.2 工程地质测绘

工程地质测绘是岩土工程勘察的基础工作，一般在勘察的初期阶段进行。这一方法的本质是运用地质、工程地质理论，对地面的地质现象进行观察和描述，分析其性质和规律，并借以推断地下地质情况，为勘探、测试工作等其他勘察方法提供依据。在地形地貌和地质条件较复杂的场地，必须进行工程地质测绘；但对地形平坦、地质条件简单且较狭小的场地，则可采用调查代替工程地质测绘。工程地质测绘是认识场地工程地质条件最经济、最有效的方法，高质量的测绘工作能相当准确地推断出地下的地质情况，起到有效地指导其他勘察方法的作用。

8.2.1 工程地质测绘的范围、内容

工程地质测绘是运用地质、工程地质理论，对与工程建设有关的各种地质现象进行观察和描述，初步查明拟建场地或各建筑地段的工程地质条件。将工程地质条件诸要素采用不同的颜色、符号，按照精度要求标绘在一定比例尺的地形图上，并结合勘探、测试和其他勘察工作的资料，编制成工程地质图。勘察成果可对场地或各建筑地段的稳定性和适宜

性作出评价。

工程地质测绘是根据拟建建筑物的需要在与该项工程活动有关的范围内进行。原则上，测绘范围应包括场地及其邻近的地段。适宜的测绘范围，既能较好地查明场地的工程地质条件，又不至于浪费勘察工作量。根据实践经验，由以下三方面确定测绘范围，即拟建建筑物的类型和规模、设计阶段及工程地质条件的复杂程度和研究程度。

建筑物的类型、规模不同，与自然地质环境相互作用的广度和强度也就不同，确定测绘范围时首先应考虑到这一点。例如，大型水利枢纽工程的兴建，由于水文和水文地质条件急剧改变，往往引起大范围自然地理和地质条件的变化；这一变化甚至会导致生态环境的破坏和影响水利工程本身的效益及稳定性。此类建筑物的测绘范围必然很大，应包括水库上、下游的一定范围，甚至上游的分水岭地段和下游的河口地段都需要进行调查。房屋建筑和构筑物一般仅在小范围内与自然地质环境发生作用，通常不需要进行大面积工程地质测绘。

在工程处于初期设计阶段时，为了选择建筑场地一般都有若干个比较方案，它们相互之间有一定的距离。为了进行技术经济论证和方案比较，应把这些方案场地包括在同一测绘范围内，测绘范围显然是比较大的。但当建筑场地选定后，尤其是在设计的后期阶段，各建筑物的具体位置和尺寸均已确定，就只需在建筑地段的较小范围内进行大比例尺的工程地质测绘。

一般情况是：工程地质条件越复杂，研究程度越差，工程地质测绘范围就越大。

铁路(公路)工程地质调查测绘一般沿铁路中线或导线进行，测绘宽度多限定在中线两侧各 200～300m 的范围。在测绘范围内，各种观测点的位置都应与线路中线取得联系。实际工作中，铁路(公路)工程地质调查测绘的主要任务之一，就是把已经绘好的线路带状地形图编制成线路带状工程地质图。对于控制线路方案的地段、特殊地质及地质条件复杂的长隧道、大桥、不良地质等工点，应进行较大面积的区域测绘。区域测绘时，可按垂直和平行岩层走向(或构造线走向)的方向布置调查测绘路线。

工程地质调查测绘应包括下列内容。

(1) 地形、地貌：查明地形、地貌形态的成因和发育特征，以及地形、地貌与岩性、构造等地质因素的关系，划分地貌单元。

(2) 地层、岩性：查明地层层序、成因、时代、厚度、接触关系、岩石名称、成分、胶结物及岩石风化破碎的程度和深度等。

(3) 地质构造：查明有关断裂和褶曲等的位置、走向、产状等形态特征和力学性质；查明岩层产状、节理、裂隙等的发育情况；查明新构造活动的特点。

(4) 水文地质：通过地层、岩性、构造、裂隙，水系和井、泉地下水露头的调查，判明区域水文地质条件。

(5) 查明不良地质和特殊地质的性质、范围，及其发生、发展和分布的规律。

(6) 查明土、石成分及其密实程度、含水情况、物理力学性质，划分岩土施工工程分级等。

(7) 查明天然建筑材料的分布范围、储量、工程性质。

8.2.2 工程地质测绘的比例尺、精度

1. 工程地质测绘的比例尺

工程地质测绘的比例尺大小主要取决于设计要求。建筑物设计的初期阶段属于选址性质，一般往往有若干个比较场地，测绘范围较大，而对工程地质条件研究的详细程度并不高，所以采用的比例尺较小。但是，随着设计工作的进展、建筑场地的选定，建筑物位置和尺寸越来越具体明确，范围愈益缩小，而对工程地质条件研究的详细程度越益提高，所以采用的测绘比例尺就需逐渐加大。当进入到设计后期阶段时，为了解决与施工、运营有关的专门地质问题，所选用的测绘比例尺可以很大。在同一设计阶段内，比例尺的选择则取决于场地工程地质条件的复杂程度及建筑物的类型、规模及其重要性。工程地质条件复杂、建筑物规模巨大而又重要者，就需采用较大的测绘比例尺。总之，各设计阶段所采用的测绘比例尺都限定于一定的范围之内。

1）比例尺选定原则

（1）应和使用部门的要求提供图件的比例尺一致或相当。

（2）与勘测设计阶段有关。

（3）在同一设计阶段内，比例尺的选择取决于工程地质条件的复杂程度、建筑物类型、规模及重要性。在满足工程建设要求的前提下，应尽量节省测绘工作量。

2）根据国际惯例和我国各勘察部门的经验，工程地质测绘比例尺的一般规定

（1）可行性研究勘察阶段 1∶50000～1∶5000，属小、中比例尺测绘。

（2）初步勘察阶段 1∶10000～1∶2000，属中、大比例尺测绘。

（3）详细勘察阶段 1∶2000～1∶500 或更大，属大比例尺测绘。

2. 工程地质测绘的精度

工程地质测绘的精度包含两层意思，即对野外各种地质现象观察描述的详细程度，以及各种地质现象在工程地质图上表示的详细程度和准确程度。为了确保工程地质测绘的质量，这个精度要求必须与测绘比例尺相适应。“精度”指野外地质现象能够在图上表示出来的详细程度和准确度。

1）详细程度

详细程度指对地质现象反映的详细程度，比例尺越大，反映的地质现象的尺寸界限越小。

现行规范规定：地质点和地质界线的测绘精度，统一定为在图上不应低于 3mm，不再区分场地内和其他地段，从而保证了同一张工程地质图上精度的统一性。

规范同时要求：在地质构造线、地层接触线、岩性分界线、标准层位和每个地质单元体应有地质观测点；地质观测点的密度应根据场地的地貌、地质条件、成图比例尺和工程要求等确定，并应具有代表性；地质观测点应充分利用天然和已有的人工露头，当露头少时，应根据具体情况布置一定数量的探坑或探槽；地质观测点的定位应根据精度要求选用适当方法；地质构造线、地层接触线、岩性分界线、软弱夹层、地下水露头和不良地质作用等特殊地质观测点，宜用仪器定位。

2）准确度

指图上各种界限的准确程度，即与实际位置的允许误差。界限误差≤0.5mm，见

表 8 - 4。

表 8 - 4　不同比例尺反映的地质单元体允许误差

比例尺	1∶100000	1∶50000	1∶10000	1∶1000
误差	50m	25m	5m	0.5m

一般对地质界限要求严格，大比例尺测绘采用仪器定点。

要求将地质观测点布置在地质构造线、地层接触线、岩性分界线、不同地貌单元及微地貌单元的分界线、地下水露头及各种不良地质现象分布的地段。观测点的密度应根据测绘区的地质和地貌条件、成图比例尺及工程特点等确定。为了更好地阐明测绘区工程地质条件和解决工程地质实际问题，对工程有重要影响的地质单元体，如滑坡、软弱夹层、溶洞、泉、井等，必要时在图上可采用扩大比例尺表示。

为满足不同的测绘精度要求，必须采用相应的测绘方法。在岩土工程勘察中，预可行性研究、可行性研究和初步设计的勘测阶段，多使用地质罗盘仪定向，步测和目测确定距离和高程的目测法；或使用地质罗盘仪定向，用气压计、测斜仪、皮尺确定高程和距离的半仪器法。在重要工程、不良地质地段的施工设计阶段，则使用经纬仪、水平仪、钢尺精确定向、定点的仪器法。对于工程起控制作用的地质观测点及地质界线也应采用仪器法进行测绘。

工程地质调查测绘是整个工程地质工作中最基本、最重要的工作，不仅靠它获取大量所需的各种基本地质资料，也是正确指导下一步勘探、测试等项工作的基础。因此，调查测绘的原始记录资料，应准确可靠、条理清晰、图文相符，重要的、代表性强的观测点，应用素描图或照片以补充文字说明。

8.2.3　工程地质测绘方法

工程地质调查测绘一般在勘察范围内进行，调查测绘的宽度应以满足线路方案选择、工程设计和病害处理为原则，并根据区域地质构造的复杂程度，不良地质发生、发展和影响的范围，以及工程地质条件分析的需要予以扩大。

沿选定的测绘路线适当布置若干观测点，通过对这些观测点的地质调查、测绘，掌握一条路线的地质情况，通过对所有测绘路线的综合，掌握整个调查测绘范围的地质情况。因此，观测点的工作是最基础的工作。

根据调查测绘的内容，观测点可分为单项的和综合的两种。以测绘某一种地质现象为主的是单项观测点，例如地貌观测点、地层岩性观测点、地质构造观测点、水文地质观测点等；能综合反映多方面地质现象的是综合观测点。铁路(公路)工程地质调查测绘多采用综合观测点。

观测点的选择和布置，目的要明确，代表性要强。密度应结合工作阶段、成图比例、露头情况、地质复杂程度等而定。数量以能控制重要地质界线并能说明工程地质条件为原则。选择观测点的一般要求是：地层露头比较好，地质构造形态比较清楚，不良地质现象比较突出，在一定范围内有代表性。

工程地质测绘和调查一般包括以下内容：

(1) 查明地形、地貌特征及其与地层、构造、不良地质作用的关系，划分地貌单元；

(2) 岩土的年代、成因、性质、厚度和分布，对岩层应鉴定其风化程度，对土层应区分新近沉积土、各种特殊性土；

(3) 查明岩体结构类型，各类结构面(尤其是软弱结构面)的产状和性质，岩、土接触面和软弱夹层的特性等，新构造活动的形迹及其与地震活动的关系；

(4) 查明地下水的类型、补给来源、排泄条件，井泉位置，含水层的岩性特征、埋藏深度、水位变化、污染情况及其与地表水体的关系；

(5) 搜集气象、水文、植被、土的标准冻结深度等资料；调查最高洪水位及其发生时间、淹没范围；

(6) 查明岩溶、土洞、滑坡、崩塌、泥石流、冲沟、地面沉降、断裂、地震震害、地裂缝、岸边冲刷等不良地质作用的形成、分布、形态、规模、发育程度及其对工程建设的影响；

(7) 调查人类活动对场地稳定性的影响，包括人工洞穴、地下采空、大挖大填、抽水排水和水库诱发地震等；

(8) 建筑物的变形和工程经验。

8.3 工程地质勘探

当地表缺乏足够的、良好的露头，不能对地下一定深度内的地质情况作出有充足根据的判断时，就需要进行适当的地质勘探工作。因此，勘探工作必须在详细调查测绘的基础上进行，用勘探工作成果补充、检验和修改调查测绘工作的成果。

工程地质勘探方法很多，各有其优缺点和适用条件，应当结合不同工程对勘探目的、勘探深度的要求，勘探地点的地质条件，以及现有的技术和设备能力，合理地选用勘探方法。应开展综合勘探，互相验证，互相补充，提高质量。有条件时，应先进行物探，以指导布置钻探。下面简要叙述铁路常用的勘探方法。

8.3.1 勘探工作的布置

布置勘探工作总的要求，应是以尽可能少的工作量取得尽可能多的地质资料。为此，做勘探设计时，必须要熟悉勘探区已取得的地质资料，并明确勘探的目的和任务。将每一个勘探工程都布置在关键地点，且发挥其综合效益。在岩土工程勘察的各个阶段中，勘探坑、孔要合理布置，坑、孔布置方案的设计必须建立在对工程地质测绘资料及区域地质资料充分分析研究的基础上。

1. 勘探工作布置的一般原则

1) 勘探总体布置形式

(1) 勘探线。按特定方向沿线布置勘探点(等间距或不等间距)，了解沿线工程地质条件，并提供沿线剖面及定量指标；用于初勘阶段、线形工程勘察、天然建材初查。

(2) 勘探网。勘探点选布在相互交叉的勘探线及其交叉点上，形成网状(方格状、三角状、弧状等)，用于了解面上的工程地质条件，并提供不同方向的剖面图或场地地质结构立体投影图及定量指标；适用于基础工程场地详勘，天然建材详查阶段。

(3) 结合建筑物基础轮廓，一般工程建筑物设计要求勘探工作按建筑物基础类型、形式、轮廓布置，并提供剖面及定量指标。例如：

① 桩基：每个单独基础有一个钻孔。

② 筏片、箱基：基础角点、中心点应有钻孔。

③ 拱坝：按拱形最大外荷载线布置孔。

2) 布置勘探工作应遵循的原则

(1) 勘探工作应在工程地质测绘基础上进行。通过工程地质测绘，对地下地质情况有一定的判断后，才能明确通过勘探工作需要进一步解决的地质问题，以取得好的勘探效果。否则，由于不明确勘探目的，将有一定的盲目性。

(2) 无论是勘探的总体布置还是单个勘探点的设计，都要考虑综合利用。既要突出重点，又要照顾全面，点面结合，使各勘探点在总体布置的有机联系下发挥更大的效用。

(3) 勘探布置应与勘察阶段相适应。不同的勘察阶段，勘探的总体布置、勘探点的密度和深度、勘探手段的选择及要求等，均有所不同。一般地说，从初期到后期的勘察阶段，勘探总体布置由线状到网状，范围由大到小，勘探点、线距离由稀到密；勘探布置的依据，由以工程地质条件为主过渡到以建筑物的轮廓为主。

(4) 勘探布置应随建筑物的类型和规模而异。不同类型的建筑物，其总体轮廓、荷载作用的特点及可能产生的工程地质问题不同，勘探布置也应有所区别。道路、隧道、管线等线型工程，多采用勘探线的形式，且沿线隔一定距离布置一垂直于它的勘探剖面。房屋建筑与构筑物应按基础轮廓布置勘探工程，常呈方形、长方形、工字形或丁字形；具体布置勘探工程时又因不同的基础形式而异。桥基则采用由勘探线渐变为以单个桥墩进行布置的勘探形式。

(5) 勘探布置应考虑地质、地貌、水文地质等条件。一般勘探线应沿着地质条件等变化最大的方向布置。勘探点的密度应视工程地质条件的复杂程度而定，而不是平均分布。为了对场地工程地质条件起到控制作用，还应布置一定数量的基准坑、孔(即控制性坑、孔)，其深度较一般性坑、孔要大些。

(6) 在勘探线、网中的各勘探点，应视具体条件选择不同的勘探手段，以便互相配合，取长补短，有机地联系起来。

总之，勘探工作一定要在工程地质测绘基础上布置。勘探布置主要取决于勘察阶段、建筑物类型和岩土工程勘察等级三个重要因素。还应充分发挥勘探工作的综合效益。为搞好勘探工作，地质工程师应深入现场，并与设计、施工人员密切配合。在勘探过程中，应根据所了解的条件和问题的变化，及时修改原来的布置方案，以期圆满地完成勘探任务。

2. 勘探坑、孔布置原则

按工程地质条件布置坑、孔的基本原则。

(1) 地貌单元及其衔接地段。勘探线应垂直地貌单元界限，每个地貌单元应有控制坑孔，两个地貌单元之间过渡地带应有钻孔。

(2) 断层。在上盘布置坑、孔，在地表垂直断层走向布置坑、孔，坑、孔深度应穿过断层面。

(3)滑坡，沿滑坡纵横轴线布置坑、孔，查明滑动带数量、部位、滑体厚度。坑、孔深度应穿过滑动带到稳定基岩。

(4) 河谷。垂直河流布置勘探线，钻孔应穿过覆盖层并深入基岩5m以上，应防止误把漂石当作基岩。

(5) 查明陡倾地质界面，一般使用斜孔或斜井，以相邻两孔深度所揭露的地层相互衔接为原则，防止漏层。

3. 勘探坑、孔间距的确定

各类建筑勘探坑、孔的间距，是根据勘察阶段和岩土工程勘察等级来确定的。不同的勘察阶段，其勘察的要求和工程地质评价的内容不同，因而勘探坑、孔的间距也各异。初期勘察阶段的主要任务是为选址和进行可行性研究，对拟选场址的稳定性和适宜性作出工程地质评价，进行技术经济论证和方案比较，满足确定场地方案的要求。由于有若干个建筑场址的比较方案，勘察范围大，勘探坑、孔间距也比较大。当进入中、后期勘察阶段，要对场地内建筑地段的稳定性作出工程地质评价，确定建筑总平面布置，进而对地基基础设计、地基处理和不良地质现象的防治进行计算与评价，以满足施工设计的要求。此时勘察范围缩小而勘探坑、孔增多了，因而坑、孔间距是比较小的。

坑、孔间距的确定原则如下。

(1) 勘察阶段。初期间距大，中后期逐渐加密。

(2) 工程地质条件的复杂程度。简单地段少布，间距放宽；复杂地段、要害部位间距加密。

(3) 参照有关规范。

4. 勘探坑、孔深度的确定

确定勘探坑孔深度的含义包括两个方面：一是确定坑、孔深度的依据；二是施工时终止坑、孔的标志。概括起来说，勘探坑、孔深度应根据建筑物类型、勘察阶段、岩土工程勘察等级及所评价的工程地质问题等综合考虑。除上述原则外尚应考虑以下几点。

(1) 建筑物有效附加应力影响范围。

(2) 与工程建筑物稳定性有关的工程地质问题研究的需要。如坝基可能的滑移面深度、渗漏带底板深度等。

(3) 工程设计的特殊要求。如确定坝基灌浆处理的深度、桩基深度、持力层深度等。

(4) 工程地质测绘及物探对某种勘探目的层的推断，在勘探设计中应逐孔确定合理深度，明确终孔标志。

作勘探设计时，有些建筑物可依据其设计标高来确定坑、孔深度。例如，地下洞室和管道工程，勘探坑、孔应穿越洞底设计标高或管道埋设深度以下一定深度。

此外，还可依据工程地质测绘或物探资料的推断确定勘探坑、孔的深度。在勘探坑、孔施工过程中，应根据该坑、孔的目的任务而决定是否终止，决不能机械地执行原设计的深度。例如，为研究岩石风化分带目的的坑、孔，当遇到新鲜基岩时即可终止。

8.3.2 简易勘探

1. 挖探

挖探是最简易的勘探方法，常用的有剥土、槽探和坑探。

(1) 剥土。人工清除地表不厚的覆盖土层直到岩层表面。一般表层土厚不超过0.25m。

(2) 槽探。在地表挖掘宽度0.6～1.0m，深度不超过2m，即可到达岩层面的长槽。

(3) 坑探。垂直向下掘进的土坑，常称试坑。试坑平面形状可为直径0.8～1.0m的圆形，或为1.5m×1.0m的矩形；深度一般不超过2～3m。坑壁若能加以简单支撑，则可深达8～10m。

坑探工程尤其对研究断层破碎带、软弱泥化夹层和滑动面(带)等的空间分布特点及其工程性质等，具有重要意义。

挖探成本低、工具简单、进度快、能取得直观资料和原状土样；缺点是劳动强度大，勘探深度浅。因此，挖探适用于小桥涵基础、隧道进出口及大中桥两侧桥台基础的勘探；也可用于了解覆盖层厚度和性质，追索构造等。

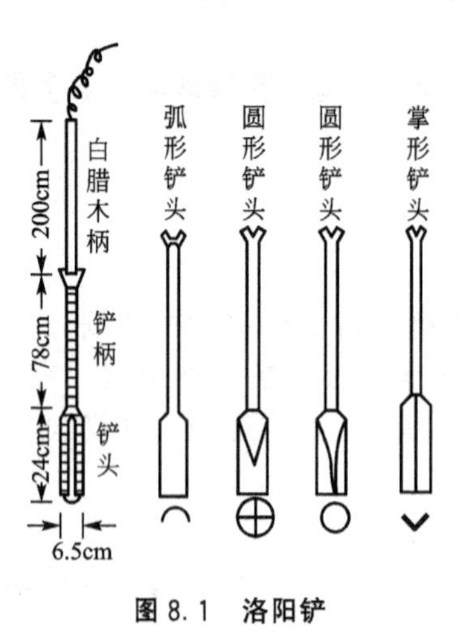

图 8.1 洛阳铲

2. 轻便勘探

轻便勘探是使用轻便工具如洛阳铲、锥具及小螺纹钻等进行勘探。

(1) 洛阳铲勘探。借助洛阳铲的重力及人力，将铲头冲入土中，完成直径较小而深度较大的圆形孔，可以取出扰动土样。冲进深度在一般土层中为10m，在黄土中可达30多米。针对不同土层可采用不同形状的铲头(图8.1)。弧形铲头适用于黄土及粘性土层；圆形铲头可安装铁十字或活叶，既可冲进也可取出砂石样品；掌形铲头可将孔内较大碎石、卵石击碎。

(2) 锥探。锥具如图8.2所示，一般用锥具向下冲入土中，凭感觉来探明疏松覆盖层厚度。探深可达10余米。用它查明沼泽、软土厚度，黄土陷穴等最有效。

(3) 小螺纹钻勘探。小螺纹钻(图8.3)由人力加压回转钻进，能取出扰动土样，适用于粘性土及砂类土层，一般探深在6m以内。

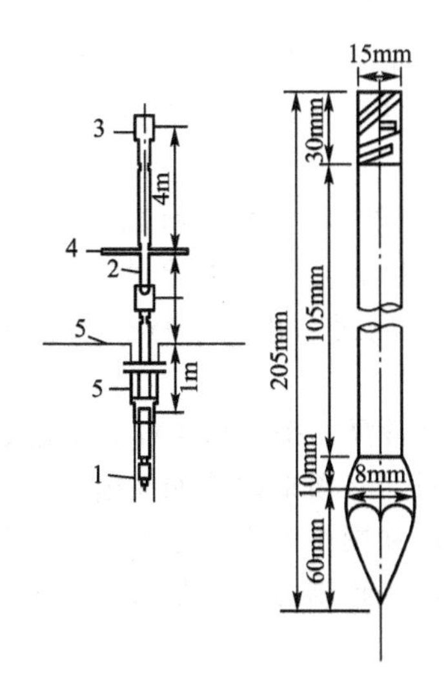

图 8.2 锥具

1—锥头；2—锥杆；3—接头；4—手把；
5—锥孔；6—地面

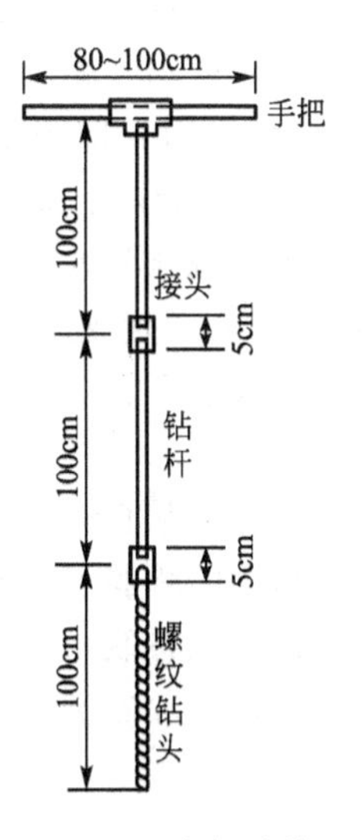

图 8.3 小螺纹钻

轻便勘探的优点是工具轻便、简单，容易操作，进尺快，成本低，劳动强度不大；缺点是不能取得原状土样，在密实或坚硬的地层中，一般不能使用。因此，轻便勘探适用于较疏松的地层。

8.3.3 钻探

在岩土工程勘察中，钻探是最常用的一类勘探手段。与坑探、物探相比较，钻探有其突出的优点，它可以在各种环境下进行，一般不受地形、地质条件的限制；能直接观察岩芯和取样，勘探精度较高；能提供做原位测试和监测工作，最大限度地发挥综合效益；勘探深度大，效率较高。因此，不同类型、结构和规模的建筑物，不同的勘察阶段，不同环境和工程地质条件下，凡是布置勘探工作的地段，一般均需采用此类勘探手段。

1. 钻探要求

为了完成勘探工作的任务，工程地质钻探有以下几项特殊的要求。

(1) 土层是工程地质钻探的主要对象，应可靠地鉴定土层名称，准确判定分层深度，正确鉴别土层天然的结构、密度和湿度状态。为此，要求钻进深度和分层深度的量测误差范围应为±0.05m，非连续取芯钻进的回次进尺应控制在1m以内，连续取芯钻进的回次进尺应控制在2m以内；某些特殊土类，需根据土体特性选用特殊的钻进方法；在地下水位以上的土层中钻进时应进行干钻，当必须使用冲洗液时应采取双层岩芯管钻进。

(2) 岩芯采取率要求较高。对岩层做岩芯钻探时，一般岩石取芯率不应低于80%，破碎岩石不应低于65%。对工程建筑物至关重要需重点查明的软弱夹层、断层破碎带、滑坡的滑动带等地质体和地质现象，为保证获得较高的岩芯采取率，应采用相应的钻进方法。例如，尽量减少冲洗液或用干钻，采取双层岩芯管连续取芯，降低钻速，缩短钻程。当需确定岩石质量指标RQD时，应采用N型双层岩芯管钻进，其孔径为75mm，采取的岩芯直径为54mm，且宜采用金刚石钻头。

(3) 钻孔水文地质观测和水文地质试验是工程地质钻探的重要内容，借以了解岩土的含水性，发现含水层并确定其水位(水头)和涌水量大小，掌握各含水层之间的水力联系，测定岩土的渗透系数等。按照水文地质要求观测，并应进行分层止水、水位观测。

(4) 在钻进过程中，为了研究岩土的工程性质，经常需要采取岩土样。坚硬岩石的取样可利用岩芯，但其中的软弱夹层和断层破碎带取样时，必须采取特殊措施。为了取得质量可靠的原状土样，需配备取土器，并应注意取样方法和操作工序，尽量使土样不受或少受扰动。采取饱和软粘土和砂类土的原状土样，还需使用特制的取土器。

2. 钻孔观测与编录

钻孔观测与编录是钻进过程的详细文字记载，也是工程地质钻探最基本的原始资料。因此在钻进过程中必须认真、细致地做好观测与编录工作，以全面、准确地反映钻探工程的第一手地质资料。钻孔观测与编录的内容包括以下几方面。

对岩芯的描述包括地层岩性名称、分层深度、岩土性质等方面。不同类型岩土的岩性描述内容如下。

(1) 碎石土。颗粒级配；粗颗粒形状、母岩成分、风化程度，是否起骨架作用；充填物的成分、性质、充填程度；密实度；层理特征。

(2) 砂类土。颜色，颗粒级配，颗粒形状，矿物成分，湿度，密实度，层理特征。

(3) 粉土和粘性土。颜色，稠度状态，包含物，致密程度，层理特征。

(4) 岩石。颜色，矿物成分，结构和构造，风化程度、风化表现形式及划分风化带，坚硬程度，节理、裂隙发育情况，裂隙面特征及充填胶结情况，裂隙倾角、间距，进行裂隙统计。必要时作岩芯素描。

通过对岩芯的各种统计，可获得岩芯采取率、岩芯获得率和岩石质量指标(RQD)等定量指标。岩芯采取率是指所取岩芯的总长度与本回次进尺的百分比。总长度包括比较完整的岩芯和破碎的碎块、碎屑和碎粉物质。岩芯获得率是指比较完整的岩芯长度与本回次进尺的百分比。它不计入不成形的破碎物质。

钻探需要大量设备和经费，较多的人力，劳动强度较大，工期较长，往往成为野外工程地质工作控制工期的因素。因此，钻探工作必须在充分的地面测绘基础上，根据钻探技术的要求，选择合适的钻机类型，采用合理的钻进方法，安全操作，提高岩芯采取率，保证钻探质量，为工程设计提供可靠的依据。钻探工作还应当与其他各项工作，例如，与工程地质、水文地质、物探、试验、原位测试等项工作密切配合，积极开展钻孔综合利用与综合勘探，以达到减少钻探工作量、降低成本、缩短工期、减轻劳动强度，提高勘探工作质量的目的。

在工程地质勘探工作中，常用钻机不同孔径可钻深度见表8-5；常用钻探方法有回转钻探(又分硬质合金钻进、钻粒钻进和金刚石钻进)、冲击钻探及震动钻探等。钻机类型及钻探方法的选择，主要应根据勘探的目的和要求、勘探深度及地层地质条件而定。

表 8-5 常用钻机不同孔径可钻深度参考值

钻头直径/mm 钻机类型	172	150	130	110	91	75
XJ-100XY-100			15	40	80	100
XY-300		30	100	200	250	300
XY-600	40	100	300	450	600	

各种工程地质技术规范对不同勘察阶段各类建筑物的勘探数量及勘探深度都作了原则规定，可参考有关技术规范。

8.3.4 地球物理勘探

地球物理勘探，简称物探，是以观测地质体的天然物理场或人工物理场的空间或时间分布状态，来研究地层物理性质和地质构造的方法。物探是一种先进的勘探方法，它的优点是效率高、成本低、装备轻便、能从较大范围勘察地质构造和测定地层各种物理参数等。合理有效地使用物探可以提高地质工作质量、加快勘探进度、节省勘探费用。因此，在勘探工作中应积极采用物探。

但是，物探是一种非直观的勘探方法，物探资料往往具有多解性；而且，物探方法的有效性，取决于探测对象是否具备某些基本条件。限于目前科技水平，还不能对任意形状、位置、大小的地质体进行物探解释。例如，使用电阻率法进行电法勘探时，探测对象应满足下述 3 个基本条件：探测对象与围岩的电阻率有显著差异；探测对象的厚度或直径、宽度，与其埋藏深度之比需足够大；用电测深确定地层界面深度时，界面倾角及界面间夹角小于 20°，界面延续长度数倍于埋藏深度。为此，必须实行地质与物探紧密结合的工作方法，将物探与钻探紧密结合起来。根据不同的地质条件和勘探要求，选择适当的物探方法，才能充分发挥物探的良好效果。

不断发展和改进物探方法，大量采用先进技术，提高物探质量是当前铁路(公路)工程地质工作中重要的努力方向之一。

1) 电阻率法

不同岩(土)层或同一岩(土)层由于成分和结构等不同，因而具有不同的电阻率。将直流电通过接地电极供入地下，建立稳定的人工电场，在地表观测某点垂直方向或某剖面的水平方向的电阻率变化，从而了解岩(土)层的分布或地质构造特点的方法，称为电阻率法。

(1) 电阻率测深法。电测深法是在地表以某一点为中心(测探点)，用不同供电极距测量不同深度岩(土)层的电阻率 ρ 值，以获得该点处的地质断面的方法。

(2) 电阻率剖面法。电剖面法是测量电极和供电电极的装置不变，而测点沿某方向移动，探测某深度内岩(土)电阻率 ρ 的水平变化的方法。

2) 电位法

岩(土)层具有电阻，当电流通过时，两点之间就会产生电位。由于不同岩层或同一岩层的成分和结构等不同，具有不同的电阻率，固定点和不同测量点之间的电位也就不同。因此，电位法是使用一个固定电极和一个流动电极，将固定电极布于测区某一固定点上，用流动电极沿线逐渐移动，观测各移动点相对于固定点电位的变化，从而了解岩土层的分布和地质构造、地下水等的方法。

(1) 充电法。充电法是将一供电极接于良导性的地质体上，另一极置于足够远处接地，以使该电极产生的电场实际上对观测电场不产生影响。根据地面观测的电场分布性质(等位线的形状)，即可得到良导体的形状、大小。

(2) 自然电场法。自然电场法不用人工供电，是通过仪器测定一定地质条件下的自然电场，用以解释地质问题的方法。

3) 频率测深法

由于岩石的感应作用，交变电磁场在地下的分布情况随频率而变化。频率低、向地下穿透深，反映深部地层情况；频率高、穿透浅，反映浅部地层情况。因此，只要改变电磁场的频率就可以反映出不同深度的地质情况。频率测深法是通过改变交变电磁场的频率来控制探测深度，找出岩土层电阻率随深度的变化情况，借以判释地层分布及地质构造。

4) 电磁感应法

地面电磁感应法是在地面上用人工方法产生一个交变电磁场，向下传播，称一次场；当地下有导体时，受到感应，感应电流又产生一交变电磁场传达回地面，称二次场，它与一次场的频率相同；根据需探测的地质体和围岩之间导电性、导磁性的差异，应用上述电感应原理，观测二次场或一次场与二次场叠加后形成的总场强度、方向、空间分布规律和随时间变化的特性来解释地质问题。

5) 无线电波透视法

由于岩(土)电性的不同，对电磁波的吸收具有差异。当地质体的电性与围岩差异较大时，通过它们的电磁能的衰减明显不同。良导体对电磁能强烈地吸收，对无线电波起屏蔽作用。因此，如果在电磁波发射与接收之间出现良导体，则接收信号大大减弱，甚至接收不到，形成所谓的阴影区。从不同角度和方向发射和接收无线电波，可以得到不同的阴影区，从而判释出该地质体存在的位置和形状。

6) 地震勘探

由于岩(土)的弹性性质不同，弹性波在其中的传播速度也不同，利用这种差异，通过人工激发的弹性波在地下传播的特点即可判定地层岩性、地质构造等。

(1) 直达波法。由震源直接传播到接收点的波称为直达波，利用直达波的时距曲线可求得直达波速，从而计算土层参数。

(2) 反射波法。弹性波从震源向地层中传播，遇到性质不同的地层界面时，产生反射。根据测得的反射时间，就可推求出所需探测界面的深度。

(3) 折射波法。弹性波从震源向地层中传播，遇到性质不同的地层界面时，发生折射。根据测得的折射时距曲线推求岩土层界面等地质特征。

7) 声波探测

声波探测是弹性波探测技术中的一种，它是利用频率为数千赫至20千赫的声频弹性波通过岩(土)体，测定岩(土)体中波速和振幅的变化，从而解决某些工程地质问题。

8) 重力勘探

组成地壳的各种岩石之间具有密度差异，使地球的重力场发生局部变化，而引起重力异常。重力勘探是通过测定地球表面重力的变化来解决地质问题。

9) 磁法勘探

地下岩(土)体或地质构造受地磁场磁化后，在其周围空间会形成并叠加在地磁场上的次生磁场。通过测定地壳中的需测定体在地磁场的磁化作用下引起的磁性差异来确定断层的存在或探测地下金属目标物。

10）电视测井

电视测井产生电视图形的能源有多种，一般有普通光源测井和超声波电视测井。以普通光源为能源的电视测井，它是利用日光灯光源为能源，投射到孔壁，再经平面镜反射到照相镜头来完成对孔壁的探测；利用超声波为能源，在孔中不断向孔壁发射超声波束，接收从井壁反射回来的超声波，来完成对孔壁探测的为超声波电视测井。

11）放射性测井

放射性测井又称核测井，它是利用元素的核性质一般不受温度、压力、化学性质等外界因素的影响，γ射线及中子流具有较强穿透能力的特性，采用γ探测器不断地接收来自相应深度地层的γ射线，并使之转变成电脉冲输出，并经电子线路放大、整形后通过电缆传到地面，得到γ测井曲线用来探测地层。

12）电测井

不同的地层具有不同的电阻率和自然电场。电测井就是在井孔中利用电法勘探方法测量井、孔壁剖面的电阻率或自然电位，从而确定井孔的地质剖面。电测井主要方法有电阻率法测井和自然电位测井。

13）井径测量

井径测量是将测量井径的量杆张开，井径不同时，量杆张开的角度就不同，电路中的电阻值就会发生变化，从而测出井径的大小。

各种工程物探方法的应用范围及适用条件见表8－6。

表8－6 地球物理勘探的应用范围及适用条件

方法名称		应用范围	适用条件
电法	自然电场法	1. 探测隐伏断层、破碎带 2. 测定地下水流速、流向	地下水埋藏较浅，流速足够大，并有一定的矿化度
	充电法	1. 探测地下洞穴 2. 测定地下水流速、流向 3. 探测地下或水下隐埋物体 4. 探测地下管线	含水层埋深小于50m，地下水流速大于1m/d；地下水矿化度微弱；覆盖层的电阻率均匀
	电阻率测深	1. 测定基岩埋深，划分松散沉积层序和基岩风化带 2. 探测隐伏断层、破碎带 3. 探测地下洞穴 4. 测定潜水面深度和含水层分布 5. 探测地下或水下隐埋物体	被测岩层有足够厚度，岩层倾角小于20°；相邻层电性差异显著，水平方向电性稳定；地形平缓
	电阻率剖面法	1. 测定基岩埋深 2. 探测隐伏断层、破碎带 3. 探测地下洞穴 4. 探测地下或水下隐埋物体	被测地质体有一定的宽度和长度，电性差异显著，电性界面倾角大于30°；覆盖层薄，地形平缓
	高密度电阻率法	1. 定潜水面深度和含水层分布 2. 探测地下或水下隐埋物体	被测地质体与围岩的电性差异显著，其上方没有极高阻或极低阻的屏蔽层；地形平缓，覆盖层薄
	激发极化法	1. 探测隐伏断层、破碎带 2. 探测地下洞穴 3. 划分松散沉积层序 4. 测定潜水面深度和含水层分布 5. 探测地下或水下隐埋物体	在测区内没有游散电流的干扰，存在激电效应差异

（续）

方法名称		应用范围	适用条件
电磁法	甚低频	1. 探测隐伏断层、破碎带 2. 探测地下或水下隐埋物体 3. 探测地下管线	
	频率测深	1. 测定基岩埋深，划分松散沉积层序和风化带 2. 探测隐伏断层、破碎带 3. 探测地下洞穴 4. 探测河床水深及沉积泥沙厚度 5. 探测地下或水下隐埋物体 6. 探测地下管线	被测地质体与围岩电性差异显著；覆盖层的电阻率不能太低
	电磁感应法	1. 测定基岩埋深 2. 探测隐伏断层、破碎带 3. 探测地下洞穴 4. 探测地下或水下隐埋物体 5. 探测地下管线	
	地质雷达	1. 测定基岩埋深，划分松散沉积层序和基岩风化带 2. 探测隐伏断层、破碎带 3. 探测地下洞穴 4. 测定潜水面深度和含水层分布 5. 探测河床水深及沉积泥沙厚度 6. 探测地下或水下隐埋物体 7. 探测地下管线	被测地质体上方没有极低阻的屏蔽层和地下水的干扰；没有较强的电磁场源干扰
	地下电磁波法(无线电波透视法)	1. 探测隐伏断层、破碎带 2. 探测地下洞穴 3. 探测地下或水下隐埋物体 4. 探测地下管线	被探测体与围岩有明显的物性差异；电磁波CT要求外界电磁波噪声干扰小
地震波法和声波法	折射波法	1. 测定基岩埋深，划分松散沉积层序和基岩风化带 2. 测定潜水面深度和含水层分布 3. 探测河床水深及沉积泥沙厚度	被测地层的波速应大于上覆地层波速
	反射波法	1. 测定基岩埋深，划分松散沉积层序和基岩风化带 2. 探测隐伏断层、破碎带 3. 探测地下洞穴 4. 测定潜水面深度和含水层分布 5. 探测河床水深及沉积泥沙厚度 6. 探测地下或水下隐埋物体 7. 探测地下管线	被探测地层与相邻地层有一定的波阻抗差异
	直达波法(单孔法和跨孔法)	划分松散沉积层序和基岩风化带	
	瑞雷波法	1. 测定基岩埋深，划分松散沉积层序和基岩风化带 2. 探测隐伏断层、破碎带 3. 探测地下洞穴 4. 探测地下隐埋物体 5. 探测地下管线	被测地层与相邻层之间、不良地质体与围岩之间，存在明显的波速和波阻抗差异

（续）

方法名称		应用范围	适用条件
地震波法和声波法	声波法	1. 测定基岩埋深，划分松散沉积层序和基岩风化带 2. 探测隐伏断层、破碎带 3. 探测含水层 4. 探测洞穴和地下或水下隐埋物体 5. 探测地下管线 6. 探测滑坡体的滑动面	
	声呐浅层剖面法	1. 探测河床水深及沉积泥沙厚度 2. 探测地下或水下隐埋物体	
地球物理测井（放射性测井、电测井、电视测井）		1. 探测地下洞穴 2. 划分松散沉积层序及基岩风化带 3. 测定潜水面深度和含水层分布 4. 探测地下或水下隐埋物体	

8.3.5 航空岩土工程勘察及遥感技术的应用

航空岩土工程勘察简称航空地质，是直接或间接利用飞机或其他飞行工具，借助各种仪器对地面做各种地质调查，通过野外核对工作，编制工程地质图的一种专门方法。

遥感技术是指从高空(飞机或卫星上)利用多种遥感器接收来自地面物体发射或反射的各种波长的电磁波，从而根据收到的大量信息进行分析判断，确定地面物体的存在及变化状态的一种方法。以飞机为搭载平台的称为航空遥感，以卫星为搭载平台的称为航天遥感。

这是两种比较先进的方法，特别是计算机的高速发展，实现了航测照片和遥感图像的数据处理及成图的自动化，使这两种方法的优越性更加突出。在岩土工程勘察中应用航空地质方法始于新中国成立初期，应用遥感技术则尚处于研究试用阶段。

航空地质和遥感技术在岩土工程勘察各阶段均可使用；而以预可行性研究和可行性研究阶段应用最有成效。这两种方法在自然条件困难、交通不便、难以到达的地区成效最大。虽然不能靠它们完全代替必不可少的地面工程地质调查和勘探，但可使地面工作大大减少，使整个勘察时间大为缩短，工作质量有较大提高。

1. 航空岩土工程勘察

在岩土工程勘察中应用航空地质方法主要是进行两项工作：航空目测及航摄像片判释。

航空目测是在飞机上对地面地质情况进行观察和记录，可在摄影前、摄影同时和摄影后进行。航空目测的目的是为了对测区地质情况进行总的全面了解，以便确定下一步摄影工作计划，或是为了补充摄影工作的不足之处及寻找建筑材料等。

航摄像片判释是航空地质中的主要工作，是利用航空摄影所得像片进行内业判释和外业核对，根据各种地质现象在像片上的反映特点，把航摄像片判释并制成工程地质图。

航空地质可用于解决以下问题。

(1) 可将部分野外工作转为室内工作。

(2) 缩短勘察周期，保证勘察质量。例如，根据目测及航摄资料，不需地面工作就能准确定出水系网、地貌单元、不良地质现象分布范围等。

(3) 可以确定露头情况，清楚地分辨小型地貌。

(4) 能勾画出不同岩石分界线，如有一定地质资料作参考，还能确定岩石年代和类别。能确定某些水文地质情况。

(5) 确定观测点、勘探点的大致位置与数量，确定调查测绘路线的方向。

(6) 能正确确定地表形态发育阶段。

(7) 初步确定建筑材料产地。

2. 遥感技术的应用

遥感是一门新兴的技术，是在航测基础上发展起来的。从距物体远近来说有航空遥感和航天遥感之分，航空遥感距离较近，是从飞机上进行遥感，可高达20km；航天遥感则较远，是从人造卫星、火箭或天空实验室上进行遥感，卫星距离地面一般可达数百千米。

遥感技术的原理建立在电磁波理论的基础上。电磁辐射是自然界普遍存在的一种物质运动形式。一切物体包括各种土、石，由于它们的成分、结构、温度等特性各异，对各种电磁波的发射、吸收、反射、透射特点均不相同。电磁波根据其波长不同可以分为很多种，肉眼可见的电磁波称可见光，它只占据电磁波中的一部分波段(可见光根据波长大小又可细分为红、橙、黄、绿、青、蓝、紫)。比红光波长更大的有红外线、无线电电磁波等，比紫光波长更短的有紫外线、X射线、g射线等。除可见光外，其他波长的电磁波肉眼都看不见，只能用仪器去“感知”，遥感技术则用专门的敏感仪器去探测物体发射或反射某种波长电磁波的能力，把仪器接收到的电磁辐射能量经过一定的特殊转换和处理变成肉眼可见的形式。

目前，已在使用的有应用多光谱照相机的光遥感技术，应用红外扫描仪的红外遥感技术，应用测视雷达的微波遥感技术等。近来，正在大力发展效能更高的激光遥感技术。不同的遥感技术各有其效果较好的适用条件。

遥感技术摄像范围大；反映动态变化快；资料收集方便，不受地形限制；影像反映的信息多；成图迅速，成本低廉。因此，遥感技术在国外已广泛应用于政治、军事、经济各个部门。遥感技术在地质研究中可用于区域地质填图；研究地质构造，找矿，火山、地震、砂丘移动、河口演变等动态过程研究。

遥感技术在工程地质工作中的应用研究主要集中在两个方面：一是为地形、地质复杂地区的线路位置及重点工程位置的选择提供依据；二是为不良地质现象如泥石流、滑坡等的分布范围和动态，以及危害工程建筑的地质构造如大断层等，提供预测预报，作为设计和施工的重要参考资料。

8.4 测试及长期观测

8.4.1 取样、试验及化验工作

取样、试验及化验是岩土工程勘察中的重要工作之一，通过对所取土、石、水样进行

各种试验及化验，取得各种必需的数据，用以验证、补充测绘和勘探工作的结论，并使这些结论定量化，作为设计、施工的依据。因此，取什么试样，做哪些试验和化验，都必须紧密结合勘察和设计工作的需要。此外，应当积极推行现场原位测试，以便更紧密地结合现场实际情况，同时做好室内外试验的对比工作。

土、石、水样的采取、运送和试验、化验应当严格按有关规定进行，否则会直接影响工程设计的质量及工程建筑物的稳定。

1. 取样

土、石试样可分原状的和扰动的两种。原状土、石试样要求比较严格，取回的试样要能恢复其在地层中的原来位置，保持原有的产状、结构、构造、成分及天然含水量等各种性质。因此，原状土、石样在现场取出后要注明各种标志，并迅速密封起来，运输、保存时要注意不能太热、太冷和受振动。

取土、石样品，须经工程地质人员在现场选择有代表性的样品，按照试验项目的要求采取足够数量，采样同时填写试样标签，把样品与标签按一定要求包装起来。

2. 土工室内试验

常用的土工室内试验包括岩、土体的物理性质试验，土的压缩-固结试验，岩、土体的抗剪试验，岩、土体的动力性质试验，水分析试验等。

这些试验为全面评价土、石工程性质及土、岩体的稳定性，为有关的工程设计提供基本参数。

试验目的不同，试验项目的多少、内容也不同。在试验前，应由工程地质人员根据要求填写试验委托书，实验室根据委托书对试验作出设计；对试验人员、设备及试验程序做好计划安排，然后进行试验。

3. 原位测试

原位测试是用来确定场地岩土在保持其天然结构性状、天然含水状态及天然应力状态等条件下某些特定性质的现场试验和手段。常用的原位测试包括载荷试验、静力触探试验、圆锥动力触探试验、标准贯入试验、十字板剪切试验、旁压试验、压水试验、波速测试、软弱夹层现场抗剪试验、岩体原位应力测试、块体基础振动测试等。各种试验的选择是根据不同的勘察要求而定的。

在岩土工程勘察中，原位测试是十分重要的手段，在探测地层分布、测定岩土特性、确定地基承载力等方面，有突出的优点。但是，原位测试需要较多人力、设备、经费和时间，因此应与钻探取样和室内试验配合使用。在有经验的地区，可以原位测试为主。在选择原位测试方法时，应考虑的因素包括土类条件、设备要求、勘察阶段等，而地区经验的成熟程度最为重要。

布置原位测试，应注意配合钻探取样进行室内试验。一般应以原位测试为基础，在选定的代表性地点或有重要意义的地点采取少量试样，进行室内试验，以缩短勘察周期，提高勘察质量。

原位测试方法的适用范围见表 8 - 7。

表 8-7 原位测试方法的适用范围

测试方法	适用土类							所提供岩土参数											
	岩石	碎石土	砂土	粉土	粘性土	填土	软土	鉴别土类	剖面分层	物理状态	强度参数	模量	渗透系数	固结特征	孔隙水压力	侧压力系数	超固结比	承载力	判别液化
平板载荷试验(PLT)	+	++	++	++	++	++	++	++				+	++			+	++		
螺旋板载荷试验*(SPLT)			++	++	++		+					++					+	++	
静力触探试验(CPT)			+	++	++	++	+	++	+	+	+	++						+	++
孔压静力触探*(CPTU)			+	++	++	++	++	++	++	+	++		+	+	+		+	+	++
圆锥动力触探(DPT)		++	++	+	+	+	+		+	+								+	
标准贯入试验(SPT)			++	+	+			++	+	+	+	+						+	++
十字板剪切试验(VST)					++	++				++									
预钻式旁压试验(PMT)	+	+	+	+	++	+					+	++						++	
自钻式旁压试验(SBPMT)			+	++	++		++	+	+	+	+	++		++	++	++	+	++	+
现场直剪试验(FDST)	++	++			+						++								
现场三轴试验(ETT)	++	++			+						++								
岩体应力测试(RST)	++															+			
波速试验(WVT)	+	+	+	+	+	+	+				++								

注：++表示很适用；+表示适用；*表示尚无试验规格。

8.4.2 长期观测

在岩土工程勘察工作中，常会遇到一些特殊问题，对这些问题的调查测绘往往不能在短时间内迅速得到正确、全面的答案，必须在全面调查测绘的基础上，有目的、有计划地安排长期观测工作，以便积累原始实际资料，为设计、施工提供切合实际的依据。长期观测工作根据其目的不同，既可在建筑物设计之前进行，也可在施工过程中同时进行，或在施工之后的使用过程中进行。

常遇到的长期观测问题如下。

(1) 已有建筑物变形观测。主要是观测建筑物基础下沉和建筑物裂缝发展情况。常见的有房屋、桥梁、隧道等建筑物变形的观测，取得的数据可用于分析建筑物变形的原因、建筑物稳定性，以及应当采取的措施等。

(2) 不良地质现象发展过程观测。各种不良地质现象的发展过程多是比较长期的逐渐变化的过程，例如滑坡的发展、泥石流的形成和活动、岩溶的发展等。观测数据对了解各种不良地质现象的形成条件、发展规律有重要意义。

(3) 地表水及地下水活动的长期观测。主要是观测水的动态变化及其对工程的影响。地表水活动观测常见的是对河岸冲刷和水库坍岸的观测，为分析岸坡破坏形式、速度及修建防护工程的可能性提供可靠资料。地下水动态变化规律的长期观测资料则有多方面的广泛用途。

此外，黄土地区地表及土体沉陷的长期观测、为控制软土地区工程施工进行的长期观测等也是需要进行的工作。

由于长期观测的对象和目的不相同，因此使用的方法、设备和观测内容等也有很大差别，这里不再一一列举，可参考有关的专题总结资料。

8.5 岩土工程勘察报告的编制

岩土工程勘察外业资料应及时进行分析、整理，在确认原始资料准确、完善的基础上，编制图件及文字说明。图件绘制必须清晰整洁；文字说明要求言简意赅，结论明确，并附有必要的照片和插图。全部各类勘探、测试资料，应进行分析整理，装订成册。

8.5.1 勘察报告的基本内容

勘察报告是岩土工程勘察的总结性文件，一般由文字报告(工程地质说明书)和所附图表组成。此项工作是在岩土工程勘察过程中所形成的各种原始资料编录的基础上进行的。为了保证勘察报告的质量，原始资料必须真实、系统、完整。因此，对工程地质分析所依据的一切原始资料，均应及时整编和检查。

1. 报告的内容

岩土工程勘察报告的内容，应根据任务要求、勘察阶段、地质条件、工程特点等具体情况编写，并应包括下列内容：

(1) 勘察目的、任务要求和依据的技术标准；

(2) 拟建工程概况；

(3) 勘察方法和勘察工作布置；

(4) 场地地形、地貌、地层、地质构造、岩土性质及其均匀性；

(5) 各项岩土性质指标，岩土的强度参数、变形参数、地基承载力的建议值；

(6) 地下水埋藏情况、类型、水位及其变化；

(7) 土和水对建筑材料的腐蚀性；

(8) 可能影响工程稳定的不良地质作用的描述和对工程危害程度的评价；

(9) 场地稳定性和适宜性的评价。

2. 报告的内容结构

报告书既是岩土工程勘察资料的综合、总结，具有一定科学价值，也是工程设计的地质依据。应明确回答工程设计所提出的问题，并应便于工程设计部门的应用。报告书正文应简明扼要，但足以说明工作地区工程地质条件的特点，并对工程场地作出明确的工程地质评价(定性、定量)。

报告由正文、附图、附件三部分组成，其中正文通常又分为绪论、通论、专论和结论四个部分。

(1) 绪论：说明勘察工作任务，要解决的问题，采用方法及取得的成果。并应附实际材料图及其他图表。

(2) 通论：阐明工程地质条件、区域地质环境，论述重点在于阐明工程的可行性。通论在规划、初勘阶段中占有重要地位，随勘察阶段的深入，通论比重减少。

(3) 专论：是报告书的中心，重点内容着重于工程地质问题的分析评价。对工程方案提出建设性论证意见，对地基改良提出合理措施。专论的深度和内容与勘察阶段有关。

(4) 结论：在论证基础上，对各种具体问题作出简要、明确的回答。

3. 成果报告应附的图表

(1) 勘探点平面布置图；

(2) 工程地质柱状图；

(3) 工程地质剖面图；

(4) 原位测试成果图表；

(5) 室内试验成果图表。

此外，需要时尚可附综合工程地质图、综合地质柱状图、地下水等水位线图、素描、照片、综合分析图表以及岩土利用、整治和改造方案的有关图表、岩土工程计算简图及计算成果图表等。

8.5.2 岩土工程专题报告

除上述综合性岩土工程勘察报告外，也可根据任务要求提交单项报告，主要有：

(1) 岩土工程测试报告；

(2) 岩土工程检验或监测报告；

(3) 岩土工程事故调查与分析报告；

(4) 岩土利用、整治或改造方案报告；

(5) 专门岩土工程问题的技术咨询报告。

最后需要指出的是，勘察报告的内容可根据岩土工程勘察等级酌情简化或加强。例如，对丙级岩土工程勘察可适当简化，以图表为主，辅以必要的文字说明；而对甲级岩土工程勘察除编写综合性勘察报告外，尚可对专门性的岩土工程问题提交研究报告或监测报告。

本章小结

本章着重介绍了岩土工程勘察的基本要求、工程地质测绘、勘探与取样、室内土工试验分析及现场原位测试的特点与应用，及岩土工程勘察报告编写等内容。

通过本章学习，要求掌握岩土工程勘察的目的和任务；掌握岩土工程勘察的基本方法；掌握室内土工试验及现场原位测试的原理与方法；掌握现场监测的主要内容；掌握工程地质勘察报告的内容。

岩土工程勘察是工程建设的基础环节。通过勘察，查明工程建设场地可以利用的地质条件及可能存在的地质问题，并通过测试获得必要的地基基础设计参数。

习　　题

1. 岩土工程勘察的主要任务是什么？
2. 岩土工程勘察划分了哪些阶段？它与工程设计各阶段的对应关系是什么？
3. 工程地质测绘的主要内容有哪些？
4. 工程地质勘探的方法主要有哪些？
5. 岩土工程性质测试的内容主要有哪些？
6. 岩土工程勘察中需要长期观测的内容主要有哪些？
7. 岩土工程勘察报告中应包括哪些主要内容？

参考文献

[1] 中华人民共和国国家标准. 岩土工程勘察规范(2009 年版)(GB 50021—2001) [S]. 北京：中国建筑工业出版社，2009.

[2] 中华人民共和国国家标准. 建筑地基基础设计规范(GB 50007—2011) [S]. 北京：中国建筑工业出版社，2012.

[3] 中华人民共和国国家标准. 建筑抗震设计规范(GB 50011—2010) [S]. 北京：中国建筑工业出版社，2010.

[4] 中华人民共和国行业标准. 铁路工程不良地质勘察规程(TB 10027—2012) [S]. 北京：中国铁道出版社，2012.

[5] 中华人民共和国行业标准. 铁路工程特殊岩土勘察规程(TB 10038—2001) [S]. 北京：中国铁道出版社，2012.

[6] 中华人民共和国国家标准. 城市轨道交通岩土工程勘察规范(GB 50307—2012) [S]. 北京：中国计划出版社，2012.

[7] 中华人民共和国国家标准. 水利水电工程地质勘察规范(GB 50487—2008) [S]. 北京：中国计划出版社，2008.

[8] 中华人民共和国行业标准. 公路工程地质勘察规范(JTG C20—2011) [S]. 北京：人民交通出版社，2011.

[9] 中华人民共和国行业标准. 铁路工程地质勘察规范(TB 10012—2007) [S]. 北京：中国铁道出版社，2007.

[10]《工程地质手册》编委会. 工程地质手册 [M]. 4 版. 北京：中国建筑工业出版社，2007.

[11] 张忠苗. 工程地质学 [M]. 北京：中国建筑工业出版社，2007.

[12] 胡厚田. 土木工程地质 [M]. 北京：高等教育出版社，2001.

[13] 孔思丽. 工程地质学 [M]. 重庆：重庆大学出版社，2001.